高等教育轨道交通"十二五"规划教材·土木工程类

材料力学

黄海明　祝　瑛　**主　编**
蒋永莉　邹翠荣　梁小燕　兑关锁　**副主编**
　　　　　施惠基　**主　审**

北京交通大学出版社
·北京·

内 容 简 介

全书共分 8 章,包含材料力学课程的基本内容:绪论、轴向拉压与材料力学性能、圆轴扭转、梁的弯曲、强度理论、组合变形及连接件的计算、压杆的稳定、动载荷等。

本教材主要面向土木工程专业(建筑、铁道)专升本学生,可作为高等学校相关专业的教材,也可供工程技术人员参考。

版权所有,侵权必究。

图书在版编目(CIP)数据

材料力学/黄海明,祝瑛主编. —北京:北京交通大学出版社,2012.5(2022.7 重印)
(高等教育轨道交通"十二五"规划教材)
ISBN 978-7-5121-0980-3

Ⅰ.① 材… Ⅱ.① 黄… ② 祝… Ⅲ.① 材料力学-高等学校-教材 Ⅳ.① TB301

中国版本图书馆 CIP 数据核字(2012)第 088246 号

责任编辑:陈可亮

出版发行:北京交通大学出版社   电话:010-51686414
地   址:北京市海淀区高粱桥斜街 44 号   邮编:100044
印 刷 者:北京时代华都印刷有限公司
经   销:全国新华书店
开   本:185×260   印张:10.75   字数:268 千字
版   次:2022 年 7 月第 1 版第 3 次印刷
书   号:ISBN 978-7-5121-0980-3/TB·30
印   数:4 001~5 000 册   定价:38.00 元

本书如有质量问题,请向北京交通大学出版社质监组反映。对您的意见和批评,我们表示欢迎和感谢。
投诉电话:010-51686043,51686008;传真:010-62225406;E-mail:press@bjtu.edu.cn。

高等教育轨道交通"十二五"规划教材·土木工程类

编 委 会

顾　　问：施仲衡
主　　任：司银涛
副 主 任：张顶立　陈　庚
委　　员：（按姓氏笔画排序）
　　　　　王连俊　毛　军　白　雁
　　　　　李清立　杨维国　张鸿儒
　　　　　陈　岚　朋改非　赵国平
　　　　　贾　影　夏　禾　黄海明

编委会办公室

主　　任：赵晓波
副 主 任：贾慧娟
成　　员：（按姓氏笔画排序）
　　　　　吴嫦娥　郝建英　徐　琤

出版说明

为促进高等轨道交通专业交通土建工程类教材体系的建设，满足目前轨道交通类专业人才培养的需要，北京交通大学土木建筑工程学院、远程与继续教育学院和北京交通大学出版社组织以北京交通大学从事轨道交通研究教学的一线教师为主体、联合其他交通院校教师，并在有关单位领导和专家的大力支持下，编写了本套"高等教育轨道交通'十二五'规划教材·土木工程类"。

本套教材的编写突出实用性。本着"理论部分通俗易懂，实操部分图文并茂"的原则，侧重实际工作岗位操作技能的培养。为方便读者，本系列教材采用"立体化"教学资源建设方式，配套有教学课件、习题库、自学指导书，并将陆续配备教学光盘。本系列教材可供相关专业的全日制或在职学习的本专科学生使用，也可供从事相关工作的工程技术人员参考。

本系列教材得到从事轨道交通研究的众多专家、学者的帮助和具体指导，在此表示深深的敬意和感谢。

本系列教材从 2012 年 1 月起陆续推出，首批包括：《材料力学》、《结构力学》、《土木工程材料》、《水力学》、《工程经济学》、《工程地质》、《隧道工程》、《房屋建筑学》、《建设项目管理》、《混凝土结构设计原理》、《钢结构设计原理》、《建筑施工技术》、《施工组织及概预算》、《工程招投标与合同管理》、《建设工程监理》、《铁路选线》、《土力学与路基》、《桥梁工程》、《地基基础》、《结构设计原理》。

希望本套教材的出版对轨道交通的发展、轨道交通专业人才的培养，特别是轨道交通土木工程专业课程的课堂教学有所贡献。

编委会
2012 年 9 月

总 序

我国是一个内陆深广、人口众多的国家。随着改革开放的进一步深化和经济产业结构的调整，大规模的人口流动和货物流通使交通行业承载着越来越大的压力，同时也给交通运输带来了巨大的发展机遇。作为运输行业历史最悠久、规模最大的龙头企业，铁路已成为国民经济的大动脉。铁路运输有成本低、运能高、节省能源、安全性好等优势，是最快捷、最可靠的运输方式，是发展国民经济不可或缺的运输工具。改革开放以来，中国铁路积极适应社会的改革和发展，狠抓制度改革，着力技术创新，抓住了历史发展机遇，铁路改革和发展取得了跨越式的发展。

国家对铁路的发展始终予以高度重视，根据国家《中长期铁路网规划》（2005—2020年）：到2020年，中国铁路网规模达到12万千米以上。其中，时速200千米及以上的客运专线将达到18万千米。加上既有线提速，中国铁路快速客运网将达到5万千米以上，运输能力满足国民经济和社会发展需要，主要技术装备达到或接近国际先进水平。铁路是个远程重轨运输工具，但随着城市建设和经济的繁荣，城市人口大幅增加，近年来城市轨道交通也正处于高速发展时期。

城市的繁荣相应带来了交通拥挤、事故频发、大气污染等一系列问题。在一些大城市和一些经济发达的中等城市，仅仅靠路面车辆运输远远不能满足客运交通的需要。城市轨道交通节约空间、耗能低、污染小、便捷可靠，是解决城市交通的最好方式。未来我国城市将形成地铁、轻轨、市域铁路构成的城市轨道交通网络，轨道交通将在我国城市建设中起着举足轻重的作用。

但是，在我国轨道交通进入快速发展的同时，解决各种管理和技术人才匮乏的问题已迫在眉睫。随着高速铁路和城市轨道新线路的不断增加以及新技术的开发与引进，管理和技术人员的队伍需要不断壮大。企业不仅要对新的员工进行培训，对原有的职工也要进行知识更新。企业急需培养出一支能符合企业要求、业务精通、综合素质高的队伍。

北京交通大学是一所以运输管理为特色的学校，拥有该学科一流的师资和科研队伍，为我国的铁路运输和高速铁路的建设作出了重大贡献。近年来，学校非常重视轨道交通的研究和发展，建有"轨道交通控制与安全"国家级重点实验室、"城市交通复杂系统理论与技术"教育部重点实验室，"基于通信的列车运行控制系统（CBTC）"取得了关键技术研究的突破，并用于亦庄城轨线。为解决轨道交通发展中人才需求问题，北京交通大学组织了学校有关院系的专家和教授编写了这套"高等教育轨道交通'十二五'规划教材"，以供高等学校学生教学和企业技术与管理人员培训使用。

本套教材分为交通运输、机车车辆、电力牵引和土木工程四个系列，涵盖了交通规划、运营管理、信号与控制、机车与车辆制造、土木工程等领域，每本教材都是由该领域的专家执笔，教材覆盖面广，内容丰富实用。在教材的组织过程中，我们进行了充分调研，精心策划和大量论证，并听取了教学一线的教师和学科专家们的意见，经过作者们的辛勤耕耘以及编辑人员的辛勤努力，这套丛书得以成功出版。在此，我们向他们表示衷心的谢意。

希望这套系列教材的出版能为我国轨道交通人才的培养贡献绵薄之力。由于轨道交通是一个快速发展的领域，知识和技术更新很快，教材中难免会有诸多的不足和欠缺，在此诚请各位同仁、专家予以不吝批评指正，同时也方便以后教材的修订工作。

编委会

2012年9月

前 言

"材料力学"是所有工科学生必修的学科。为了适应人才培养的需要，编者参考吸收了近年来一些优秀材料力学教材的长处，并结合网络课程的特点及编者多年的教学经验，简化课程内容，注重理论与实际的融合；注重相关学科之间的衔接；注重各个环节的连贯和配合；注重基本概念的理解和基本方法的掌握。在编写中，既保证了内容的系统性与完整性，又避免脱节和不必要的重复。本书中例题的选取具有典型性及启发性，有利于培养学生发现问题、分析问题和解决问题的能力。

本书编写工作委员会由北京交通大学力学系具有丰富教学经验的祝瑛副教授、蒋永莉副教授、邹翠荣副教授、梁小燕副教授、兑关锁教授、黄海明教授组成。祝瑛、蒋永莉副教授提供了书稿的大部分素材并编写了第2章、第3章，梁小燕、邹翠荣副教授编写了第6章、第7章，黄海明、兑关锁教授编写了其他章节，最后由黄海明教授统稿。另外，本书的一些图表、公式由北京交通大学的硕士研究生王超、莫松录入。

本书由清华大学施惠基教授主审，他提出了许多精辟而中肯的意见，在此向他致以衷心的感谢。

本书在编写过程中，参考了国内外一些优秀材料力学教材，在此谨向这些教材的作者表示由衷的感谢。

本书的出版得到了北京交通大学教务处、出版社、网络学院的大力支持和帮助，谨此一并致谢。

本书是针对"土木工程专业（建筑、铁道）专升本"网络课程特色，进行《材料力学》网络课程教材建设编写的。由于编者水平有限，书中难免存在疏漏和不妥之处，恳请广大师生与读者批评指正。

编者

2012年9月

目 录

第1章　绪论 ·· 1
　1.1　材料力学的任务 ···························· 1
　1.2　材料力学的基本假设 ······················ 4
　1.3　杆件变形的基本形式 ······················ 5
　1.4　复合材料的发展 ···························· 6
　思考题 ··· 7

第2章　轴向拉压与材料力学性能 ············ 8
　2.1　内力概念与轴力 ···························· 9
　2.2　应力概念与拉压杆横截面
　　　　的应力 ······································ 11
　2.3　圣维南原理与应力集中 ··················· 14
　2.4　拉压变形的表征参量 ······················ 15
　2.5　材料的基本力学性能 ······················ 16
　2.6　拉压强度计算 ······························ 20
　2.7　拉压刚度计算 ······························ 23
　2.8　温度应力与装配应力 ······················ 26
　思考题 ··· 28
　习题 ·· 28

第3章　圆轴扭转 ································· 30
　3.1　外力偶矩、扭矩、扭矩图 ················ 31
　3.2　纯剪切 ······································· 33
　3.3　等直圆轴扭转时横截面上的
　　　　切应力分析和强度计算 ··················· 35
　3.4　等直圆杆扭转时的变形和
　　　　刚度条件 ···································· 42
　思考题 ··· 46
　习题 ·· 46

第4章　梁的弯曲 ································· 49
　4.1　梁横截面上的内力——剪力、
　　　　弯矩 ·· 50
　4.2　剪力方程和弯矩方程　剪力图和
　　　　弯矩图 ······································ 52

　4.3　平面刚架和平面曲杆内力图 ·········· 57
　4.4　纯弯曲梁横截面上的正应力 ·········· 58
　4.5　剪切弯曲时的正应力 ··················· 61
　4.6　梁的正应力强度条件 ··················· 63
　4.7　梁弯曲时的切应力 ······················ 65
　4.8　提高梁强度的措施 ······················ 67
　4.9　等直梁的变形 ···························· 70
　4.10　梁的刚度条件 ·························· 74
　4.11　提高梁弯曲刚度的基本措施 ········· 76
　思考题 ··· 76
　习题 ·· 77

第5章　强度理论 ································· 80
　5.1　应力状态 ···································· 80
　5.2　平面应力状态分析 ························ 81
　5.3　广义胡克定律 ······························ 86
　5.4　复杂应力状态下的应变能
　　　　密度 ·· 88
　5.5　四大强度理论 ······························ 89
　5.6　薄壁容器的强度计算 ······················ 94
　思考题 ··· 96
　习题 ·· 96

第6章　组合变形及连接件的计算 ············ 99
　6.1　拉伸（压缩）与弯曲的组合 ············ 99
　6.2　偏心拉（压）··························· 101
　6.3　斜弯曲 ······································ 104
　6.4　扭转和弯曲的组合 ······················· 107
　6.5　连接构件的强度计算 ···················· 111
　思考题 ··· 114
　习题 ·· 114

第7章　压杆的稳定 ······························ 116
　7.1　临界应力公式 ······························ 117
　7.2　临界应力公式的适用范围 ·············· 120

I

7.3 压杆的稳定性计算 …………… 122
7.4 提高压杆稳定性的基本
　　措施 …………………………… 124
　思考题 …………………………… 125
　习题 ……………………………… 125
第8章　动载荷 ………………………… 127
8.1 等加速度运动时杆件上的
　　动应力 ………………………… 128
8.2 冲击应力 ……………………… 130
　思考题 …………………………… 135
　习题 ……………………………… 135
附录A　截面的几何性质 ……………… 137

A1 截面的静矩和形心位置 ……… 137
A2 极惯性矩·惯性矩·惯性积 … 139
A3 惯性矩和惯性积的平行移轴
　　公式 …………………………… 140
附录B　简单截面图形的几何性质 …… 143
附录C　型钢表 ………………………… 144
附录D　符号对照说明 ………………… 157
附录E　模拟试题 ……………………… 158
　E1 模拟试题一 ………………… 158
　E2 模拟试题二 ………………… 160
参考文献 ………………………………… 162

第1章 绪论

【本章内容概要】

材料力学主要研究弹性体受力后发生的变形和由于变形而产生的内力、应力,以及由此而产生的强度要求、刚度要求和稳定性要求。在此基础上导出工程构件设计的基本方法。材料力学的分析方法是在试验基础上,对问题作一些科学的假定,将复杂的问题加以简化,从而得到便于工程应用的数学公式。本章介绍材料力学的任务、基本假设和杆件的变形形式。

【本章学习重点与难点】

1. 理解构件的强度、刚度和稳定性的概念。
2. 理解材料力学的基本假设及其意义。
3. 了解杆件基本变形的受力和形式特点。

1.1 材料力学的任务

材料力学的研究内容涉及两个学科:固体力学和材料科学。固体力学研究物体在外力作用下的应力、变形;材料科学研究材料在外力和温度作用下所表现出的宏观力学行为。材料力学不涉及材料的微观机理,所研究的对象仅限于杆、轴、梁等物体,其几何特征是纵向尺寸(长度)远大于横向(横截面)尺寸,这类物体统称为杆或杆件。杆件有两个主要几何要素,轴线与横截面,轴线通过横截面的形心,横截面与轴线垂直。若杆件轴线为直线,此杆件称为直杆(图 1-1 (a));若轴线为曲线,则称为曲杆(图 1-1 (b))。各横截面尺寸相同的杆件称为等截面杆,横截面尺寸不同的杆件称为变截面杆。杆件是工程中最常见、最基本的构件,一般来说,梁、柱、传动轴、支撑杆等都可以抽象为杆件。杆件是材料力学研究的主要对象。

一个方向的尺寸远小于其他两个方向的尺寸的构件称为板件。平分板件厚度的几何面称为中面。中面为平面的板件称为板(图 1-1

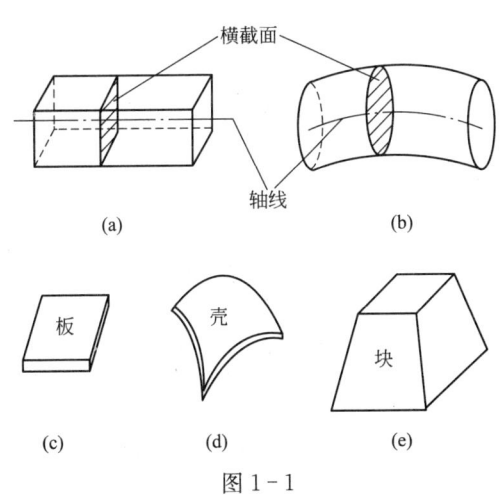

图 1-1

(c)),中面为曲面的板件称为壳(图 1-1 (d)),三个方向的尺寸都在同一个数量级上的构件,称为块(图 1-1 (e))。板件与块一般在弹性力学中讨论。

1. 研究构件的强度、刚度和稳定性

为了保证结构或机械能安全、正常地工作,组成结构或机械的每一个构件都必须具有足够的承载能力,即满足以下要求。

1) 强度要求

强度是指构件或零部件具有的抵抗破坏的能力:在确定的外力作用下,不发生破裂或过量塑性变形的能力。例如,四川彩虹桥坍塌(图 1-2 (a)),说明该桥强度不符合要求;飞机断裂也属于强度问题(图 1-2 (b))。

图 1-2

2) 刚度要求

刚度是构件或零部件具有的抵抗弹性变形的能力:在确定的外力作用下,其弹性变形或位移不超过工程允许范围的能力。实践表明:作用力越大,构件的变形亦越大;对于大多数构件,工作时产生过大变形一般是不容许的。例如,易拉罐变形过大(图 1-3),这是不容许的。

3) 稳定性要求

稳定性是指构件或零部件在某些受力形式(例如轴向压力)下具有的平衡形式的能力:

在这些受力形式下,构件或零部件的平衡形式不会发生突然转变的能力。例如,图 1-4 所示的桁架,在外力作用下杆 2 轴向受压,如果该杆失稳,桁架将不能正常工作。

图 1-3　　　　　　　　　　图 1-4

如图 1-5 所示,常见的各种桥面结构,要保证其不发生破坏,也不发生过大的弹性变形,即不仅保证桥梁具有足够的强度,而且具有足够的刚度,同时还要具有重量轻、节省材料等优点。

又如图 1-6 所示,建筑施工的脚手架不仅需要有足够的强度和刚度,而且还要保证有足够的稳定性,否则在施工过程中会由于局部杆件或整体结构的不稳定性而导致整个脚手架倾覆与坍塌,造成生命和财产的巨大损失。

图 1-5　　　　　　　　　　图 1-6

2. 合理地解决安全与经济之间的矛盾

设计构件时,既要保证构件满足强度、刚度和稳定性的要求,既安全可靠,又要使设计的构件能充分发挥材料的潜力,尽可能降低成本,节约材料和资金,即经济。这样,安全与经济之间就会产生矛盾。

材料力学的任务就是在保证构件既安全又经济的前提下,为构件选择合适的材料,设计出合理的截面形式和尺寸,提供必要的理论基础和计算方法。

3. 研究材料的基本力学性能

材料的力学性能是指材料在外力作用下表现出的变形和破坏等方面的性能,通过试验的方法来测定。试验分析与理论研究在材料力学中具有同等重要的地位。

1.2 材料力学的基本假设

为了简化问题,通常略去一些次要因素,从复杂的现象抓住本质,建立抽象的力学模型,进行理论分析。材料力学的分析研究中常作出如下假设。

1. 连续性假设

通常假设构件的整个体积内均毫无空隙地充满了物质,实际上,在一般工程材料的内部均存在不同程度的空隙(包括材料的缺陷和夹杂等),材料的微观结构并不是处处都是连续的,但是,当所考察的物体几何尺度足够大,而且所考察的物体上的点都是宏观尺度上的点时,可以假定所考察的物体的全部体积内,材料在各处是连续的。还有另一层含义,即在载荷作用下弹性体的变形应使弹性体各相邻部分,既不能出现裂纹,也不能发生重叠(图1-7)。根据这一假设,物体内因受力和变形而产生的内力和位移都将是连续的,因而可以表示为各点坐标的连续函数,从而有利于建立相应的数学模型。

(a) 变形后两部分相互重叠
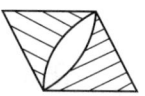
(b) 变形后两部分相互分离

(c) 变形后两部分协调一致

图1-7

2. 均匀性假设

对于实际材料,基本组成部分的力学性能往往存在不同程度的差异,按照统计学的观点,可将材料看成是均匀的,即认为材料的性能与其在构件中的位置无关。按此假设,从构件内部任何部位所切取的微小单元体(简称微体),都具有与构件完全相同的性质。通过试件所测得的材料性能,也可用于构件内的任何部位。假定在物体内各点处的力学性能完全相同,数学模型中的材料性能系数与位置无关。

3. 各向同性假设

认为在物体内在所有方向上均具有相同的力学性能。数学模型中的材料性能系数与方向无关,也简化了数学模型。例如,竹子、纤维增强复合材料为各向异性材料,不能做各向同性假设。大多数工程材料虽然微观上不是各向同性的,例如金属材料,其单个晶粒呈结晶各向异性,但当它们形成多晶聚集体的金属时,呈随机取向,因而在宏观上表现为各向同性。材料力学中所涉及的金属材料都假定为各向同性材料,这假定称为各向同性假定。就总体的力学性能而言，这一假定也适用于混凝土材料。

4. 小变形假设（条件）

在工程实际中，大多数构件在载荷作用下产生的变形与构件原始尺寸相比极其微小。为了便于计算，用变形前的几何形状与尺寸代替变形后的，使材料力学的非线性问题简化为线性问题。如不作特别说明，材料力学中的公式仅能近似用于小变形条件。如果构件变形过大，材料力学中的大多数公式则不能使用。

1.3 杆件变形的基本形式

实际杆件的受力是各式各样的，但都可以归纳为4种基本受力和变形的形式：轴向拉伸（或压缩）、剪切、扭转和弯曲，以及由两种或两种以上基本受力和变形形式叠加而成的组合受力与变形形式。

1. 拉伸或压缩

当杆件两端承受沿轴线方向的拉力或压力载荷时，杆件将产生轴向伸长或压缩变形，分别如图1-8（a）、（b）所示。图中实线为变形前的位置，虚线为变形后的位置。

2. 剪切

在平行于杆件横截面的两个相距很近的平面内，方向相对地作用着两个横向力，当这两个力相互错动并保持二者之间的距离不变时，杆件将产生剪切变形，如图1-9所示。

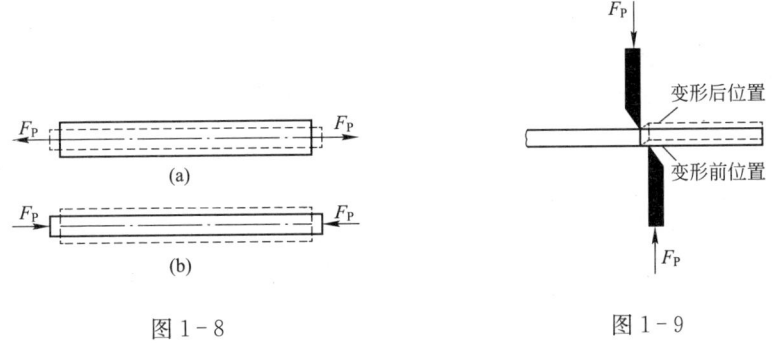

图1-8　　　　　　　　图1-9

3. 扭转

当作用在杆件上的力组成作用在垂直于杆轴平面内的力偶M_e时，杆件将产生扭转变形，即杆件的横截面绕其轴相互转动，如图1-10所示。

4. 弯曲

当外加力偶M（图1-11（a））或外力作用于杆件的纵向平面内（图1-11（b））时，杆件将发生弯曲变形，其轴线将变成曲线。

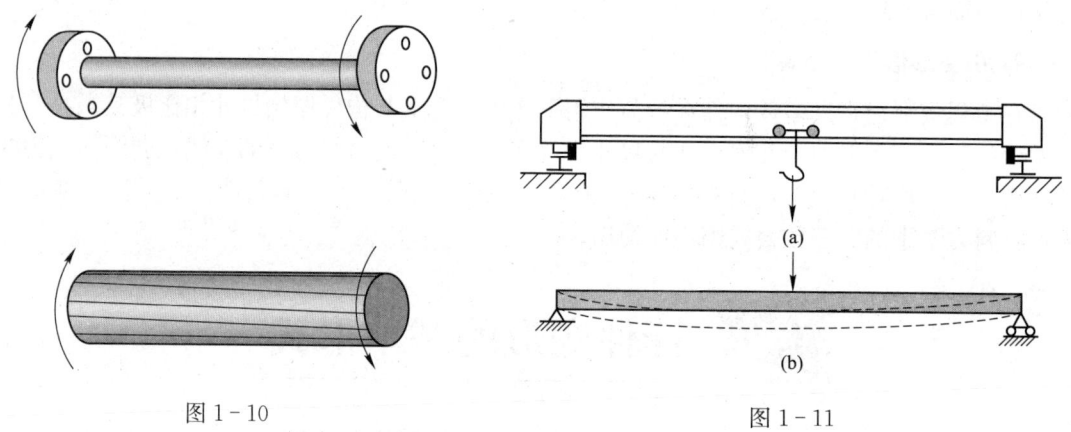

图 1-10　　　　　　　　　　图 1-11

1.4　复合材料的发展

复合材料是指由两种或两种以上不同柔性物质以不同方式组合而成的材料，它可以发挥各种材料的优点，克服单一材料的缺陷，扩大材料的应用范围。由于复合材料具有重量轻、强度高、加工成形方便、弹性优良、耐化学腐蚀和耐候性好等特点，已逐步取代木材及合金，广泛应用于航空航天、汽车、电子电气、建筑等领域，在近几年更是得到了飞速发展。随着科技的发展，树脂与玻璃纤维的制造技术不断进步，生产厂家的制造能力普遍提高，使得玻纤增强复合材料的价格成本已被许多行业接受，但玻纤增强复合材料的强度尚不足以与金属相匹敌。因此，碳纤维、硼纤维等增强复合材料相继问世，使高分子复合材料家族更加完备，已经成为众多产业的必备材料。目前全世界复合材料的年产量已达550多万吨。汽车工业是复合材料最大的用户，今后的发展潜力仍十分巨大，目前还有许多新技术正在开发中。例如，为降低发动机噪声，增加轿车的舒适性，两层冷轧板间黏附热塑性树脂的减振钢板正被开发利用；为满足发动机向高速、增压、高负荷方向发展的要求，发动机活塞、连杆、轴瓦已开始应用金属基复合材料。与此同时，随着近年来人们对环保问题的日益重视，高分子复合材料取代木材方面的应用也得到了进一步推广。例如，用植物纤维与废塑料加工而成的复合材料，在北美已被大量用作托盘和包装箱，用以替代木制产品；而可降解复合材料也成为国内外开发研究的重点。

另外，纳米技术逐渐引起了人们的关注，纳米复合材料的研究开发也成为新的热点。以纳米改性塑料，可使塑料的聚集态及结晶形态发生改变，从而使之具有新的性能，在克服传统材料刚性与韧性难以相容的矛盾的同时，大大提高了材料的综合性能。树脂基复合材料采用的增强材料主要有玻璃纤维、碳纤维、芳纶纤维、超高分子量聚乙烯纤维等。近年来复合材料在军用和民用产品中得到了广泛应用，如防弹头盔、防弹服、直升机机翼、预警机雷达罩、各种高压压力容器、民用飞机直板、体育用品、各类耐高温制品以及近期报道的性能优异的轮胎帘子线等。石英玻璃纤维及高硅氧玻璃纤维属于耐高温的玻璃纤维，是比较理想的耐热防火材料，用其增强酚醛树脂可制成各种结构的耐高温、耐烧蚀的复合材料部件，大量应用于火箭、导弹的防热材料。

由于复合材料的力学性能不是各向同性的，不符合 1.2 节给出的材料力学的基本假设，故本书不涉及复合材料。

思 考 题

1-1　材料力学的任务是什么？
1-2　何谓构件的强度、刚度与稳定性？
1-3　变形固体与刚体的不同之处是什么？
1-4　材料力学的主要研究对象是什么？
1-5　材料力学的基本假设是什么？
1-6　杆件的基本变形有几种？试各举一例。
1-7　在小变形条件下，刚体静力学中关于平衡的理论和方法能否应用于材料力学？

第 2 章 轴向拉压与材料力学性能

【本章内容概要】

本章介绍轴向拉伸和压缩时杆件横截面、斜截面上的内力及应力的计算,并结合材料在轴向拉伸和压缩时的力学性能建立杆件轴向拉伸及压缩的强度条件,对发生该种变形杆件的安全与否及设计提供理论上的判断方法及依据。进而讨论杆件发生轴向拉伸和压缩时变形量的计算,并利用其结果介绍了温度变化、制造误差等引起的温度应力、装配应力等的计算方法。还介绍了圣维南原理、应力集中的概念。

【本章学习重点与难点】

1. 建立轴力的概念,熟练掌握轴力的计算和画轴力图的方法。
2. 正确理解应力的概念,掌握拉压直杆横截面和斜截面上正应力的计算。
3. 了解低碳钢和铸铁在拉伸和压缩时的力学行为,以及应力集中的概念。
4. 建立安全因数的概念,熟练掌握拉压杆强度问题的计算方法。
5. 明确弹性模量、泊松比、拉压刚度的概念,熟练掌握用胡克定律计算拉压杆变形的方法。
6. 掌握温度应力和装配应力的解法,掌握"以切代弧"求桁架节点位移的方法。

实际工程中,有许多轴向受拉(压)构件,例如房屋支撑结构(图 2-1 (a))受压,桥梁的桁架(图 2-1 (b))受拉(压),图 2-1 (c)所示的简易吊车,在外载荷 F_P 的作用下,AB 杆承受轴向压力,产生轴向压缩变形,BC 杆承受轴向拉力,产生轴向拉伸变形。受力特点为外力或其合力的作用线与杆件轴线重合,变形特点均为产生沿杆件轴线方向的伸长或压缩。这种变形形式称为轴向拉伸或压缩。

(a)

(b)

第 2 章　轴向拉压与材料力学性能

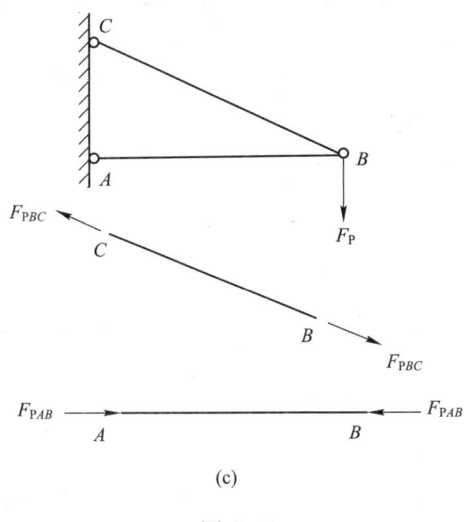

图 2-1

轴向拉伸时的构件称为拉杆（如图 2-1 中的 BC 杆），轴向压缩时的构件称为压杆（如图 2-1 中的 AB 杆）。这类构件的受力和变形都可抽象为如图 2-2 所示的计算简图。

本章研究拉（压）杆的强度和刚度问题，结合其受力与变形分析，介绍材料力学的基本概念和分析方法。本章所涉及的内容是杆类构件设计分析的基础。

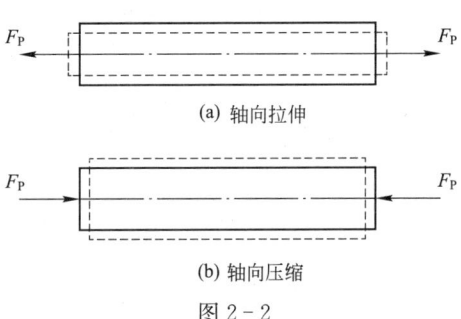

图 2-2

2.1　内力概念与轴力

在外力作用下，构件发生变形，同时，构件内部相连各部分之间产生相互作用力。在外力作用下构件内部相连两部分之间的相互作用力称为内力。构件的强度、刚度及稳定性与内力的大小及其在构件内的分布方式密切相关。因此，内力分析是解决构件强度、刚度与稳定性问题的基础。

由理论力学可知，为了分析两物体之间的相互作用力，必须将该两物体分离。如图 2-3 所示，根据连续性假设，杆件横截面上的内力组成一分布力系。由于整体平衡的要求，对于截开的每一部分也必须是平衡的。因此，作用在每一部分上的外力必须与截面上分布内力相平衡。

应用假想截面将弹性体截开，分成两部分，考虑其中任意一部分的平衡，从而确定横截面上内力的方法，称为**截面法**。

应用截面法研究图 2-4（a）所示拉伸杆在外载荷 F 作用下，横截面 m—m 上的内力。沿横截面 m—m 假想地将杆件截成两部分 I、II，如图 2-4（b）、（c）所示。由于杆件整体是平衡的，所以，截取杆件任何一部分也应是平衡的。因此，横截面 m—m 上内力的合力

F_N 一定过该横截面的形心且与该横截面垂直。通常将这种过横截面形心且与该横截面垂直的内力称为轴力，用 F_N 表示。

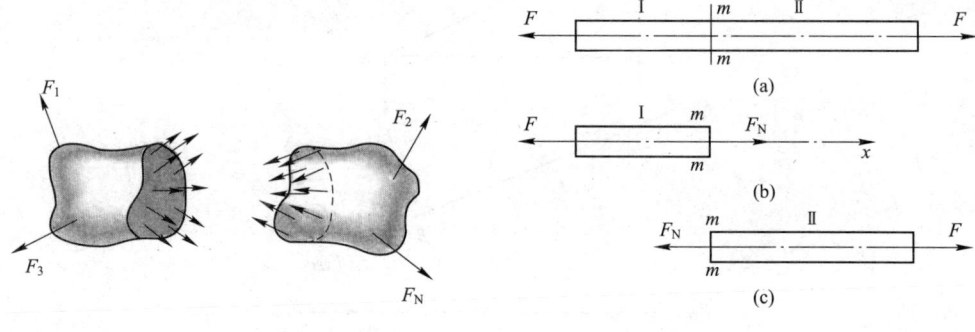

图 2-3 弹性体的分布内力 图 2-4

轴力或为拉力或为压力。轴力的大小可由平衡方程求得，轴力的符号可根据杆件的变形确定。通常规定：拉伸时的轴力为正，如图 2-4（b）、(c) 所示截面 $m—m$ 轴力；压缩时的轴力为负，如图 2-5 所示截面 $m—m$ 轴力。

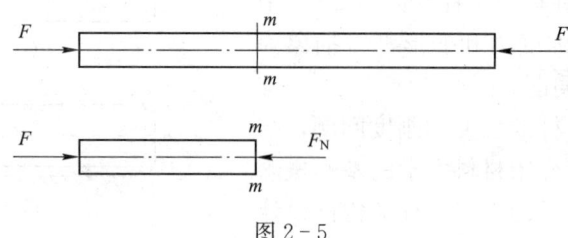

图 2-5

当沿杆件轴线作用两个或两个以上外力时，杆件不同横截面上的轴力不尽相同。

可选取一坐标系，其平行于轴线的坐标表示杆件各横截面位置，与轴线垂直的坐标表示相应横截面的轴力，由此得到的图线可直观地表示各横截面轴力沿轴线的变化规律。这种反映轴力沿轴线变化规律的图线称为轴力图。

一般来讲，计算轴力的方法如下：

① 在需求轴力的横截面处假想地将杆切开，并任选一段为研究对象；
② 画所选杆段的受力图，为计算方便，可将轴力假设为拉力；
③ 建立所选杆段的平衡方程，由已知外力计算切开截面上的未知轴力。

例 2-1 已知变截面直杆 ABC 受力如图 2-6 所示，试作其轴力图。

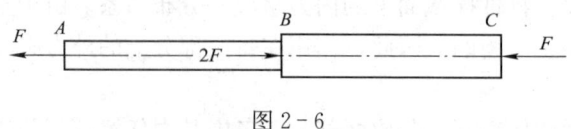

图 2-6

解：

杆 ABC 在 A、B、C 处有集中力作用，所以 AB 和 BC 段杆的轴力不同。

（1）应用截面法，在 AB 和 BC 段分别用假想截面 1—1、2—2 将杆件截断（图 2-7 (a)），分别取出 1—1 截面左侧段和 2—2 截面右侧段，分析受力，如图 2-7（b）、(c) 所示。假设所截开横截面上的轴力符号均为正,即为拉力。

(2) 应用平衡方程,求轴力。

对于图 2-7 (b),由

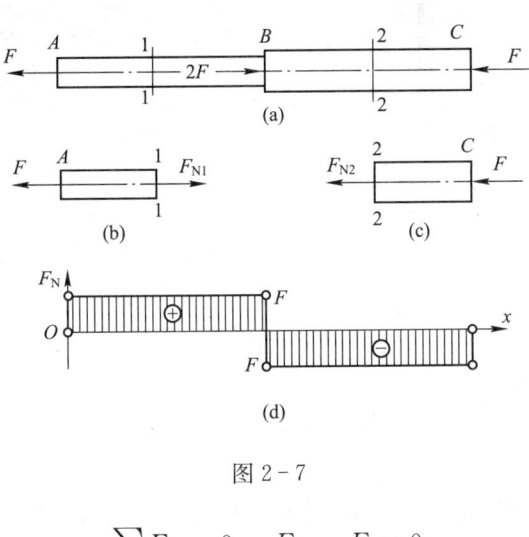

图 2-7

$$\sum F_x = 0, \quad F_{N1} - F = 0$$

可求得 AB 段杆横截面上的轴力为

$$F_{N1} = F$$

对于图 2-7 (c),由

$$\sum F_x = 0, \quad F_{N2} + F = 0$$

可求得 BC 段杆横截面上的轴力为

$$F_{N2} = -F$$

(3) 根据上述计算结果,可在 F_N—x 坐标系中画出杆 ABC 的轴力图,如图 2-7 (d) 所示。

2.2 应力概念与拉压杆横截面的应力

如图 2-8 所示,两杆材料相同,AB 杆横截面面积大于 $A'B'$ 杆,挂相同的重物,哪根杆危险?若两个重物的重量不一样,哪根杆危险?对于以上问题,仅靠杆横截面上的内力无法回答。采用平衡的方法,只能确定横截面上内力的合力,并不能确定横截面上各点内力的大小。

研究构件的强度、刚度与稳定性,不仅需要确定内力的合力,还需要知道内力的分布情况。为了描述内力的分布情况,必须引入应力的概念。

如图 2-9 所示,在截面任一点 K 周围取一微小面积 ΔA,并设作用在该面积上的内力为 ΔF,ΔF 与 ΔA 的比值称为 ΔA 内的平均应力,一般情况下,内力沿截面并非均匀分布的,为了更精确地描述内力的分布情况,应使 ΔA 趋于零,由此可得平均应力的极限值:

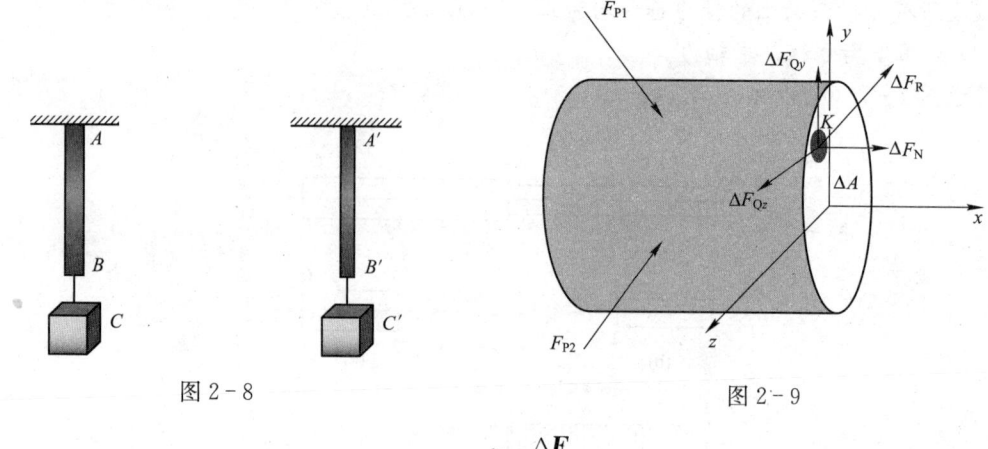

图 2-8　　　　　　　　　图 2-9

$$p=\lim_{\Delta A\to 0}\frac{\Delta F}{\Delta A}$$

p 称为截面上点 K 处的应力矢量。

需要注意的是应力与力是不同的，力有三要素，而应力有四要素：大小、方向、作用点、作用面。

为分析方便，通常将应力矢量沿截面法向与切向分解为两个分量，沿截面法向的应力分量称为正应力，用 σ 表示；沿截面切向的应力分量称为切应力或剪应力，用 τ 表示。应力的单位符号为 Pa 或 MPa，工程上多用 MPa。

$$\sigma=\lim_{\Delta A\to 0}\frac{\Delta F_N}{\Delta A} \tag{2-1}$$

$$\tau=\lim_{\Delta A\to 0}\frac{\Delta F_Q}{\Delta A} \tag{2-2}$$

1. 拉压杆横截面的应力

为了得到拉压杆横截面上各点的应力分布规律，常采用如下研究方法：

试验观测 ⇒ 提出假设 ⇒ 理论分析 ⇒ 试验验证

通过试验研究杆件的变形。取一等直杆，如图 2-10 所示，先在杆表面画一系列平行于杆轴线的纵向线及垂直于杆轴线的横向线，然后在杆件两端施加一对轴向拉力 F_P。

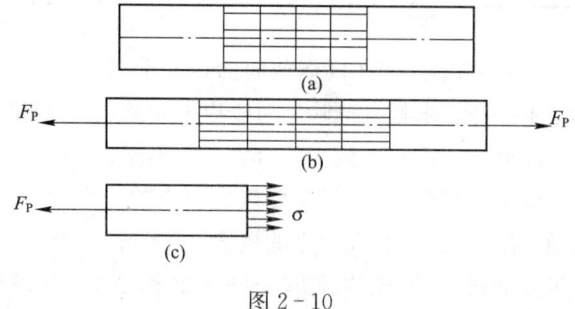

图 2-10

可以观察到如下现象：

① 各横向线仍保持直线，任意两相邻横向线沿轴线发生相对平移；

② 横向线仍然垂直于纵向线，纵向线仍旧保持与杆件轴线平行。原来的矩形网格仍保持矩形。

由于轴向受拉杆件在外力作用下的内力是伴随变形一起产生的，由上述试验结果可知：横截面上各点只有正应力 σ，而无切应力 τ。

由试验现象可作如下假设：原为平面的横截面，变形后仍保持平面；杆件受拉时所有纵向纤维均匀伸长，也就是杆件横截面上各点变形相同。

根据以上假设，任意两横截面间各条纵向纤维的伸长量相同，由此可推断，正应力在横截面上是均匀分布的，如图 2-10 所示。

由于正应力在横截面上均匀分布，若横截面上的轴力大小为 F_N，横截面面积为 A，则截面上各点的正应力（或名义正应力）均为

$$\sigma = \frac{F_N}{A} \quad (2-3)$$

轴向拉伸时的正应力可称为拉应力，轴向压缩时的正应力可称为压应力。通常正应力的符号规定为：拉应力为正，压应力为负。

例 2-2 一桁架的受力及各部分尺寸如图 2-11（a）所示，若 $F_P = 25\ \text{kN}$，各杆的横截面面积均为 $A = 250\ \text{mm}^2$，求 AB 杆横截面上的应力。

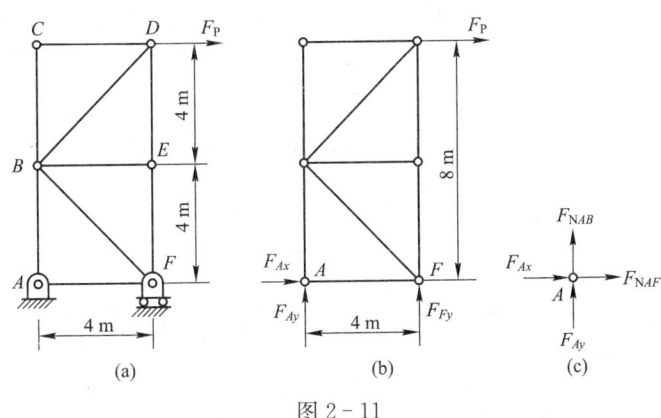

图 2-11

解： 要求 AB 杆的应力，必须先根据约束的性质分析约束力，然后考察整体桁架平衡，求得 A 处的约束力，然后再用节点法或截面法求得 AB 杆的轴向力。

根据 A、F 两处的约束性质，桁架整体受力如图 2-11（b）所示。由平衡方程

$$\sum F_x = F_P + F_{Ax} = 0$$

$$\sum M_F = -F_P \times 8 - F_{Ay} \times 4 = 0$$

求得

$$F_{Ax} = -F_P = -25\ \text{kN}$$

$$F_{Ay} = -2F_P = -50\ \text{kN}$$

其中负号表示所假设的约束力方向与实际约束力方向相反。

再应用节点法，考察节点 A 的受力如图 2-11（c）所示。根据平衡条件

$$\sum F_y = F_{NAB} + F_{Ay} = 0$$

求得AB杆的轴向力

$$F_{NAB} = -F_{Ay} = 50 \text{ kN （拉力）}$$

于是，AB杆横截面上的正应力为

$$\sigma_{AB} = \frac{F_{NAB}}{A} = \frac{50 \times 10^3 \text{ N}}{250 \times 10^{-6} \text{ m}^2} = 200 \times 10^6 \text{ Pa} = 200 \text{ MPa}$$

2. 轴向拉压时斜截面上的应力

轴向拉伸杆如图 2-12（a）所示。取任意斜截面 m_1—m_2，其方位用该斜截面的外法线 n 与杆轴线的夹角 α 表示，规定 α 逆时针为正。将杆件沿 m_1—m_2 截面截开，取左半部分求其内力，如图 2-12（b）所示。

斜截面上的内力等于 F_P，沿杆件轴线向右。依据试验可知：斜截面上各点应力 p_α 均匀分布。若杆件横截面面积为 A，则斜截面面积 $A_\alpha = A/\cos\alpha$，斜截面上的应力为

$$p_\alpha = \frac{F_P}{A_\alpha} = \frac{F_P}{A}\cos\alpha$$

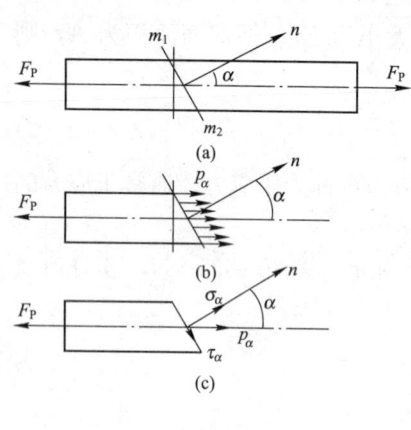

图 2-12

将 p_α 向斜截面的法线和切线方向分解，如图 2-12（c）所示，可得斜截面上正应力 σ_α 和切应力 τ_α 分别为

$$\sigma_\alpha = p_\alpha \cos\alpha = \sigma\cos^2\alpha \tag{2-4}$$

$$\tau_\alpha = p_\alpha \sin\alpha = \frac{1}{2}\sigma\sin 2\alpha \tag{2-5}$$

2.3 圣维南原理与应力集中

如图 2-13 所示，杆端作用均布力，横截面应力均匀分布；杆端作用集中力，横截面应力也均匀分布吗？

集中力作用点附近区域的应力分布比较复杂。大量试验结果表明，杆端加载方式的不同，只对杆端附近横截面上的应力分布有较大影响，受影响的长度不超过杆的横向尺寸，称为圣维南原理。如图 2-14 所示，在载荷作用点处，正应力均匀分布的结论是不成立的。图 2-14（b）、（c）、（d）分别为图 2-14（a）所示矩形直杆横截面 1—1、2—2、3—3 的正应力分布规律，近受力端的应力分布是很不均匀的，但远离受力点后，应力分布逐渐趋于均匀。根据圣维南原理，构件拉（压）时除了载荷作用点附近的应力以外都可视为均匀分布，应力都由式（2-3）计算。

为了满足实际工程的需求，对有些构件会在其杆

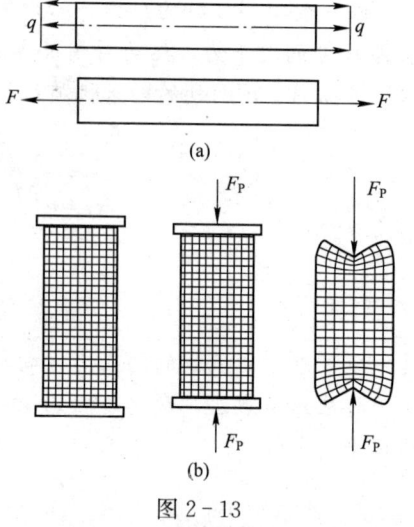

图 2-13

上钻孔、攻螺纹或制成阶梯状变截面杆，导致截面发生突然变化，如图 2-15 所示。理论分析和试验结果表明，在构件尺寸突变的横截面上，应力的最大值会急剧增加，大于该截面的平均应力 σ_a，而离开这个区域稍远，应力又迅速下降趋于均匀分布。由于杆件形状、尺寸改变而引起的局部应力急剧增大的现象，称为应力集中。

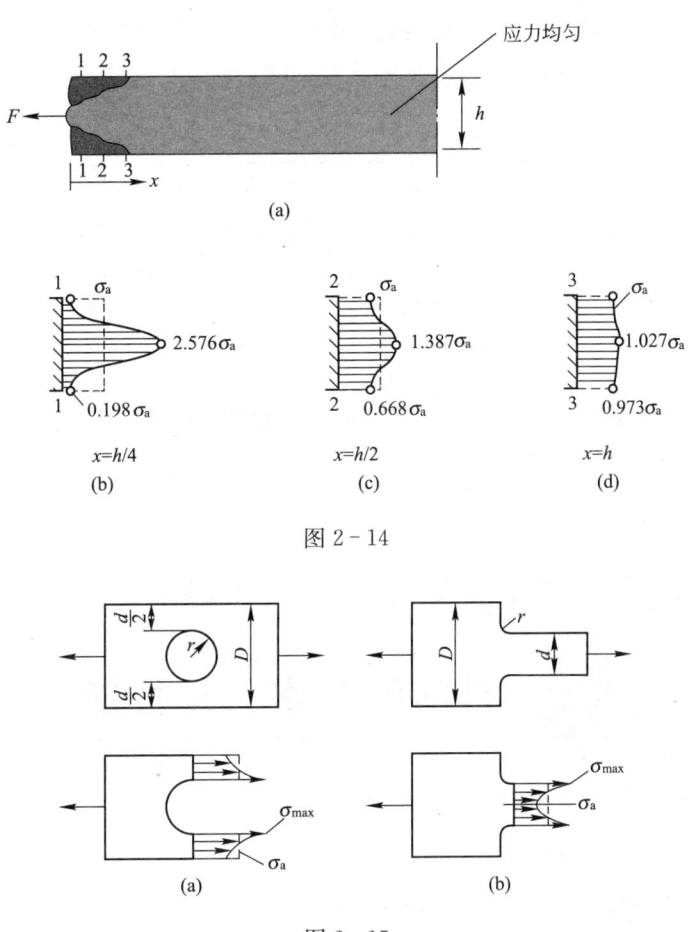

图 2-14

图 2-15

应力集中的程度可用应力集中系数描述。杆件形状、尺寸改变处横截面上的应力最大值与该截面的平均应力值（又称为名义应力）之比，称为应力集中系数，可用 K 表示：

$$K = \frac{\sigma_{max}}{\sigma_a} \tag{2-6}$$

各种典型工况的应力集中系数，可从有关的设计手册中查得。

试验结果表明，截面形状、尺寸变化越剧烈，应力集中现象就越严重，因此在机械加工时多采用圆角过渡，以减小应力集中的影响。不同性质的材料，对应力的敏感程度不同。

2.4 拉压变形的表征参量

构件轴向拉伸、压缩时产生沿构件轴线方向的纵向变形和垂直于杆件轴线方向的横向变形。

设有一原长为 L 的等截面直杆如图 2-16 所示，在 F_P 作用下产生轴向拉伸变形。等直杆纵向变形是指构件变形后沿轴向长度的改变量，用 ΔL 表示，即

$$\Delta L = L' - L \tag{2-7}$$

其中，L' 是构件变形后的杆长，L 是构件原长。纵向变形又可称为轴向变形。

构件变形后横向尺寸的改变量称为横向变形，即

$$\Delta b = b' - b \tag{2-8}$$

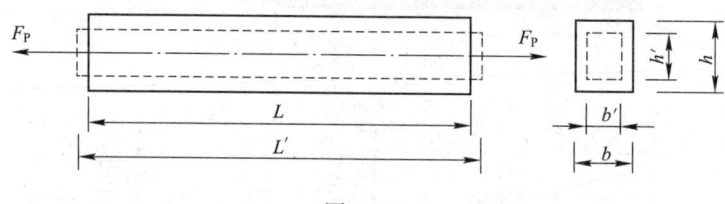

图 2-16

纵向变形 ΔL 及横向变形 Δb 均为绝对变形，其数值受杆件原长的影响，因此杆件的变形程度可用相对变形来描述，即

$$\varepsilon = \frac{\Delta L}{L}, \quad \varepsilon' = \frac{\Delta b}{b} \tag{2-9}$$

式中，ε、ε' 分别称为纵向线应变和横向线应变，均为无量纲量。

2.5 材料的基本力学性能

一定应力作用下，构件是否会被破坏与材料的力学性能有关。因此，为了分析构件的变形，需要了解材料的力学性能。力学性能又称为机械性能，一般可通过试验测定。

2.5.1 拉伸试验与应力—应变曲线

依据 GB/T 228.1—2010《金属材料　拉伸试验　第1部分：室温试验方法》，将测试材料制成标准试样，常温静载下，在试验机上进行单向拉伸试验。这里需要说明：GB/T 228.1—2010 中规定的符号与力学专业常用符号不一致（见附录 D），本书采用力学专业常用符号。

常用的标准拉伸试件如图 2-17 所示，截面 m、n 之间的杆段为试验段，L 称为标距。试验时，缓慢加载，随着载荷的增加，试件逐渐被拉长，一直进行到试件断裂为止。

试验过程中可同时记录试样所受的载荷及相应的变形，直至试样被拉断，获得反映试样载荷—变形关系的曲线，该曲线称为拉伸图或 F_P—ΔL 曲线，它不仅与试件的材料有关，而且与试件横截面尺寸及其标距的大小有关。例如，试验段的横截面面积越大，将其拉断所需的拉力也越大。为了消除试件横截面尺寸的影响，采用应力—应变曲线或应力—应变图来对材料性能进行分析。

低碳钢是工程中广泛应用的金属材料，其应力—应变曲线也具有典型意义。将低碳钢拉伸图中的拉力 F_P 除以试样试验前的原横截面面积 A，伸长量 ΔL 除以试样试验前的原始长

度 L,得到材料的应力—应变(σ—ε)曲线,如图2-18所示。

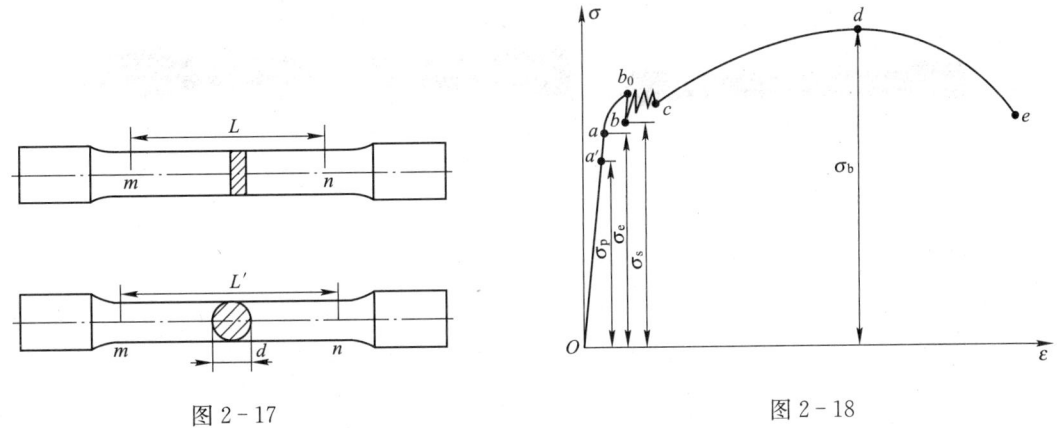

图2-17　　　　　　　　　　图2-18

根据变形特点将低碳钢的拉伸过程分为四个阶段。

1. 弹性阶段（图2-18中的 Oa 段）

低碳钢在拉伸初期的变形均为可恢复的弹性变形。应力—应变曲线上的开始阶段通常都有一直线段（图2-18中的 Oa' 段），称为线性弹性区,这一区段内应力与应变成正比关系：

$$\sigma = E\varepsilon \tag{2-10}$$

上式为胡克定律,其中 E 为比例常数,即线段 Oa' 的斜率,称为材料的弹性模量（又可称为杨氏模量）。线弹性区的应力最高值称为比例极限,用 σ_p 表示。a 点对应的应力是材料只产生弹性变形的应力最高值,称为弹性极限,用 σ_e 表示。

试验结果表明,当杆件轴向伸长时,其与轴线垂直的横向尺寸将相应缩短;轴向缩短时,横向尺寸伸长。在弹性范围内,纵向线应变 ε 与横向线应变 ε' 满足如下关系：

$$\varepsilon' = -\nu\varepsilon \tag{2-11}$$

式中,ν 称为横向变形系数或泊松比,是材料的一个弹性常数,无量纲量,可从有关手册中查得。

2. 屈服阶段（图2-18中的 ac 段）

在应力值超过弹性极限的 ac 段,材料出现显著的塑性变形。在此阶段内应力几乎不变,应变急剧增加,材料失去抵抗变形的能力。这种应力在微小范围波动,而应变却急剧增加的现象称为屈服或流动。屈服阶段的最高应力和最低应力分别称为上屈服极限（b_0 点）和下屈服极限（b 点）。通常材料的上屈服极限数值不稳定,而下屈服极限数值却比较稳定,因此,通常将下屈服极限称为材料的屈服极限,用 σ_s 表示。

光滑试样屈服时,表面将出现与轴线约成 45° 的条纹（滑移线）。

3. 强化阶段（图2-18中的 cd 段）

过了屈服阶段后,材料抵抗变形的能力增强,必须加大拉力才能使材料继续变形,这种现象称为材料的强化。强化阶段的最大应力称为强度极限,用 σ_b 表示。

4. 局部变形阶段（图2-18中的 de 段）

应力达到强度极限后,试样开始在局部产生明显的收缩,如图2-19（a）所示,该现象称为颈缩现象。由于颈缩部分横截面面积迅速减小，使试样继续变形所需的拉力减小，应力—应变曲线呈下降趋势，最终试样在颈缩处被拉断（图 2-19 (b)）。

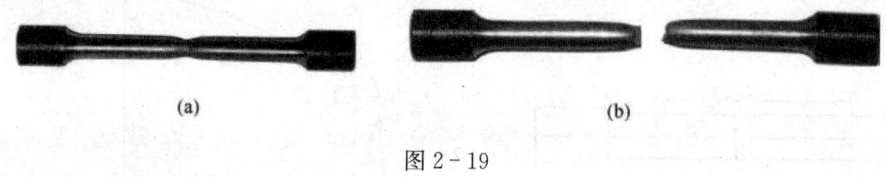

图 2-19

5. 卸载定律

如果在强化阶段（图 2-20 点 f 处）卸载，应力—应变沿线段 fO_1 下降，该直线与线弹性阶段的线段 Oa 几乎平行。卸载时应力与应变之间遵循线性变化的规律称为材料的卸载定律。线段 O_1O_2 表示随卸载消失的弹性应变 ε_e，线段 OO_1 表示卸载后无法恢复的塑性应变 ε_p。试验结果表明，卸载至点 O_1 后，如果再加载，应力—应变基本上沿 $O_1 f$ 变化，到达点 f 后，沿 fde 变化，直至在 e 点被拉断。由此可见，材料在强化阶段卸载，然后再加载，可以提高材料的弹性极限，但拉断时的塑性变形会减小。这种由于预加塑性变形而使材料弹性极限提高的现象，称为冷作硬化。工程上常用冷作硬化提高材料的弹性极限，在材料弹性范围内提高其承载能力。

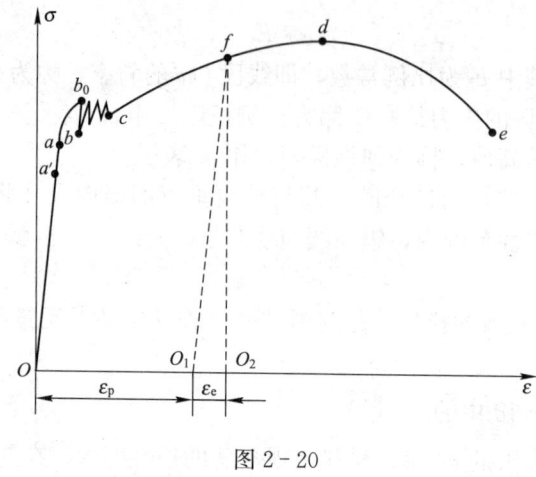

图 2-20

6. 材料的塑性指标

1) 延伸率

延伸率是度量材料塑性的重要指标，用 δ 表示，定义为

$$\delta = \frac{\Delta L}{L} \times 100\% = \frac{L_b - L_0}{L_0} \times 100\% \tag{2-12}$$

式中：L_0——试验前试样的试验段长度（原始标距）；

L_b——试样破断后的试验段长度（断后标距）。

2) 截面收缩率

截面收缩率也是度量材料塑性的指标，用 ψ 表示，定义为

$$\psi = \frac{A_0 - A_b}{A_0} \times 100\% \tag{2-13}$$

式中：A_0——试验前试样的横截面面积；

A_b——试样被拉断后的横截面最小面积。

工程上一般认为 $\delta \geq 5\%$ 的材料为塑性材料，$\delta < 5\%$ 的材料为脆性材料。

有些塑性材料在拉伸过程中没有明显的屈服过程，工程上常以卸载后产生数值为 0.2% 塑性应变所对应的应力值作为屈服极限，称为名义屈服极限，用 $\sigma_{0.2}$ 表示，如图 2-21 所示。

脆性材料（如铸铁、陶瓷等）发生断裂前变形始终很小，没有明显的塑性变形。拉断时的应力最高值即为其强度极限 σ_b。灰口铸铁的应力—应变曲线如图 2-22 所示。

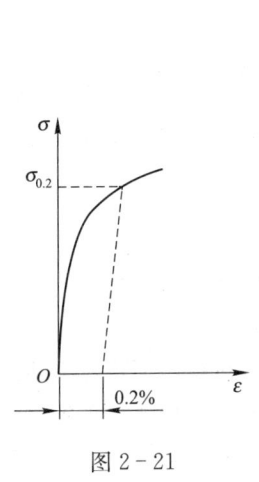

图 2-21

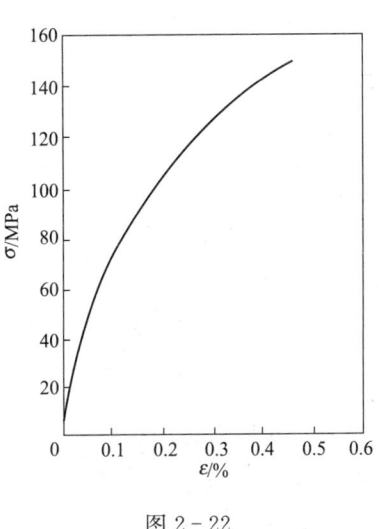

图 2-22

2.5.2 材料压缩时的应力—应变曲线

大多数塑性材料在压缩时，其应力—应变曲线与拉伸时具有相同的弹性模量和屈服极限。低碳钢压缩时应力—应变曲线如图 2-23 所示。

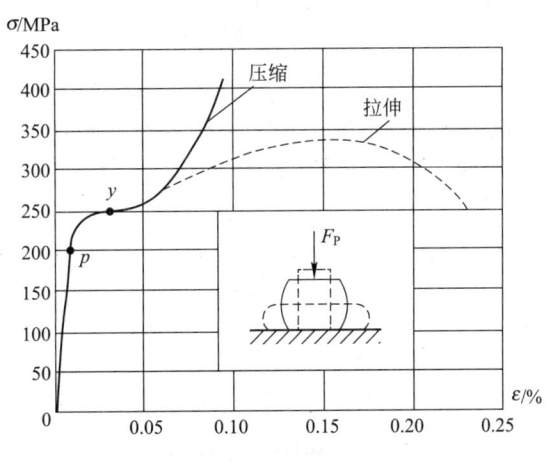

图 2-23

脆性材料（如铸铁、陶瓷等）压缩时，通常具有比拉伸时高得多的强度极限。灰口铸铁试样压缩后会变成鼓形，最后沿着与轴线约成55°角的斜面被剪断，如图2-24所示。

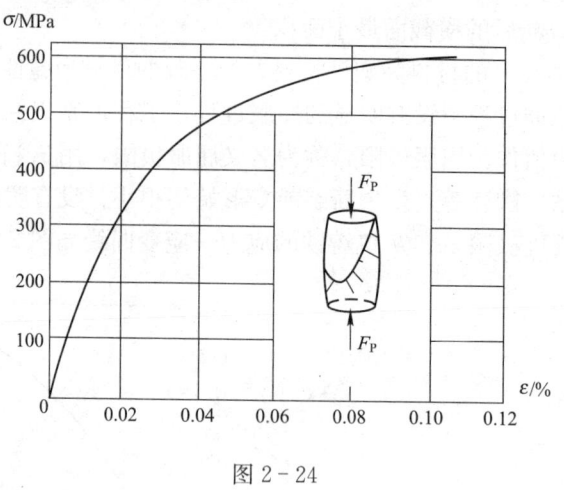

图 2-24

2.6 拉压强度计算

由试验可知，当正应力达到材料的强度极限时，会引起断裂；当正应力达到材料的屈服应力时，材料将出现显著的塑性变形。显然，构件工作时发生断裂或显著的塑性变形一般是不容许的，故强度极限与屈服应力统称为材料的极限应力或失效应力。强度极限 σ_b 是脆性材料的失效应力，屈服极限 σ_s 是塑性材料的失效应力。

根据分析计算所得构件之应力，称为工作应力或计算应力。在理想的情况下，为了充分利用材料的强度，应使构件的工作应力接近于材料的极限应力。但实际上这是不可能的，原因是：作用在构件上的外力常常估计不准确；构件的外形与所承受的外力往往很复杂，所得应力通常均带有近似性；实际材料的组成与品质等难免存在差异，不能保证构件的材料与标准试件具有完全相同的力学性能。为了确保构件在使用中的安全，使其不致失效且有一定的安全储备，在进行结构设计时，构件的工作应力不允许达到失效应力，只能控制在失效应力以下的某值。这个工作应力允许达到的应力最大值称为材料的**许用应力**，用 $[\sigma]$ 表示，许用应力 $[\sigma]$ 是用材料的极限应力除以一个数值大于1的安全系数 n 而得到的。

对于塑性材料

$$[\sigma] = \frac{\sigma_s}{n} \tag{2-14}$$

对于脆性材料

$$[\sigma] = \frac{\sigma_b}{n} \tag{2-15}$$

对于轴向拉、压构件，为了保证构件在使用过程中不发生强度失效，其工作应力的最大值不应超过该材料的许用应力。即

$$\sigma_{\max}=\frac{F_{N\max}}{A}\leqslant[\sigma] \tag{2-16}$$

上式称为轴向拉、压时的强度条件。利用该强度条件，可以解决以下三类强度问题。

1. 强度校核

当杆件所受外载荷、截面尺寸、材料的许用应力均已知时，校核式（2-16）是否成立，判断杆件是否满足强度要求。

2. 设计截面尺寸

当外载荷及材料的许用应力、构件的形状已知时，可将式（2-16）改写为

$$A\geqslant\frac{F_N}{[\sigma]} \tag{2-17}$$

由上式确定杆件的横截面面积或尺寸大小。

3. 确定许用载荷

当构件横截面形状、尺寸及材料的许用应力均已知时，由式（2-16）可求得杆件所能承受的最大轴力

$$F_{N\max}\leqslant[\sigma]A \tag{2-18}$$

根据 $F_{N\max}$ 可以进一步确定杆件所能承受的最大安全外载荷即许用载荷。

例 2-3 如图 2-25（a）所示的刚性杆 AB 由圆杆 CD 悬挂在 C 点，B 端作用集中力 $F=25$ kN，已知 CD 杆的直径 $d=20$ mm，许用应力 $[\sigma]=160$ MPa，试校核杆 CD 的强度。

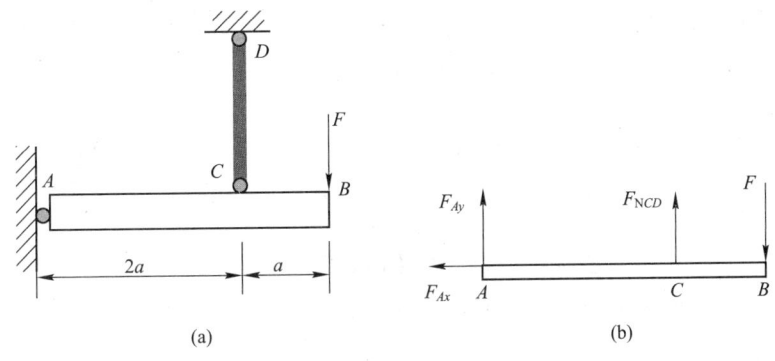

图 2-25

解：

(1) 计算 CD 杆的内力。

取刚性杆 AB 为研究对象，其受力如图 2-25（b）所示。由平衡方程：

$$\sum M_A=0, \quad F_{NCD}\times 2a-F\times 3a=0$$

可得 CD 杆横截面上的轴力为

$$F_{NCD}=\frac{3}{2}F$$

(2) 计算 CD 杆工作时横截面上的最大正应力。

$$\sigma = \frac{F_{NCD}}{A} = \frac{\frac{3}{2} \times 25 \times 10^3}{\frac{\pi}{4} \times 0.02^2} = 119.37 \times 10^6 \text{ Pa} = 119.37 \text{ MPa}$$

(3) 与许用应力 $[\sigma]$ 相比较，校核强度。

$$\sigma = 119.37 \text{ MPa} < [\sigma] = 160 \text{ MPa}$$

所以杆 CD 强度足够，杆 CD 安全。

例 2-4 图 2-26 (a) 所示为可以绕铅垂轴 OO_1 旋转的吊车简图，其中斜拉杆 AC 由两根 50 mm×50 mm×5 mm 的等边角钢组成，水平横梁 AB 由两根 10 号槽钢组成。AC 杆和 AB 梁的材料都是 Q235 钢，许用应力 $[\sigma] = 120$ MPa。当行走小车位于 A 点时（小车两个轮子之间的距离很小，小车作用在横梁上的力可以看作是作用在 A 点的集中力），求允许的最大起吊质量 F_W（包括行走小车和电动机的自重），杆和梁的自重忽略不计。

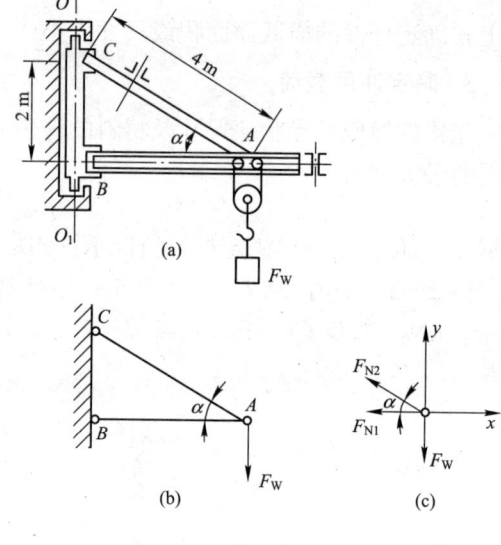

图 2-26

解：

(1) 受力分析。

因为要求小车在 A 点时所能起吊的最大质量，这种情形下，AB 梁与 AC 两杆的两端都可以简化为铰链连接。所以，吊车的计算模型可以简化为图 2-26 (b) 所示的形式。于是 AB 和 AC 都是二力杆，二者分别承受压缩和拉伸。

(2) 确定二杆的轴力。

以节点 A 为研究对象，并设 AB 杆和 AC 杆的轴力均为正方向，分别为 F_{N1} 和 F_{N2}。于是节点 A 的受力如图 2-26 (c) 所示。由平衡条件

$$\sum F_x = 0, \quad -F_{N1} - F_{N2} \cos \alpha = 0$$

$$\sum F_y = 0, \quad -F_W + F_{N2} \sin \alpha = 0$$

由图 2-26 (a) 中的几何尺寸，有

$$\sin \alpha = \frac{1}{2}, \quad \cos \alpha = \frac{\sqrt{3}}{2}$$

于是，由平衡方程解得

$$F_{N1} = -1.73 F_W, \quad F_{N2} = 2 F_W$$

(3) 确定最大起吊质量。

对于 AB 杆，由型钢表（附录 C）查得单根 10 号槽钢的横截面面积为 12.74 cm²，注意到 AB 杆由两根槽钢组成，因此，杆横截面上的正应力

$$\sigma_{AB} = \frac{|F_{N1}|}{A_1} = \frac{1.73 F_W}{2 \times 12.74}$$

将其代入强度条件公式，得到

$$\sigma_{AB} = \frac{|F_{N1}|}{A_1} = \frac{1.73 F_W}{2 \times 12.74} \leq [\sigma]$$

由此解出保证 AB 杆强度安全所能承受的最大起吊质量

$$F_{W1} \leqslant \frac{2 \times [\sigma] \times 12.74 \times 10^{-4}}{1.73} = \frac{2 \times 120 \times 10^6 \times 12.74 \times 10^{-4}}{1.73}$$

$$= 176.7 \times 10^3 \text{ N} = 176.7 \text{ kN}$$

对于 AC 杆，由型钢表（附录 C）查得单根 50 mm×50 mm×5 mm 等边角钢的横截面面积为 4.803 cm²，注意到 AC 杆由两根角钢组成，杆横截面上的正应力

$$\sigma_{AC} = \frac{F_{N2}}{A_2} = \frac{2F_W}{2 \times 4.803}$$

将其代入强度条件公式，得到

$$\sigma_{AC} = \frac{F_{N2}}{A_2} = \frac{F_W}{4.803} \leqslant [\sigma]$$

由此解出保证 AC 杆强度安全所能承受的最大起吊质量

$$F_{W2} \leqslant [\sigma] \times 4.803 \times 10^{-4} = 120 \times 10^6 \times 4.803 \times 10^{-4}$$

$$= 57.6 \times 10^3 \text{ N} = 57.6 \text{ kN}$$

为保证整个吊车结构的强度安全，吊车所能起吊的最大质量，应取上述 F_{W1} 和 F_{W2} 中的较小者。于是，吊车的最大起吊质量

$$[F_W] = F_{W2} = 57.6 \text{ kN}$$

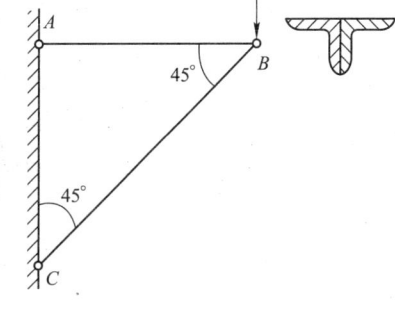

图 2-27

例 2-5 已知图 2-27 所示三角形托架，其杆 AB 由两根等边角钢组成。已知 $F = 75$ kN，$[\sigma] = 160$ MPa，试选择等边角钢的型号。

解：

由 $\sum M_C = 0$，得 $F_{NAB} = F = 75$ kN

$$2A \geqslant \frac{F_{NAB}}{[\sigma]} = \frac{75 \times 10^3}{160 \times 10^6} = 4.687 \times 10^{-4} \text{ m}^2 = 4.687 \text{ cm}^2$$

$$A \geqslant 2.3435 \text{ cm}^2$$

查附录 C，选边厚为 3 mm 的 4 号等边角钢，其 $A = 2.359$ cm²。

2.7 拉压刚度计算

在线弹性范围内，将材料在轴向拉（压）时 $\varepsilon = \frac{\Delta L}{L}$ 和 $\sigma = \frac{F_N}{A}$ 代入胡克定律 $\sigma = E\varepsilon$，可得拉压杆的变形量：

$$\Delta L = \frac{F_N L}{EA} \tag{2-19}$$

式中 EA 称为构件横截面抗拉压刚度，抗拉压刚度越大，构件抵抗拉（压）变形的能力越强。

例 2-6 如图 2-28 所示，圆截面杆用铝合金制成，承受轴向拉力 P 的作用。已知杆长 $l = 100$ mm，杆径 $d = 10$ mm，轴向伸长 0.182 mm，横向变形 0.005 45 mm，求杆的轴向正应变、横向正应变及泊松比。

解： 杆的轴向正应变、横向正应变分别为

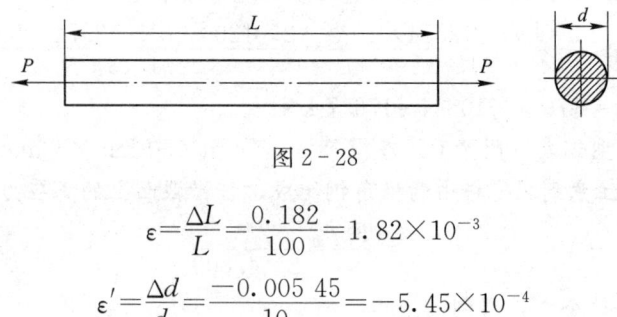

图 2-28

$$\varepsilon = \frac{\Delta L}{L} = \frac{0.182}{100} = 1.82 \times 10^{-3}$$

$$\varepsilon' = \frac{\Delta d}{d} = \frac{-0.00545}{10} = -5.45 \times 10^{-4}$$

于是，得材料的泊松比为

$$\nu = -\frac{\varepsilon'}{\varepsilon} = \frac{5.45 \times 10^{-4}}{1.82 \times 10^{-3}} = 0.299$$

例 2-7 图 2-29（a）所示刚性杆（不变形）上连接有三根杆件，其长度分别为 l、$2l$ 和 $3l$，位置如图示。若已知 F_P 及杆 1 的应变值 ε_{x1}，求 2、3 两杆的应变值。

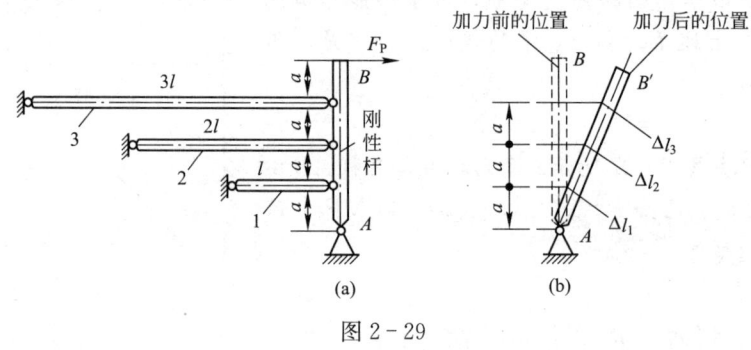

图 2-29

解：图示结构中三根杆的变形存在一定的关系。已知杆 1 的应变，根据应变的定义，可以确定杆 1 的变形量 Δl_1，利用三根杆变形之间的关系即可确定 2、3 两杆的变形量，进而求得二者的应变。

因为 AB 是刚性杆，假设加力后 AB 杆位置为 AB'，于是加力后各杆的变形情况如图 2-29（b）所示。根据图中所示几何关系，可以得到

$$\Delta l_2 = 2\Delta l_1 \qquad \Delta l_3 = 3\Delta l_1$$

根据应变的定义，其中

$$\Delta l_1 = \varepsilon_{x1} \times l$$

于是 2、3 两杆的应变分别为

$$\varepsilon_{x2} = \frac{\Delta l_2}{l_2} = \frac{2\Delta l_1}{l_2} = \frac{2\varepsilon_{x1} \times l}{l_2} = \frac{2\varepsilon_{x1} \times l}{2l} = \varepsilon_{x1}$$

$$\varepsilon_{x3} = \frac{\Delta l_3}{l_3} = \frac{3\Delta l_1}{l_3} = \frac{3\varepsilon_{x1} \times l}{l_3} = \frac{3\varepsilon_{x1} \times l}{3l} = \varepsilon_{x1}$$

例 2-8 简易悬臂式吊车如图 2-30（a）所示，吊车的三角架由 B、C 铰链和 AB、AC 杆连接而成，斜杆 AB 的横截面面积 $A_1 = 9.6 \times 10^{-4}$ m²，水平杆 AC 的横截面面积 $A_2 = 25.48 \times 10^{-4}$ m²。杆 AB、AC 材料相同，$E = 200$ GPa，试求 A 点处起吊 $G = 57.5$ kN 的重物时，节点 A 的位移。

第2章 轴向拉压与材料力学性能

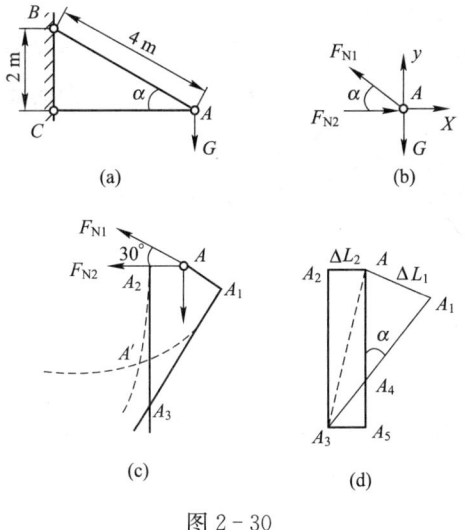

图 2-30

解：

(1) 因为节点 A 处的位移是由杆 AB、AC 变形引起的，所以应首先计算出 AB、AC 两杆的变形。

取节点 A 为分离体，如图 2-30 (b) 所示，设杆 AB 的轴力为 F_{N1}，杆 AC 的轴力为 F_{N2}，可由该节点的静力平衡方程求得

$$\sum F_y = 0, \quad F_{N1}\sin\alpha - G = 0$$

$$F_{N1} = G/\sin\alpha = 2G = 115 \text{ kN}$$

$$\sum F_x = 0, \quad F_{N2} - F_{N1}\cos\alpha = 0$$

$$F_{N2} = F_{N1}\cos\alpha = 1.73G = 100 \text{ kN}$$

其中 $\sin\alpha = \dfrac{L_{BC}}{L_{AB}} = 0.5$，$\alpha = 30°$。

$F_{N1} > 0$，由图 2-30 (b) 可知，AB 杆为拉杆，产生拉伸变形，其轴向伸长量 ΔL_1 为

$$\Delta L_1 = \frac{F_{N1}L_{AB}}{EA_1} = \frac{115 \times 10^3 \times 4}{200 \times 10^9 \times 9.6 \times 10^{-4}} = 2.40 \times 10^{-3} \text{ m} = 2.40 \text{ mm}$$

$F_{N2} > 0$，由图 2-30 (b) 可知，AC 杆为压杆，产生压缩变形，其收缩量 ΔL_2 为

$$\Delta L_2 = \frac{F_{N2}L_{AC}}{EA_2} = \frac{100 \times 10^3 \times 4 \times \cos 30°}{200 \times 10^9 \times 25.48 \times 10^{-4}} = 0.68 \times 10^{-3} \text{ m} = 0.68 \text{ mm}$$

(2) 计算节点 A 的位移。

为了求得杆 AB、AC 变形后节点 A 的位移，可假想将 AB 杆和 AC 杆在节点 A 处拆开，并在原位置上，在各自轴力作用下发生拉伸变形 ΔL_1 和压缩变形 ΔL_2，得点 A_1 及 A_2，如图 2-30 (c) 所示。分别以 B 点、C 点为圆心，以两杆变形后的长度 BA_1、CA_2 为半径作两圆弧，则两弧交点 A' 应为杆件变形后 A 点的新位置。线段 AA'（图中未画出）即为 A 点的位移。

上述方法获得的节点位移数值精确，但不便于计算。由于杆件的变形 ΔL_1、ΔL_2 均十分微小，故可分别过 A_1、A_2 点作 BA_1 和 CA_2 的垂线，代替上述圆弧线 A_1A' 和 A_2A'，如图 2-30 (c) 所示。认为两垂线的交点 A_3 为节点变形后的位置。这种用垂线代替圆弧线求

节点位移的方法，通常称为**图解法**。

分析变形后的几何关系，如图 2-30（d）所示，可得 A 点的水平位移

$$\Delta_{Ax} = AA_2 = \Delta L_2 = 0.68 \text{ mm}（方向向左）$$

A 点的铅垂位移

$$\Delta_{Ay} = AA_5 = AA_4 + A_4A_5 = \frac{\Delta L_1}{\sin \alpha} + \frac{\Delta L_2}{\tan \alpha}$$

$$= \frac{2.40}{\sin 30°} + \frac{0.68}{\tan 30°} = 5.98 \text{ mm}（方向向下）$$

请注意：作位移图，即图 2-30（c）、(d) 时，杆件的变形应与该杆轴力的符号相对应。

2.8 温度应力与装配应力

实际工程中，许多构件往往会因温度变化而伸长或缩短。一般情况下，材料满足线膨胀定律：

$$\Delta L_T = \alpha T L \tag{2-20}$$

式中：α——材料的线膨胀系数，1/℃；

ΔL_T——自由伸长量，m；

T——温度变化量，℃；

L——原长，m。

由温度变化引起的变形受到阻碍导致杆件内产生内力、应力。这种由于温度变化引起的应力称为温度应力。

如图 2-31（a）所示，杆 AB 两端均为刚性支座 A、B，若装配后将杆 AB 的温度升高 T，则杆 AB 将无法如图 2-31（b）所示静定杆那样自由伸长 ΔL_T。图 2-31（a）所示杆两端刚性支撑的制约，使得该杆件无法发生长度变化，这相当于在杆两端施加了压力 F_{RA}、F_{RB}，如图 2-31（c）所示。

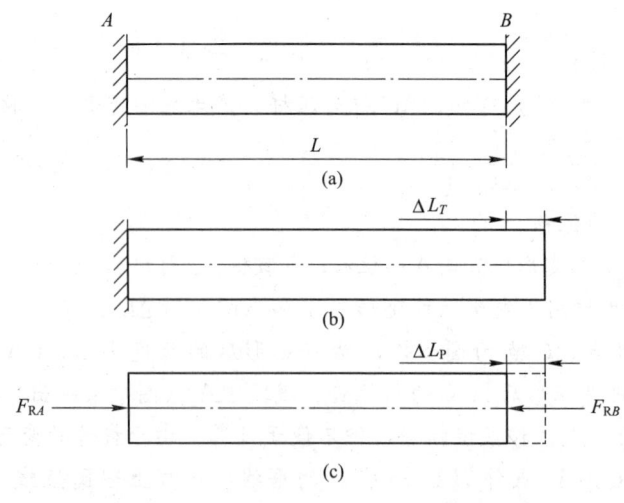

图 2-31

由静力平衡方程可知

$$F_{RA}=F_{RB} \tag{2-21}$$

一个独立平衡方程，两个未知力，需要增加一个补充方程。

因杆件保持原长不变，因此要求该杆件由于温度升高而产生的伸长量 ΔL_T 等于在两端压力 F_{RA}、F_{RB} 作用下杆的缩短量 ΔL_P，即

$$\Delta L_T = \Delta L_P$$

考虑变形与力之间的载荷—位移关系（即线膨胀定律和胡克定律）：

$$\alpha TL = \frac{F_N L}{EA} \tag{2-22}$$

将补充方程（2-22）和静力平衡方程（2-21）联立，可求得 F_{RA}、F_{RB} 及杆的温度应力 $\sigma = \dfrac{F_N}{A}$。

构件因制造误差会引起装配应力。如图 2-32（a）所示，由于制造误差，使杆件 AB 比设计值长 δ，若将该杆安装成如图 2-32（b）所示的结构，则杆 AB 必须收缩 δ，两端刚性支撑对杆件施加压力，在杆件内部引起轴力、应力。这种由于制造误差而在杆截面上引起的应力称为**装配应力**。

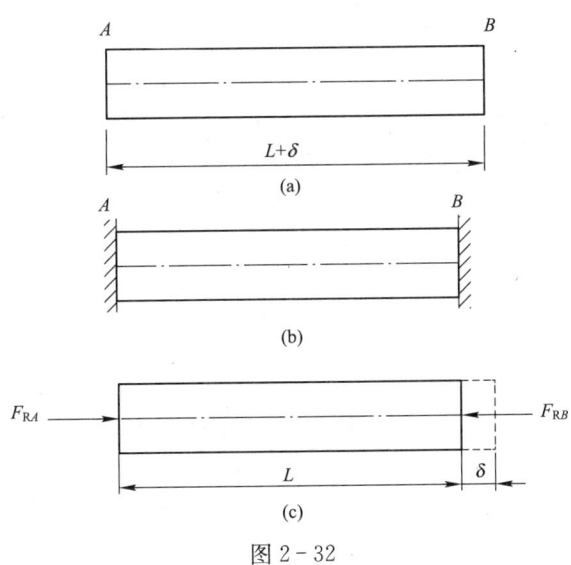

图 2-32

变形几何关系：如图 2-32（c）所示，由两端压力产生的杆缩短量 ΔL_P 等于杆的制造误差 δ，即

$$\Delta L_P = \delta \tag{2-23}$$

物理关系：

$$\Delta L_P = \frac{F_{RB} \cdot L}{EA} \tag{2-24}$$

将载荷—位移关系式（2-24）代入变形几何关系式（2-23）中，即可获得补充方程。

补充方程与静力平衡方程联立求解，即可求得未知力 F_{RA}、F_{RB} 及杆横截面上的装配应力 $\sigma = \dfrac{F_N}{A}$。

思 考 题

2-1 结合轴向拉伸、压缩变形区分下列概念：内力与应力，变形与应变，工作应力、失效应力与许用应力。

2-2 轴力和横截面面积均相等、材料不同的拉杆，它们的应力和变形是否都相同？

2-3 试用拉压杆斜截面应力计算公式分析低碳钢拉伸颈缩现象和铸铁压缩破坏现象。

2-4 弹性模量 E、泊松比 ν、抗拉（压）刚度 EA 的物理意义分别是什么？

2-5 公式 $\Delta L = \dfrac{F_N L}{EA}$，$\sigma = E \cdot \varepsilon$ 的适用条件是什么？

2-6 下列杆件是不是拉压杆？

2-7 用三种材料制成同尺寸拉杆，三种材料的应力—应变曲线如图所示，哪种强度最大？哪种刚度最大？

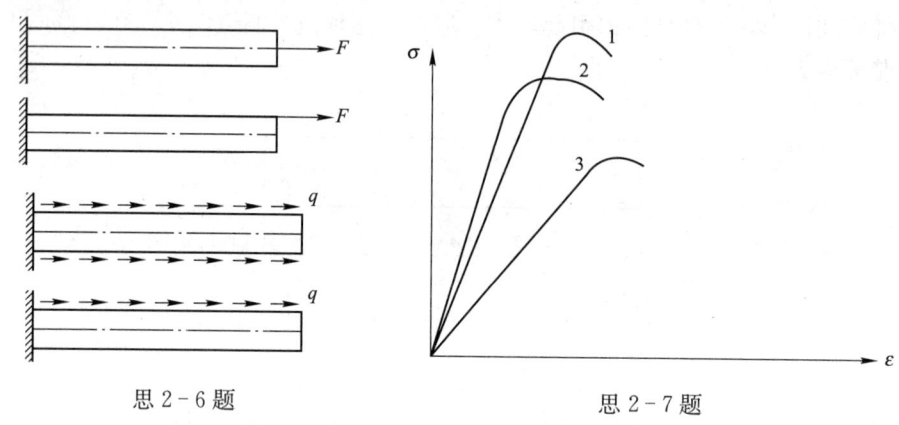

思 2-6 题　　　　　　　　思 2-7 题

习 题

2-1 如图所示直杆，横截面面积 $A=100\ \text{mm}^2$，载荷 $F_P=10\ \text{kN}$，求 $\alpha=60°$ 斜截面上的正应力和剪应力。

2-2 图示结构 AC、BC 杆均为直径 $d=20\ \text{mm}$ 的圆截面直杆，材料许用应力 $[\sigma]=160\ \text{MPa}$，试求此结构的允许载荷。

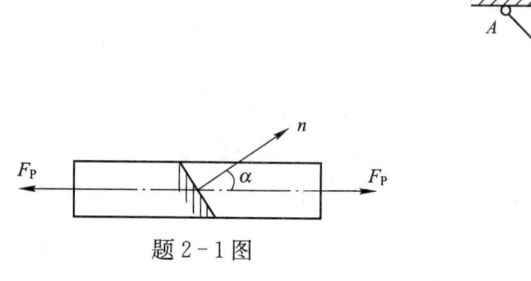　　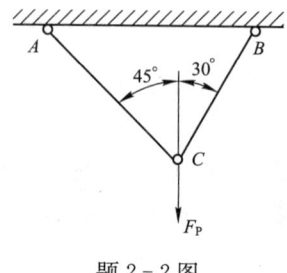

题 2-1 图　　　　　　　　题 2-2 图

2-3 两根直径不同的实心截面杆，在 B 处焊接在一起，弹性模量均为 $E=200$ GPa，受力和杆的尺寸等如图所示。试：(1) 画轴力图；(2) 求杆的轴向变形总量。

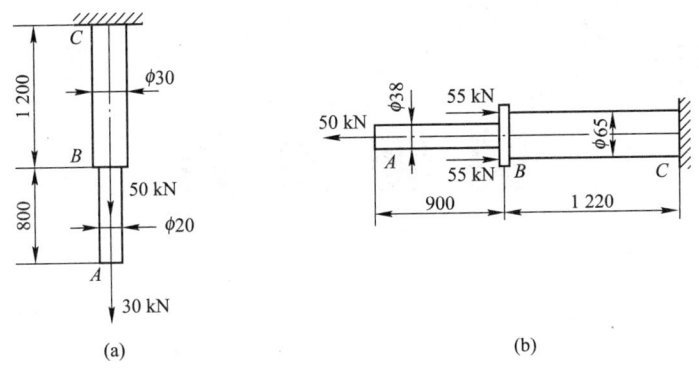

题 2-3 图

2-4 如图所示钢杆 1、2 的弹性模量均为 $E=210$ GPa，求结点 A 铅垂方向的位移。

2-5 图示结构，AB 为水平放置的刚性杆，斜杆 CD 为直径 $d=20$ mm 的圆杆，其弹性模量 $E=200$ GPa，试求 B 点的铅垂位移 Δ_{By}。

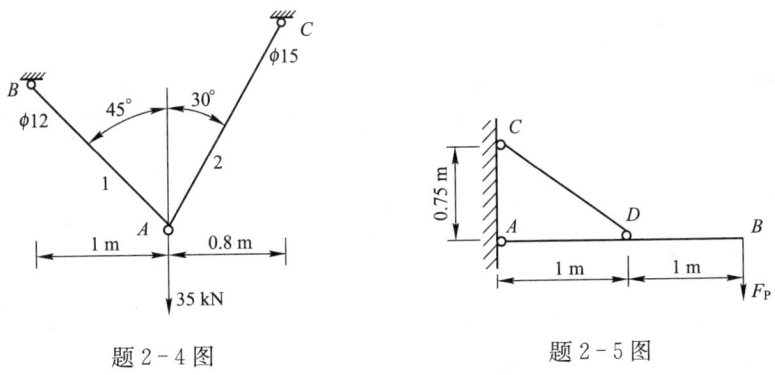

题 2-4 图   题 2-5 图

第 3 章 圆轴扭转

【本章内容概要】

杆的两端承受大小相等、方向相反、作用平面垂直于杆件轴线的两个力偶，杆的任意两横截面将绕轴线相对转动，这种受力与变形形式称为扭转。本章主要分析圆轴扭转时横截面上的剪应力以及两相邻横截面的相对扭转角，同时介绍圆轴扭转时的强度与刚度设计方法。

【本章学习重点与难点】

1. 建立切应力和切应变的概念，能正确理解切应力互等定理和剪切胡克定律。
2. 能熟练地计算轴的扭矩和绘制扭矩图。
3. 能正确应用圆轴扭转的强度和刚度条件，熟练地进行圆轴扭转的强度和刚度计算。

工程中以扭转为主要变形的杆件很多，例如，方向盘转向杆、传动轴（图 3-1）、转动扳（图 3-2）、水轮机主轴（图 3-3）等。这些杆件受到的外力主要是力偶，且这些力偶作用在垂直于杆轴的平面内；或者说，这些力偶的矩矢量线与杆轴线重合。杆件变形后任意两个横截面都绕轴线发生了相对转动，杆件的这种变形形式称为扭转变形。工程中以扭转变形为主的杆件称为轴。

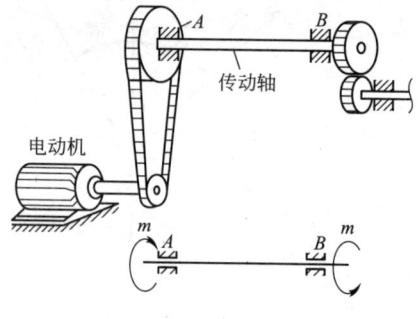

图 3-1

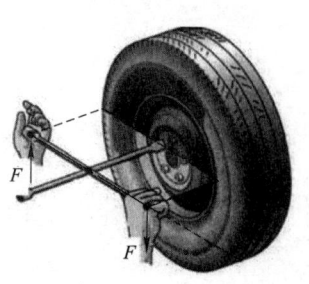

图 3-2

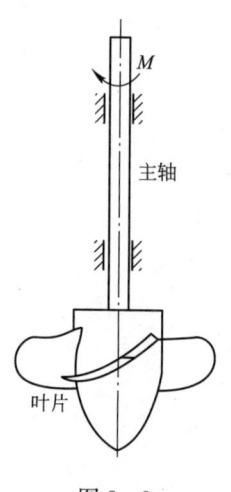

图 3-3

3.1 外力偶矩、扭矩、扭矩图

3.1.1 作用在轴上的外力偶矩

在研究扭转的应力和变形之前,需要确定作用于轴上的外力偶矩及横截面上的内力。作用于轴上的外力偶矩往往不是直接给出的,而是已知轴所传递的功率和轴的转速通过计算求得。

如图 3-4 所示,依据

$$P = M\omega$$

可计算

$$M = 9\,549 \frac{P}{n} \tag{3-1}$$

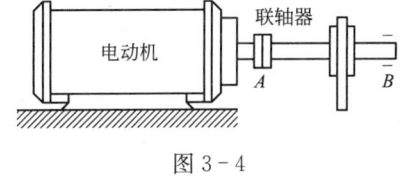

图 3-4

式中:M——轴受到的外力偶矩,N·m;
  P——轴所传递的功率,kW;
  n——轴的转速,r/min;
  ω——角速度,$\omega = \dfrac{2\pi n}{60}$。

作用于轴上的所有外力偶矩都确定后,即可利用截面法来确定横截面上的内力。

3.1.2 扭矩和扭矩图

用截面法可求得圆轴任意截面上的内力。如图 3-5 所示,圆轴 AB 受一对外力偶作用处于平衡状态,假想将圆轴沿任意横截面 $m—m$ 截开分成两段,研究其中任一段,由于整体是平衡的,取出的任何部分也是平衡的。现用左段分析,根据平衡条件,有

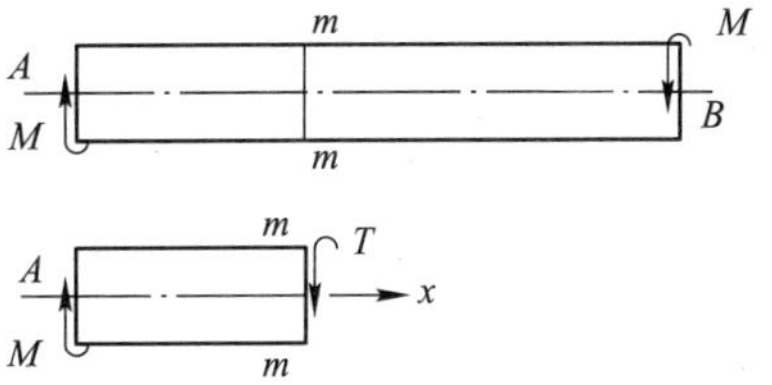

$$\sum M_x = 0, \quad T - M = 0$$

$$T = M \tag{3-2}$$

图 3-5

可见,杆件受到外力偶作用而发生扭转变形时,在杆的横截面上产生的内力是一个力偶,这个力偶称为扭矩,用 T 表示;扭矩的单位是 N·m 或 kN·m。上式求得的扭矩 T 是使左段保持平衡的内力矩。

为了使无论取左段还是右段求出的同一截面上的扭矩不但数值相等,而且符号相同,把扭矩的符号作统一规定:按右手螺旋法则将 T 表示为矢量,当矢量方向与截面外法线方向相同时为正;反之为负。

扭矩的大小和方向受外力偶矩的影响。为了更清楚直观地表示出横截面的扭矩随截面位置的变化规律,与拉压轴力图一样,也可以用扭矩图(x—T 曲线)来表示这一变化规律。

用平行于杆轴线的 x 轴表示横截面的位置,与 x 轴垂直的坐标表示扭矩,这样绘出的

图形称为扭矩图。下面通过例题说明扭矩的计算和扭矩图的画法。

例 3-1 传动轴如图 3-6（a）所示，转速 $n=300$ r/min，主动轮输入的功率 $P_1=500$ kW，三个从动轮输出的功率分别为 $P_2=150$ kW，$P_3=150$ kW，$P_4=200$ kW。试作轴的扭矩图。

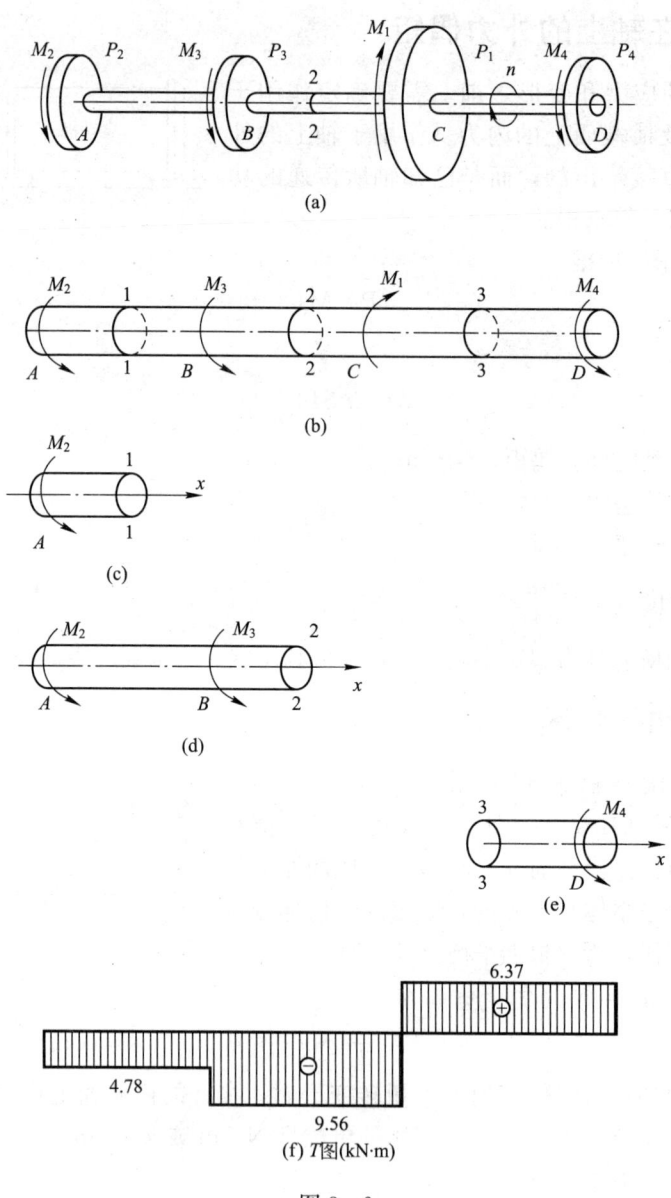

图 3-6

解：（1）首先必须计算作用在各轮上的外力偶矩。

在确定外力偶矩转向时，应注意到主动轮上的外力偶矩的转向与轴的转向相同，而从动轮的外力偶矩的转向则与轴的转向相反（图 3-6（b）），这是因为从动轮上的外力偶矩是阻力偶矩。

由式（3-1）得

$$M_1 = \left(9.55 \times 10^3 \times \frac{500}{300}\right) \text{N} \cdot \text{m} = 15.9 \text{ kN} \cdot \text{m}$$

$$M_2 = M_3 = \left(9.55 \times 10^3 \times \frac{150}{300}\right) \text{N} \cdot \text{m} = 4.78 \text{ kN} \cdot \text{m}$$

$$M_4 = \left(9.55 \times 10^3 \times \frac{200}{300}\right) \text{N} \cdot \text{m} = 6.37 \text{ kN} \cdot \text{m}$$

(2) 计算各段的扭矩。

用截面 1—1 将轴切开，以截面左侧为研究对象，分析受力，如图 3-6 (c) 所示。

$$T_1 = -M_2 = -4.78 \text{ kN} \cdot \text{m} \tag{1}$$

用截面 2—2 将轴切开，以截面左侧为研究对象，分析受力，如图 3-6 (d) 所示。

$$T_2 = -M_2 - M_3 = -9.56 \text{ kN} \cdot \text{m} \tag{2}$$

用截面 3—3 将轴切开，以截面左侧为研究对象，分析受力，如图 3-6 (e) 所示。

$$T_3 = M_4 = 6.37 \text{ kN} \cdot \text{m} \tag{3}$$

由 (1)、(2)、(3) 三式不难得出：任一横截面的扭矩值等于对应截面一侧所有外力偶矩的代数和，且外力偶矩的符号采用右手螺旋法则规定，如果以右手四指表示外力偶矩的转向，则拇指表示的是外力偶矩矢量的方向。当拇指离开截面时产生正扭矩；反之，拇指指向截面时则产生负扭矩。

(3) 作扭矩图。

由于轴上有 4 个外力偶将轴的扭矩分为 3 段，每段中各横截面的扭矩值是不变的，所以，画出的 x—T 曲线是一段平行于 x 轴的直线（图 3-6 (f)）。由于轴上各段的扭矩值不相同，所以，各段的扭矩图曲线高度也不相同。在外力偶作用的截面上，对应扭矩图有突变，突变值等于该截面的外力偶矩的大小，且突变的方向也同外力偶矩的转向有关。当外力偶矩矢量指向右侧，对于该力偶右侧截面来说引起负扭矩变化，所以，在该外力偶矩对应截面处的扭矩图向负向突变；反之，若外力偶矩矢量指向左侧，则该截面扭矩向正向突变。

3.2 纯 剪 切

在研究圆轴扭转的应力和应变之前，先来研究一个比较简单的扭转问题，即薄壁圆筒的扭转问题。

3.2.1 薄壁圆筒扭转时的切应力

为了观察薄壁圆筒$\left(\text{壁厚} \delta \text{ 远小于其平均半径} r_0, \delta \leqslant \frac{r_0}{10}\right)$的扭转变形现象，如图 3-7 (a) 所示，先在圆筒表面画上纵向线及圆周线，当在圆筒两端加上一对力偶 m 后，圆筒表面的线条如图 3-7 (b) 所示。小变形情况下，各圆周线的形状和大小没有变化，圆周线相互平行地绕轴线转了一定角度，两条相邻圆周线的间距 $\text{d}x$ 不变。由此说明，圆筒横截面及含轴线的纵向截面上均没有正应力，横截面上只有切应力 τ，它组成与外力偶矩 m 相平衡的内力系。因为薄壁的厚度 δ 很小，所以可以认为切应力沿壁厚方向均匀分布（图 3-7 (c)）；

又因在同一圆周上各点位移情况完全相同，应力也就相同。

圆筒变形时，各纵向线仍近似为相互平行的直线，只是倾斜了同一微小角度 γ。因此，表面圆周线与纵向线围成的矩形（图 3-7 (a) 中的 $abdc$）变形后即为平行四边形（图 3-7 (b) 中的 $a'b'd'c'$），矩形直角的改变量为 γ。这种直角的改变量称为切应变，也就是表面纵向线变形后的倾角。这个切应变与横截面上各点的应力是相对应的。如图 3-7 (c) 所示，横截面上内力系对 x 轴的力矩应为 $2\pi r_0 \delta \cdot \tau \cdot r_0$，这里 r_0 是圆筒的平均半径。

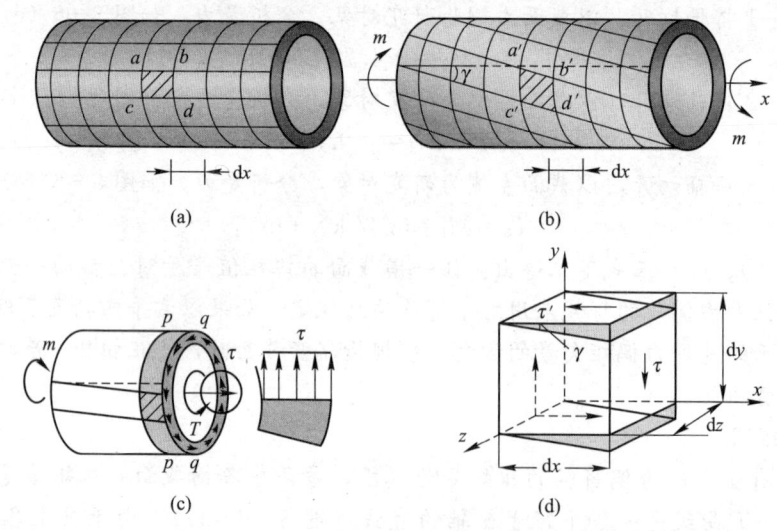

图 3-7

由 $\sum M_x = 0$，$T = m = 2\pi r_0 \delta \cdot \tau \cdot r_0$

解得
$$\tau = \frac{m}{2\pi r_0^2 \delta} \tag{3-3}$$

3.2.2 切应力互等定理

用相邻两个横截面、两个纵向半径截面及两个圆柱面，从圆筒中取出边长分别为 dx、dy、dz 的单元体如图 3-7 (d) 所示，单元体左、右两侧面是横截面的一部分，其上有等值、反向的切应力 τ，组成一个矩为 $(\tau dz dy) dx$ 的力偶，单元体上、下面上的切应力 τ' 必组成一等值、反向的力偶与其平衡。

由 $\sum M_z = 0$，$(\tau' dz dx) dy - (\tau dz dy) dx = 0$

解得
$$\tau = \tau' \tag{3-4}$$

上式表明：在互相垂直的两个平面上，切应力总是成对存在，且数值相等，两者均垂直于两个平面的交线，方向则同时指向或同时背离这一交线。这就是切应力互等定理。

如图 3-7 (d) 所示单元体的四个侧面上，只有切应力而没有正应力作用，这种情况称为纯剪切。

3.2.3 剪切胡克定律

圆筒在外力偶作用下发生扭转变形，纯剪切单元体的相对两侧面将发生微小的错动

（图 3-7（d）），使原来相互垂直的两个棱边的夹角改变了一个微量 γ，即为切应变。若 φ 为圆筒两端截面的相对扭转角，l 为圆筒的长度，则切应变近似为

$$\gamma \approx \frac{r\varphi}{l} \qquad (3-5)$$

薄壁圆筒扭转试验结果表明，切应力低于剪切比例极限时，外力偶矩 m 与扭转角 φ 成正比，由式（3-3）可知，切应力 τ 与 m 成正比，再由式（3-5）得切应变与扭转角 φ 成正比，由此可推出 τ 与 γ 的对应关系，并可作出如图 3-8 所示的 τ—γ 曲线（由低碳钢材料得出），其与 σ—ε 曲线相似。在 τ—γ 曲线中 OA 段为一直线，其直线段最高点对应的应力值称为材料的剪切比例极限，用 τ_p 表示。薄壁圆筒的扭转试验表明，当切应力不超过材料的剪切比例极限时，切应力与切应变成正比，即 $\tau \propto \gamma$。

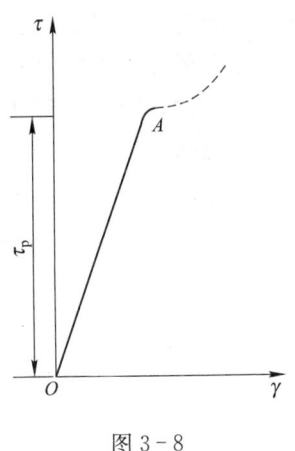

图 3-8

引入比例常数得

$$\tau = G\gamma \qquad (3-6)$$

式（3-6）称为材料的剪切胡克定律，也称为切应力与切应变的物理方程或本构方程。式中比例常数 G 为材料的剪切弹性模量，其量纲与弹性模量 E 的量纲相同，单位为 Pa，其值随材料而异，钢材剪切弹性模量的值约为 $80\,\text{GPa}$。

应当注意，剪切胡克定律仅适用于切应力不超过材料的剪切比例极限的线弹性范围。

至此已经引入了三个材料的弹性常量，即弹性模量 E（式（2-10））、泊松比 ν（式（2-11））、剪切弹性模量 G（式（3-6））。对各向同性材料，三个弹性常数之间存在关系：

$$G = \frac{E}{2(1+\nu)} \qquad (3-7)$$

可见，三个常数中只要知道任意两个，就可确定第三个。

3.3　等直圆轴扭转时横截面上的切应力分析和强度计算

3.3.1　等直圆轴扭转时横截面上的应力

工程中最常见的轴是圆形截面轴，本节研究圆轴扭转时横截面上的应力分布规律，即确定横截面上各点的应力。横截面上应力的大小、方向、分布均未知，仅知合成扭矩 T，这要从变形几何关系、物理关系和静力学三方面进行综合分析，关键是几何方面建立单变量的变形协调条件。

1. 扭转变形现象及平面假设

仍从试验出发，取一等截面圆轴，在圆轴的表面画上纵向线和圆周线，如图 3-9 所示，然后在轴的两端施加一对外力偶矩 m。在小变形的情况下，可以观察到：圆轴扭转变形与薄

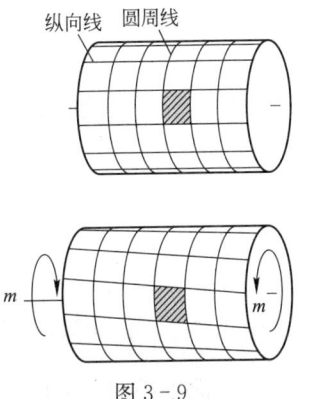

图 3-9

壁圆筒的扭转变形相同，即各纵向线倾斜了同一角度 γ，各圆周线均围绕轴线旋转了一个微小的角度，而圆周线的长度、形状和圆周线之间的距离均未改变。等直圆轴表面由纵向线所组成的矩形格子变成了平行四边形。由此可作出圆轴扭转变形的平面假设：圆轴变形后其横截面仍保持为平面，其大小及相邻两横截面间的距离不变，且半径仍为直线。按照该假设，圆轴扭转变形时，其横截面就像刚性平面一样，绕轴线转了一个角度，而且，横截面上只有切应力，没有正应力。

2. 变形的几何关系

如图 3-10 所示，取楔形体 O_1O_2ABCD 为研究对象，微段扭转变形 $d\varphi$ 角，半径 O_2C 转至 O_2C' 位置。

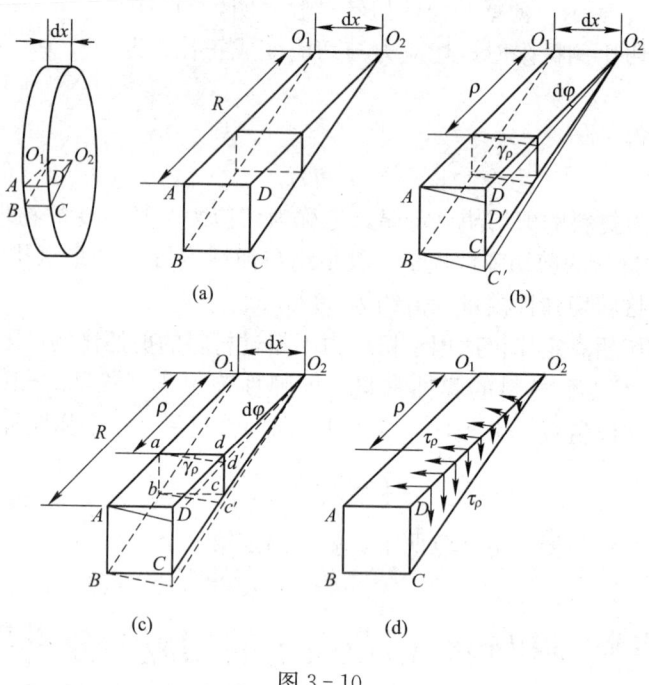

图 3-10

考察两相邻横截面之间的微元 $abcd$ 的变形：ad 长为 dx，横截面的半径为 ρ，扭转后由于横截面的相对转动，圆轴表面上的 d 点移动到 d' 点，则

$$\overline{dd'} = \rho d\varphi$$
$$\overline{ad} = dx$$

于是微元 $abcd$ 的切应变 γ 为

$$\gamma_\rho \approx \tan \gamma_\rho = \frac{\overline{dd'}}{\overline{ad}}$$

$$\gamma_\rho = \rho \frac{d\varphi}{dx} \tag{a}$$

由于 $\dfrac{d\varphi}{dx}$ 对同一横截面上的各点为一常数，故圆轴扭转时，横截面上某点处的切应变与其到横截面中心的距离成正比，亦即截面上切应变沿半径方向呈线性分布。

3. 物理关系

将式（a）代入式（3-6），得到

$$\tau_\rho = G\gamma_\rho = G\rho\frac{d\varphi}{dx} \tag{3-8}$$

式（3-8）表明：圆轴扭转时横截面上任意点处的切应力 τ_ρ 与该点到截面中心的距离 ρ 成正比，因此与圆心距离相同的同心圆上各点处的切应力大小相等。由于切应变 γ_ρ 与半径垂直，因而切应力方向也垂直于半径。根据切应力互等定理，轴的纵截面上也存在切应力，其分布如图 3-10（d）所示。

由于式（3-8）中的 $\dfrac{d\varphi}{dx}$ 尚未可知，因而不能用以计算切应力，为了确定未知量 $\dfrac{d\varphi}{dx}$，还需要考虑静力学关系。

4. 静力学关系

如图 3-11 所示，在横截面上任取一微面积 dA，其上的微内力为 $\tau_\rho dA$，对圆心之矩为 $\tau_\rho dA \cdot \rho$，所有内力矩的总和即为该截面上的扭矩，即

$$T = \int_A \rho\tau_\rho dA$$

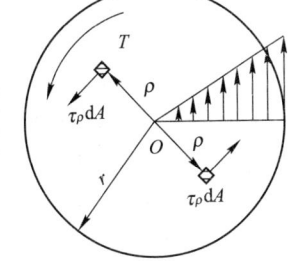

图 3-11

将式（3-8）代入上式，得

$$T = G\frac{d\varphi}{dx}\int_A \rho^2 dA \tag{b}$$

令

$$I_P = \int_A \rho^2 dA \tag{3-9}$$

则有

$$\frac{d\varphi}{dx} = \frac{T}{GI_P} \tag{3-10}$$

式中：I_P——横截面的极惯性矩，m^4 或 mm^4，GI_P 称为抗扭刚度。

将式（3-10）代入式（3-8），即得到横截面上距圆心为 ρ 的任意点处的切应力计算公式为

$$\tau_\rho = \frac{T\rho}{I_P} \tag{3-11}$$

由式（3-11）可知，当 $\rho = \rho_{max} = D/2$ 时，切应力为最大

$$\tau_{max} = \frac{T\cdot\dfrac{D}{2}}{I_P} = \frac{T}{I_P/(D/2)}$$

令

$$W_P = \frac{I_P}{D/2} \tag{3-12}$$

则

$$\tau_{max} = \frac{T}{W_P} \tag{3-13}$$

式中 W_P 称为圆轴抗扭截面模量，单位为 m³ 或 mm³。

由式（3-11）可得，实心圆轴和空心圆轴横截面上沿半径的切应力分布规律分别如图 3-11 和图 3-12 所示；圆轴纵截面上的应力分布如图 3-13 所示。

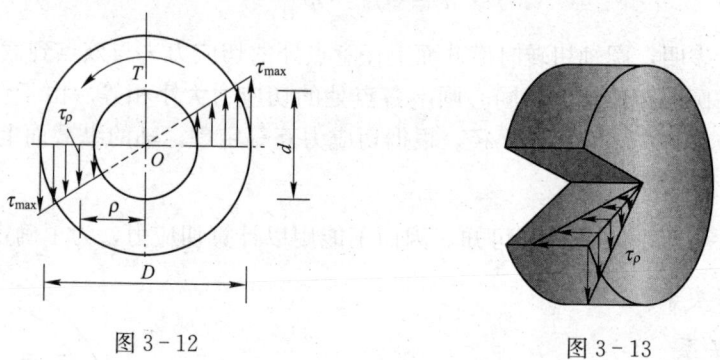

图 3-12　　　　　　　　　　图 3-13

以上各式是以平面假设为基础导出的。试验结果表明，只有对横截面尺寸不变的圆轴，平面假设才正确。所以，上述各公式只适用于等直圆轴。对圆截面沿轴线变化缓慢的小锥度锥形杆也可近似用这些公式计算。此外导出以上公式时使用了剪切胡克定律，因此只适用于最大切应力小于剪切比例极限的情况，即适用于线弹性范围内的等直杆。

上述公式中引入了截面的极惯性矩 I_P、抗扭截面模量 W_P，下面讨论这两个量的计算方法。

1）圆形截面

如图 3-14（a）所示，由式（3-9）可得截面的极惯性矩为

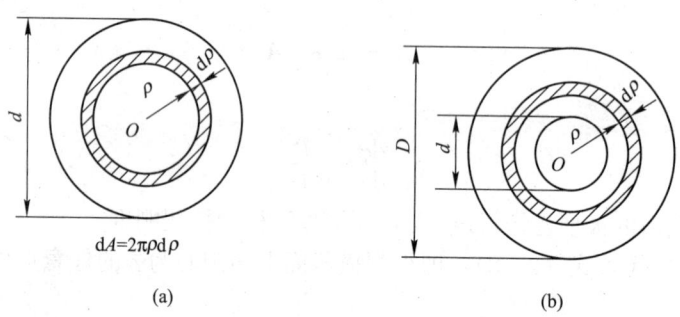

图 3-14

$$I_\mathrm{P} = \int_A \rho^2 \mathrm{d}A = \int_0^{\frac{d}{2}} \rho^2 (2\pi\rho\mathrm{d}\rho) = 2\pi \left(\frac{\rho^4}{4}\right)\Big|_0^{d/2} = \frac{\pi d^4}{32} \quad (3-14)$$

再由式（3-12）得抗扭截面模量为

$$W_\mathrm{P} = \frac{I_\mathrm{P}}{d/2} = \frac{\pi d^4/32}{d/2} = \frac{\pi d^3}{16} \quad (3-15)$$

2）圆环截面

如图 3-14（b）所示，由式（3-9）可得截面的极惯性矩为

$$I_\mathrm{P} = \int_{\frac{d}{2}}^{\frac{D}{2}} 2\pi\rho^3 \mathrm{d}\rho = \frac{\pi}{32}(D^4 - d^4) = \frac{\pi D^4}{32}(1 - \alpha^4) \quad (3-16)$$

式中，$\alpha = \dfrac{d}{D}$，d 为圆环的内径，D 为圆环的外径。

再由式（3-12）得抗扭截面模量为

$$W_\mathrm{P} = \dfrac{I_\mathrm{P}}{D/2} = \dfrac{\dfrac{\pi D^4}{32}(1-\alpha^4)}{D/2} = \dfrac{\pi D^3}{16}(1-\alpha^4) \qquad (3\text{-}17)$$

3.3.2 等直圆轴扭转时斜截面上的应力

上面研究了等直圆轴扭转时横截面上的应力情况，得知横截面的圆轴边缘各点的应力为最大，为了全面了解轴内应力情况，接下来将讨论横截面上任意点处斜截面方位的应力情况。现以横截面、径向截面以及切向截面从受扭的等直圆轴内截取一微小的单元体，如图 3-15（a）所示。先分析在单元体内垂直于前后面的任意斜截面 m—n 上的应力（图 3-15（b））。

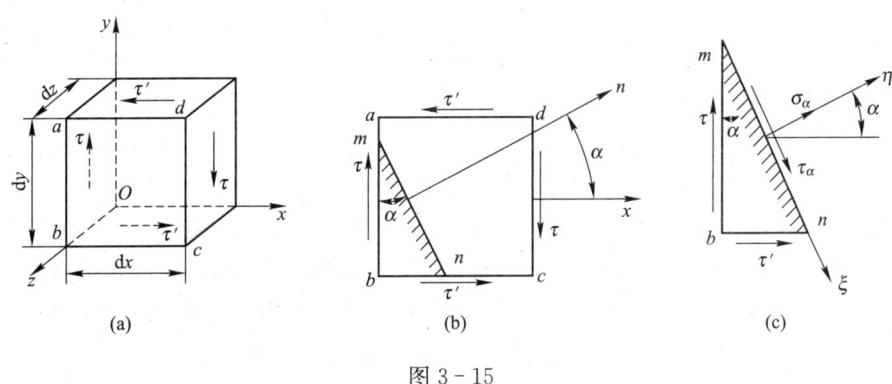

图 3-15

设斜截面外法线方向 n 与 x 轴的夹角为 α，并规定由 x 轴逆时针转至截面外法线方向 α 为正，反之为负；设斜截面 m—n 的面积为 $\mathrm{d}A$，则 m—b、n—b 的面积分别为 $\mathrm{d}A\cos\alpha$ 和 $\mathrm{d}A\sin\alpha$。由截面法取 m—n 截面的左半部分为研究对象，如图 3-15（c）所示，利用平衡方程得

$$\sum F_\eta = 0, \quad \sigma_\alpha \mathrm{d}A + (\tau \mathrm{d}A\cos\alpha)\sin\alpha + (\tau'\mathrm{d}A\sin\alpha)\cos\alpha = 0$$

$$\sum F_\xi = 0, \quad \tau_\alpha \mathrm{d}A - (\tau \mathrm{d}A\cos\alpha)\cos\alpha + (\tau'\mathrm{d}A\sin\alpha)\sin\alpha = 0$$

式中，$\tau = \tau'$。

由上述方程可得，任意斜截面上的正应力和切应力计算公式为

$$\sigma_\alpha = -\tau\sin 2\alpha, \quad \tau_\alpha = \tau\cos 2\alpha \qquad (3\text{-}18)$$

由式（3-18）不难看出：

① 单元体的四个侧面（$\alpha=0°$、$180°$ 和 $\alpha=\pm 90°$）上切应力的绝对值最大，均为 τ。

② $\alpha=-45°$ 和 $\alpha=+45°$ 截面上切应力为零，而正应力的绝对值最大，一个是拉应力，一个是压应力，且值均为 τ，并与切应力作用面互成 $45°$，如图 3-16 所示。

为什么低碳钢扭转破坏的断口沿横截面方位（图 3-17（a）），而铸铁、粉笔扭转破坏的断口沿与轴线成 $45°$ 的斜截面方位（图 3-17（b））? 读者可用上述分析结果进行讨论。

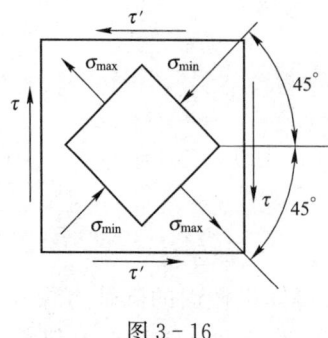
图 3-16

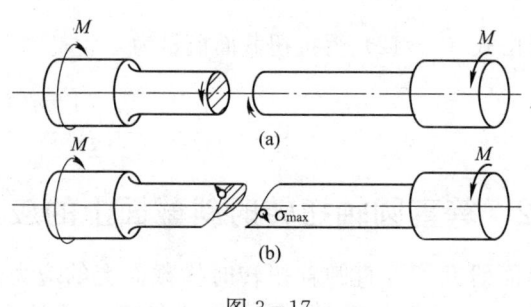
图 3-17

3.3.3 圆轴扭转的强度条件

由式（3-13）可得圆轴扭转的强度条件为

$$\tau_{max}=\frac{|T|_{max}}{W_P}\leqslant[\tau] \tag{3-19}$$

式中 $[\tau]$ 为材料的许用切应力，τ_{max} 是指圆轴所有横截面上切应力中的最大者。对于等截面圆轴，最大切应力发生在扭矩最大的横截面的边缘各点；对于变截面圆轴，如阶梯轴，最大切应力不一定发生在扭矩最大的截面，这时需要根据扭矩 T 和相应抗扭截面模量 W_P 的数值综合考虑才能确定。铸铁等脆性材料制成的等直圆杆扭转时虽沿斜截面因拉伸而发生脆性断裂，但因斜截面上的拉应力与横截面上的切应力有固定关系，故仍可以用切应力和许用切应力来表达强度条件。这样虽然从形式上掩盖了材料的破坏实质，但结果是一致的。式（3-19）可以用于求解杆扭转变形时三方面的强度问题，即：

① 校核轴强度；
② 设计圆轴截面尺寸；
③ 确定轴的许可外载荷。

强度问题的计算步骤与拉伸、压缩变形相同。

例 3-2 如图 3-18（a）所示的阶梯形圆轴，AB 段的直径 $d_1=50$ mm，BD 段的直径 $d_2=70$ mm，外力偶矩分别为 $m_A=0.7$ kN·m，$m_C=1.1$ kN·m，$m_D=1.8$ kN·m，许用切应力 $[\tau]=40$ MPa。试校核该轴的强度。

解：(1) 画扭矩图。
如图 3-18（b）所示。
(2) 分段进行强度校核。
虽然 CD 段的扭矩大于 AB 段的扭矩，但 CD 段的直径也大于 AB 段直径，所以对这两段轴均应进行强度校核。

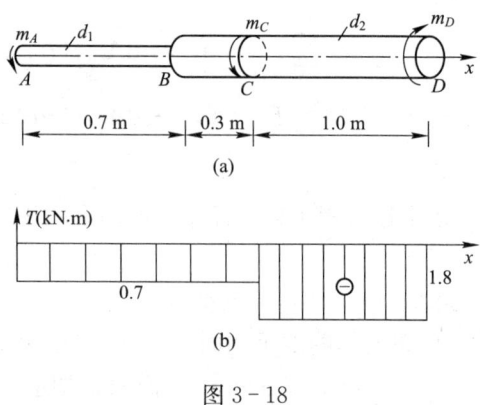
图 3-18

AB 段 $\tau_{max}=\dfrac{|T_1|}{W_P}=\dfrac{16\times 700}{\pi(50\times 10^{-3})^3}=28.5\times 10^6$ Pa$=28.5$ MPa<40 MPa$=[\tau]$

CD 段 $\tau_{\max} = \dfrac{|T_2|}{W_P} = \dfrac{16 \times 1\,800}{\pi\,(70 \times 10^{-3})^3} = 26.7 \times 10^6\,\text{Pa} = 26.7\,\text{MPa} < 40\,\text{MPa} = [\tau]$

故该轴满足强度条件。

例 3-3 材料相同的实心轴与空心轴通过牙嵌离合器相连，如图 3-19 所示。传递外力偶矩为 $m = 700\,\text{N}\cdot\text{m}$。设空心轴的内、外径比 $\alpha = 0.5$，许用切应力 $[\tau] = 20\,\text{MPa}$。试计算实心轴直径 d_1 与空心轴外径 D_2，并比较两轴的截面面积。

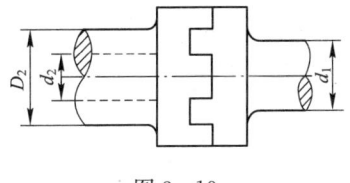

图 3-19

解：（1）计算实心轴直径 d_1。

由 $\tau_{\max} = \dfrac{|T|_{\max}}{W_P} \leqslant [\tau]$ 得

$$\dfrac{16T}{\pi d_1^3} = \dfrac{16 \times 700}{\pi (d_1 \times 10^{-3})^3} \leqslant 20 \times 10^6\,\text{Pa}$$

$$d_1 \geqslant 56.3\,\text{mm}$$

取 $d_1 = 57\,\text{mm}$

（2）计算空心轴外径 D_2。

由 $\tau_{\max} = \dfrac{|T|_{\max}}{W_P} \leqslant [\tau]$ 得

$$\dfrac{16T}{\pi D_2^3 (1-\alpha^4)} = \dfrac{16 \times 700}{\pi (D_2 \times 10^{-3})^3 (1-0.5^4)} \leqslant 20 \times 10^6\,\text{Pa}$$

$$D_2 \geqslant 57.5\,\text{mm}$$

取 $D_2 = 58\,\text{mm}$，则内径 $d_2 = 29\,\text{mm}$。

（3）计算实心轴与空心轴的截面积比。

$$\dfrac{A_1}{A_2} = \dfrac{\dfrac{\pi d_1^2}{4}}{\dfrac{\pi D_2^2}{4}(1-\alpha^2)} = 1.3$$

可见，在传递同样的力偶矩时，空心轴所耗材料比实心轴少。

这个现象也可以用扭转理论所提供的应力分布规律来解释。实心轴中心部分的材料受到的切应力很小，这部分材料没有充分发挥作用。因此工程上往往将轴制成空心的，使材料用在应力较大的位置上。轴类杆件的设计一方面要考虑强度，要求省材；另一方面也要考虑刚度及加工工艺等因素。对于空心圆轴，其壁也不能过薄，否则将发生局部皱褶而丧失承载能力（即扭转失稳）。

例 3-4 如图 3-20（a）所示承受扭转的木制圆轴，其轴线与木材的顺纹方向一致。轴的直径为 $150\,\text{mm}$，圆轴沿木材顺纹方向的许用剪应力 $[\tau]_\text{顺} = 2\,\text{MPa}$，沿木材横纹方向的许用剪应力 $[\tau]_\text{横} = 8\,\text{MPa}$。求：轴的许用扭转力偶的力偶矩。

解： 木材的许用剪应力沿顺纹（纵截面内）和横纹（横截面内）具有不同的数值，说明木材在两个方向的抗剪切能力不同，所以需要分别计算木材沿顺纹和沿横纹方向的强度。圆轴受扭后，根据剪应力互等定理，不仅横截面上产生剪应力，而且包含轴线的纵截面上也会

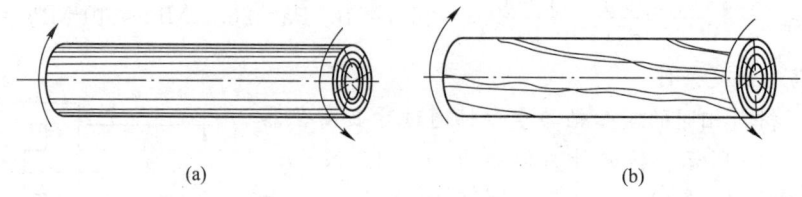

图 3-20

产生剪应力,这两个面上的剪应力最大值相等;而木材沿顺纹方向的许用剪应力低于沿横纹方向的许用剪应力,因此本例中的圆轴扭转破坏时将沿纵向截面裂开(图 3-20 (b))。故本例只需要按圆轴沿顺纹方向的强度计算许用外加力偶的力偶矩。

由顺纹方向的强度条件:

$$(\tau_{max})_\text{顺} = \frac{M_x}{W_P} = \frac{16M_x}{\pi d^3} \leqslant [\tau_{max}]_\text{顺}$$

得

$$[M_e] = M_x = \frac{\pi d^3 [\tau_{max}]_\text{顺}}{16} = \frac{\pi (150 \times 10^{-3})^3 \times 2 \times 10^6}{16} = 1.33 \times 10^3 \text{ N·m} = 1.33 \text{ kN·m}$$

3.4 等直圆杆扭转时的变形和刚度条件

机器中的某些轴类构件,除应满足强度要求之外,还不应有过大的扭转变形。

圆轴扭转时的变形,是用两横截面绕轴线相对转动的角度来度量的,称之为扭转角。根据式(3-10)可知,截面扭转角沿杆轴线的变化率与扭矩 T 成正比,与抗扭刚度 GI_P 成反比,即

$$\frac{d\varphi}{dx} = \frac{T}{GI_P}$$

于是,可求得相距为 l 的两个截面之间的扭转角计算式为

$$\varphi = \int_l d\varphi = \int_l \frac{T}{GI_P} dx \tag{3-20}$$

其中 GI_P 称为圆轴的抗扭刚度,式(3-20)也称为载荷—位移关系式。

若等直圆轴在两个横截面之间的扭矩 T 值不变,GI_P 为常量,则将上式积分可得两截面的相对扭转角为

$$\varphi = \frac{Tl}{GI_P} \text{ (rad)} \tag{3-21}$$

对各段扭矩不等或截面极惯性矩不等的圆轴、阶梯状圆轴,轴两端面的相对扭转角为

$$\varphi = \sum_{i=1}^{n} \frac{T_i l_i}{GI_{Pi}} \tag{3-22}$$

如 T 与 I_P 是 x 的连续函数,则可直接用积分式(3-20)计算两端面的相对扭转角。

从上面的公式可以看出,扭转角 φ 的大小与两截面间距离 l 有关,在很多情形下,两端面的相对扭转角不能反映圆轴扭转变形的程度,因而更多采用单位长度扭转角表示圆轴的扭

转变形,即消除长度 l 的影响。单位长度扭转角即扭转角的变化率,用 θ 表示:

$$\theta=\frac{\mathrm{d}\varphi}{\mathrm{d}x}=\frac{T}{GI_P} \tag{3-23}$$

其单位是 rad/m(弧度/米)。

为了保证机器运动稳定和其工作精度,机械设计中要根据不同要求,对受扭圆轴的变形加以限制,亦即进行刚度设计。

扭转刚度设计是将单位长度上的相对扭转角限制在允许的范围内,即必须使构件满足刚度条件:

$$\theta=\frac{T}{GI_P}\times\frac{180}{\pi}\leqslant[\theta] \tag{3-24}$$

其中,$[\theta]$ 为单位长度上的许用相对扭转角,θ 和 $[\theta]$ 的单位为 (°)/m(度)/米,其数值根据轴的工作要求而定,例如,对于精密机械的轴 $[\theta]=(0.25\sim0.5)$ (°)/m,对于一般传动轴 $[\theta]=(0.5\sim1.0)$ (°)/m,对于刚度要求不高的轴 $[\theta]=2$ (°)/m。

例 3-5 钢制空心圆轴的外径 $D=100$ mm,内径 $d=50$ mm。若要求轴在 2 m 长度内的最大相对扭转角不超过 $1.5°$,材料的剪切弹性模量 $G=80$ GPa。

(1) 求该轴所能承受的最大扭矩;

(2) 确定此时轴横截面上的最大切应力。

解:

(1) 确定轴所能承受的最大扭矩。

根据刚度条件,有

$$\theta=\frac{T}{GI_P}\times\frac{180}{\pi}\leqslant[\theta]$$

$$T\leqslant[\theta]\times GI_P\times\frac{\pi}{180}=\frac{1.5}{2}\times\frac{\pi}{180}\times G\times\frac{\pi D^4}{32}(1-\alpha^4)$$

$$=\frac{1.5\times\pi^2\times 80\times 10^9\times(100\times 10^{-3})^4\left[1-\left(\frac{50}{100}\right)^4\right]}{2\times 180\times 32}$$

$$=9.638\times 10^3 \text{ N·m}=9.638 \text{ kN·m}$$

所以 $[T]=9.638$ kN·m

(2) 计算轴在承受最大扭矩时横截面上的最大切应力。

由式 (3-13) 求得,横截面上最大切应力为

$$\tau_{\max}=\frac{T}{W_P}=\frac{16\times 9.638\times 10^3}{\pi(100\times 10^{-3})^3\left[1-\left(\frac{50}{100}\right)^4\right]}=52.36\times 10^6 \text{ Pa}=52.36 \text{ MPa}$$

例 3-6 有一闸门启闭机的传动轴,已知材料为 45 钢,剪切弹性模量 $G=79$ GPa,许用切应力 $[\tau]=88$ MPa,许用单位扭转角 $[\theta]=0.5$ (°)/m,使圆轴转动的电动机功率为 16 kW,转速为 3.86 r/min,试根据强度条件和刚度条件选择圆轴的直径。

解: (1) 计算传动轴传递的扭矩。

$$T=m=9\,549\,\frac{P}{n}=9\,549\times\frac{16}{3.86}\times 10^{-3}=39.58 \text{ kN·m}$$

(2) 由强度条件确定圆轴的直径。

由式（3-19）得

$$W_P \geq \frac{T}{[\tau]} = \frac{39.58 \times 10^6}{88} = 4.498 \times 10^5 \text{ mm}^3$$

再由 $W_P = \frac{\pi d^3}{16}$，得

$$d \geq \sqrt[3]{\frac{16 W_P}{\pi}} = 131.8 \text{ mm}$$

(3) 由刚度条件确定圆轴的直径。

由式（3-24）得

$$I_P \geq \frac{T}{G[\theta]} \times \frac{180}{\pi} = \frac{39.58 \times 10^6}{79 \times 10^3 \times 0.5 \times 10^{-3}} \times \frac{180}{\pi} = 5.74 \times 10^7 \text{ mm}^4$$

再由 $I_P = \frac{\pi d^4}{32}$ 得

$$d \geq \sqrt[4]{\frac{32 I_P}{\pi}} = 155.5 \text{ mm}$$

综上所述，可选择圆轴的直径 $d = 156$ mm，这样既满足强度条件又满足刚度条件。

例3-7 一电动机的传动轴传递的功率为 40 kW，转速为 1 400 r/min，直径为 40 mm，轴材料的许用切应力 $[\tau] = 40$ MPa，剪切弹性模量 $G = 80$ GPa，许用单位扭转角 $[\theta] = 1$ (°)/m，试校核该轴的强度和刚度。

解：(1) 计算扭矩。

$$T = m = 9\,549 \frac{P}{n} = 9\,549 \times \frac{40}{1\,400} = 272.8 \text{ N} \cdot \text{m}$$

(2) 强度校核。

$$\tau_{\max} = \frac{T}{W_P} = \frac{16 \times 272.8}{\pi \times (40 \times 10^{-3})^3} \times 10^{-6} = 21.7 \text{ MPa} < [\tau] = 40 \text{ MPa}$$

(3) 刚度校核。

$$\theta = \frac{T}{GI_P} \times \frac{180}{\pi} = \frac{32 \times 272.8}{80 \times 10^9 \times \pi \times (40 \times 10^{-3})^4} \times \frac{180}{\pi} = 0.78 \text{ (°)/m} < [\theta] = 1 \text{ (°)/m}$$

综上所述，该传动轴既满足强度条件又满足刚度条件，轴安全。

例3-8 画图3-21所示空心轴和组合轴的横截面扭转切应力分布示意图。

解： 设平面假设成立

$$\gamma_\rho = \rho \frac{d\varphi}{dx} \quad 0 \leq \rho \leq R_1$$

$$\tau = G\gamma$$

则

$$\tau_\rho = \begin{cases} G_2 \dfrac{d\varphi}{dx} \rho & 0 \leq \rho \leq R_2 \\ G_1 \dfrac{d\varphi}{dx} \rho & R_2 \leq \rho \leq R_1 \end{cases}$$

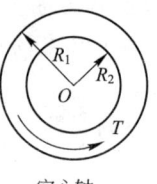
空心轴

组合轴($G_2 > G_1$)

图3-21

切应力分布示意图如图3-22所示。

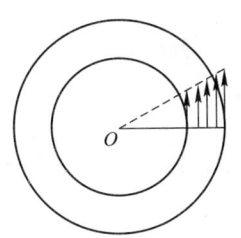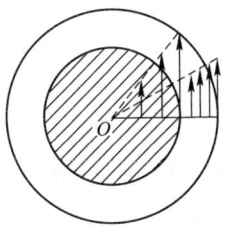

图 3-22

例 3-9 分析如图 3-23 所示弹簧应力。

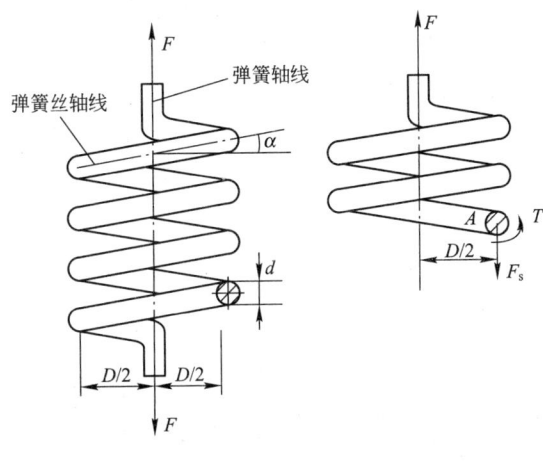

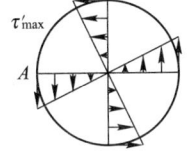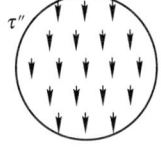

图 3-23

解：（1）内力分析。

假想在任一处由弹簧轴线平面将簧丝切开，取上半部分研究。

$$F_s = F$$
$$T = \frac{FD}{2}$$

（2）应力分析。

扭矩 T 对应的切应力 $\qquad \tau'_{max} = \dfrac{T}{W_P} = \dfrac{8FD}{\pi d^3}$

剪力 F_s 对应的切应力 $\qquad \tau'' = \dfrac{F_s}{\pi} = \dfrac{4F}{\pi d^2}$

最大切应力 $\qquad \tau_{max} = \tau'_{max} + \tau'' = \dfrac{8FD}{\pi d^3}\left(1 + \dfrac{d}{2D}\right)$

思 考 题

3-1 直径相同、材料不同的两根等长的实心圆轴,在相同的扭矩作用下,其最大切应力、扭转角及极惯性矩是否相同?

3-2 低碳钢和铸铁受扭失效时,如何用圆轴扭转时斜截面上的应力解释?

3-3 从强度方面考虑,空心圆截面轴何以比实心圆截面轴合理?

3-4 两根长度相等、直径不等的圆轴受扭后,轴表面上母线转过相同的角度。设直径大的轴和直径小的轴的横截面上的最大切应力分别为 $\tau_{1\max}$ 和 $\tau_{2\max}$,材料的剪切弹性模量分别为 G_1 和 G_2。关于 $\tau_{1\max}$ 和 $\tau_{2\max}$ 的大小,有下列四种结论,请判断哪一种是正确的。

(A) $\tau_{1\max} > \tau_{2\max}$

(B) $\tau_{1\max} < \tau_{2\max}$

(C) 若 $G_1 > G_2$,则有 $\tau_{1\max} > \tau_{2\max}$

(D) 若 $G_1 > G_2$,则有 $\tau_{1\max} < \tau_{2\max}$

3-5 下图中哪一个正确?

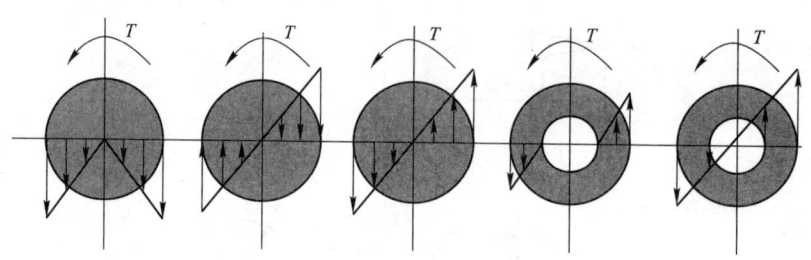

思 3-5 图

习 题

3-1 如图所示圆截面轴,AB 与 BC 段的直径分别为 d_1 和 d_2,且 $d_1 = 4d_2/3$。试求轴内的最大扭转切应力。

3-2 图示传动机构中,功率从轮 B 输入,通过锥形齿轮将其一半传递给铅垂 C 轴,另一半传递给水平 H 轴。已知输入功率 $P_1 = 14$ kW,水平轴(E 轴和 H 轴)转速 $n_1 = n_2 = $

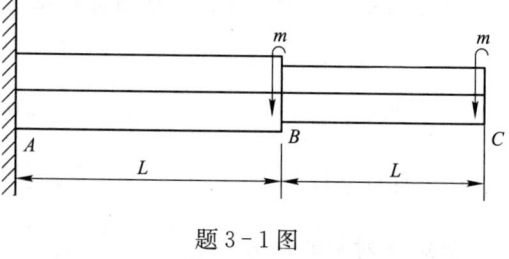

题 3-1 图

120 r/min;锥齿轮 A 和 D 的齿数分别为 $z_1 = 36$,$z_3 = 12$;各轴的直径分别为 $d_1 = 70$ mm,$d_2 = 50$ mm,$d_3 = 35$ mm,试确定各轴横截面上的最大切应力。

3-3 如图所示的传动轴,转速 $n = 500$ r/min,主动轮 1 输入的功率 $P_1 = 500$ kW,从动轮 2、3 输出的功率分别为 $P_2 = 200$ kW、$P_3 = 300$ kW。已知 $[\tau] = 70$ MPa,试确定 AB

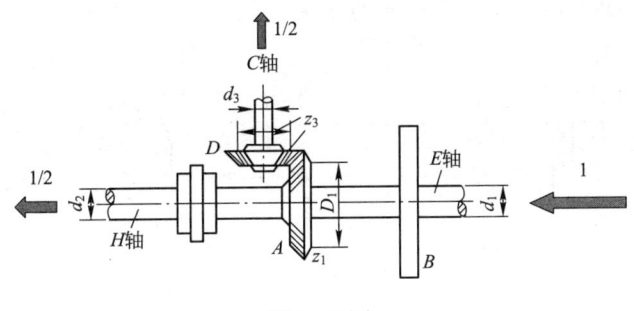

题 3-2 图

段的直径 d_1 和 BC 段的直径 d_2。若将主动轮 1 和从动轮 2 调换位置，试确定等直圆轴 AC 的直径 d。

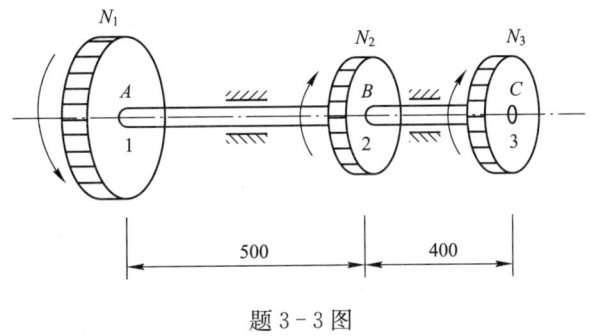

题 3-3 图

3-4 如图所示实心轴和空心轴用牙嵌式离合器连接在一起，其传递的功率 $P=7.5$ kW，转速 $n=96$ r/min，材料的许用应力 $[\tau]=40$ MPa，试求实心轴段的直径 d_1 和空心轴段的外径 D_2（内、外径比值为 0.7）。

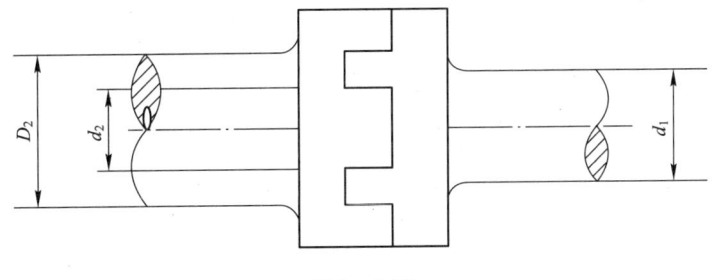

题 3-4 图

3-5 如图所示阶梯轴直径分别为 $d_1=40$ mm、$d_2=70$ mm，轴上装有三个带轮。已知轮 3 输入的功率 $P_3=30$ kW，轮 1 输出的功率 $P_1=13$ kW，轴转速 $n=200$ r/min，材料的许用切应力 $[\tau]=60$ MPa，试校核轴的强度。

3-6 有无缝钢管制成的汽车传动轴 AB，外径 $D=90$ mm，壁厚 $t=2.5$ mm，材料为 45 钢，使用时的最大扭矩为 $T=1.5$ kN·m。如果材料的 $[\tau]=60$ MPa，试校核该轴的强度。若将

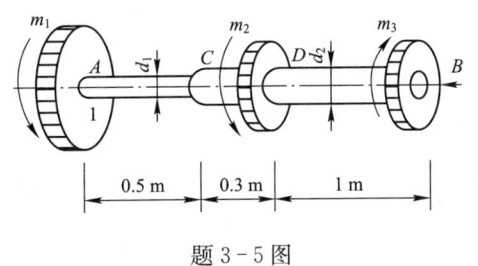

题 3-5 图

空心轴改为实心轴，要求与空心轴有相同的强度，$T_{max} = 1.5 \text{ kN} \cdot \text{m}$，求实心轴的直径。

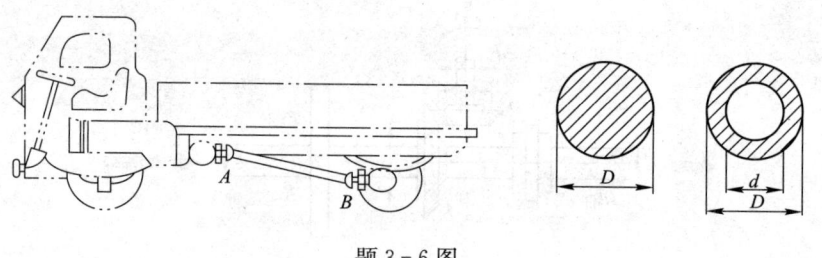

题 3-6 图

第4章 梁的弯曲

【本章内容概要】

本章主要分析梁横截面上的内力——剪力、弯矩的计算，研究切应力与正应力，建立强度条件，并对梁进行强度计算。另外，介绍了求梁位移的叠加法及合理的刚度设计。

【本章学习重点与难点】

1. 建立平面弯曲、纯弯曲、横力弯曲的概念。
2. 正确建立剪力方程、弯矩方程的方法，能熟练地绘制剪力图、弯矩图。
3. 能正确认识横截面上的正应力分布规律，熟练地进行强度计算。
4. 掌握提高梁弯曲强度、刚度的主要措施。

在工程实际中存在着大量受弯构件，例如，起重机的梁（图4-1）、火车轮对的轴（图4-2）等。如图4-3所示，当直杆受到垂直于杆轴线的外力或外力偶作用时，杆件的轴线将由直线变为曲线，这种变形称为弯曲变形。以弯曲变形为主的杆件称为梁。

工程中的梁，其横截面大都至少有一个对称轴（图4-4），因而整个杆件至少有一个包含轴线的纵向对称面。当作用于杆件上的所有外力都位于纵向对称面内时，弯曲变形后的轴线将在其纵向对称面内弯成一条连续光滑的平面曲线，如图4-5所示，这种弯曲变形形式称为平面弯曲或对称弯曲；若梁没有纵向对称面，或者梁虽有纵向对称面，但外力不作用在对称面内，这种弯曲称为非对称弯曲。平面弯曲是工程实际中最常见的情况，也是最基本的弯曲变形。为便于分析，通常用梁的轴线代表平面弯曲的实体梁。

图4-1

图4-2

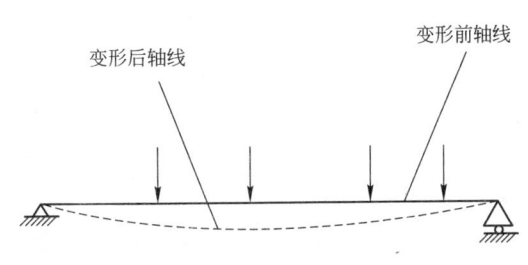

图4-3

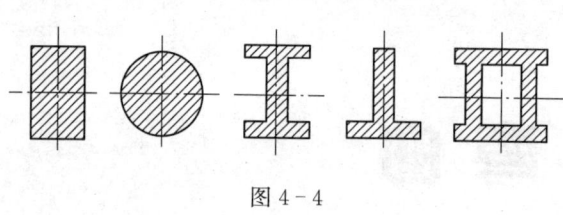

图 4-4

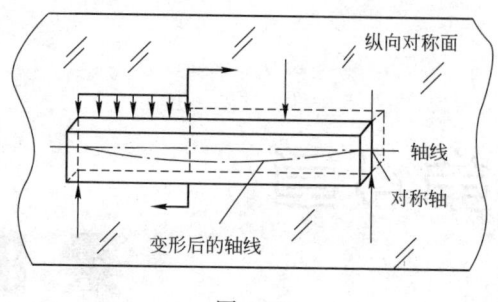

图 4-5

4.1 梁横截面上的内力——剪力、弯矩

为了进行梁的强度和刚度计算,首先必须确定梁在外力作用下任一横截面上的内力。

如图 4-6 (a) 所示简支梁 AB,梁跨度为 l,受集中载荷 F 作用,两端的约束反力 F_A、F_B 可由平衡方程求得。为求距 A 端 x 处横截面 $m—m$ 上的内力,用截面法沿截面 $m—m$ 假想地将梁分成两部分,取其中任一部分为研究对象。首先取左段为研究对象,受力如图 4-6 (b) 所示。由于原来的梁处于平衡状态,取出梁的左段应仍处于平衡状态,所以根据平衡情况,一方面作用于左段梁上的力在 y 方向上的总和应等于零,说明在横截面 $m—m$ 上一定有一个 y 方向的内力 F_s,且由 $\sum F_y = 0$,得 $F_s = F_A$,F_s 称为横截面 $m—m$ 上的剪力,它是与横截面相切的分布内力系的合力;另一方面,左段梁上各力对截面 $m—m$ 形心 C 之矩的代数和为零,由此得出在截面 $m—m$ 上必有一个力偶 M,由 $\sum M_C = 0$,得 $M = F_A x$,M 称为截面 $m—m$ 上的弯矩,它是与横截面垂直的分布内力系的合力偶矩。由此可知,梁弯曲时横截面上一般存在两种内力——剪力和弯矩。

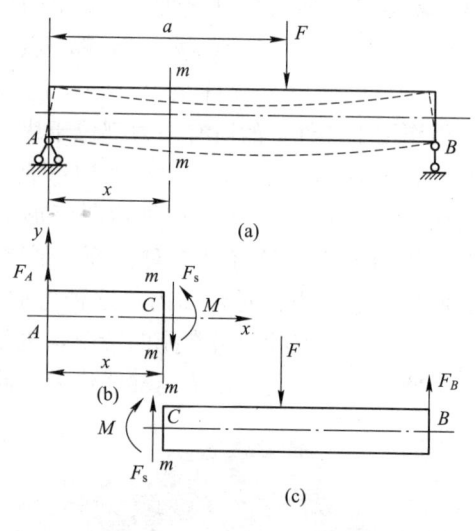

图 4-6

如取截面右侧为研究对象,如图 4-6 (c) 所示,用相同的方法也可求得截面 $m—m$ 上的 F_s 和 M。比较图 4-6 (b) 和图 4-6 (c),不难发现,$m—m$ 截面两侧的内力方向相反。为了使内力在截面两侧的梁段上计算的结果保持一致,对剪力和弯矩的正负号采用如下规定。

剪力符号:使分离体截面内侧一小微段有顺时针方向转动趋势的剪力为正,反之为负。或者说,当剪力使得作用梁段横截面间产生左上右下相对错动时取正号;反之,取负号,如图 4-7 (a) 所示。

弯矩符号:使分离体截面内侧一小微段有下凸变形趋势的弯矩为正,反之为负,如图 4-7 (b) 所示。

由于任意横截面上的内力必须与截面某一侧的外力相平衡，因此，不难得出，截面内力与外力的关系如下。

① 任一横截面上的剪力的代数值等于该横截面一侧所有外力在垂直于梁轴线方向上的投影的代数和，且当外力对截面形心之矩为顺时针转向时，在该横截面上产生正剪力，反之产生负剪力。

② 任一横截面上的弯矩的代数值等于该横截面一侧所有外力对该截面形心之矩的代数和，当外力对截面形心之矩使截面内侧一小微段有下凸变形趋势时，产生正弯矩，反之产生负弯矩。

应用截面法和平衡的概念，可以证明，当梁上的外力（包括载荷与约束反力）沿杆的轴线方向发生突变时，剪力和弯矩的变化规律也将改变。

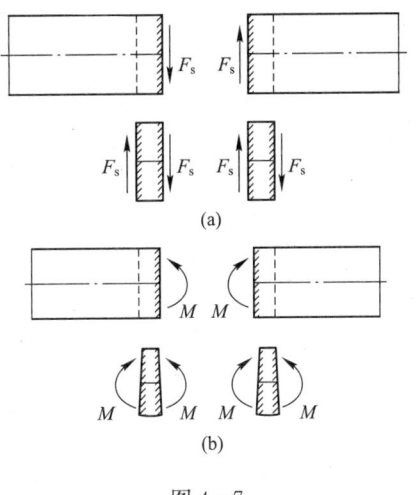

图 4-7

所谓外力突变，是指有集中力、集中力偶作用，以及分布载荷间断或分布载荷集度发生突变的情形。

所谓剪力和弯矩变化规律是指用以表示剪力和弯矩变化的函数或变化的图线。如果在两个外力作用点之间的梁上没有其他外力作用，则这一段梁所有横截面上的剪力和弯矩可以用同一个数学方程或者同一图线描述。在一段梁上，剪力和弯矩按某种函数规律变化，这一段梁的两个端截面称为控制面。控制面也就是函数定义域的两个端截面。据此，下列截面均可能为控制面：

● 集中力作用点两侧的截面；
● 集中力偶作用点两侧的截面；
● 集度相同的均布载荷起点和终点处的截面。

例 4-1 如图 4-8（a）所示的悬臂梁承受集中力 F 及集中力偶 M 的作用，试确定截面 C 及截面 D 上的剪力和弯矩。

解：（1）确定截面 D 上的剪力和弯矩。

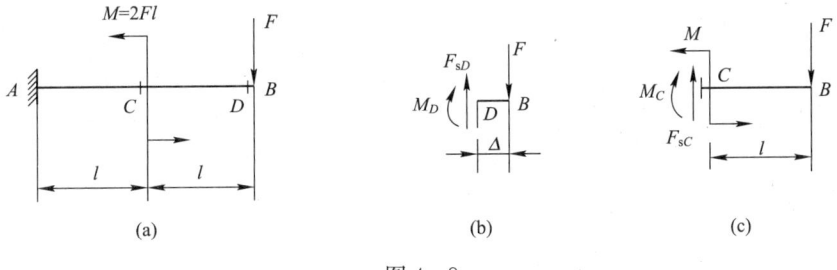

图 4-8

从截面 D 处将梁截开，取右段为研究对象，如图 4-8（b）所示。假设 D、B 两截面之间的距离为 Δ，由于截面 D 与截面 B 无限接近，且位于截面 B 的左侧，故所截梁段的长度 $\Delta \approx 0$。在截开的横截面上标出待求剪力 F_{sD} 和弯矩 M_D 的正方向。

由平衡方程

$$\sum F_y = 0, \quad F_{sD} - F = 0$$

$$\sum M_D = 0, \quad -M_D - F \times \Delta = 0$$

解得

$$F_{sD} = F, \quad M_D = -F \times \Delta = -F \times 0 = 0$$

(2) 确定截面 C 上的剪力和弯矩。

用假想截面从截面 C 处将梁截开,如图 4-8 (c) 所示,取右段为研究对象,在截开的截面上标出待求剪力 F_{sC} 和弯矩 M_C 的正方向。

由平衡方程

$$\sum F_y = 0, \quad F_{sC} - F = 0$$

$$\sum M_C = 0, \quad -M_C + M - F \times l = 0$$

解得

$$F_{sC} = F, \quad M_C = M - F \times l = 2Fl - Fl = Fl$$

4.2 剪力方程和弯矩方程 剪力图和弯矩图

一般情况下,梁的不同截面上的内力是不同的,即剪力和弯矩是随截面位置而变化的。由于在进行梁的强度计算时,需要知道各横截面上剪力和弯矩中的最大值以及它们所在截面的位置,因此必须知道剪力、弯矩随截面而变化的情况。以横坐标 x 轴表示横截面在梁轴线上的位置,将各横截面上的剪力和弯矩表示为 x 的函数,即 $F_s = F_s(x)$,$M = M(x)$,该函数表达式称为梁的剪力方程和弯矩方程。

建立剪力方程和弯矩方程时,要先根据梁上的外力(包括载荷和约束力)作用状况,确定控制面,从而确定要不要分段,以及分几段建立剪力方程和弯矩方程。确定了分段之后,首先在每一段中任意取一横截面,假设这一横截面的坐标为 x;然后从这一横截面处将梁截开,并假设所截开的横截面上的待求剪力 $F_s(x)$ 和弯矩 $M(x)$ 都是正方向;最后分别应用力的平衡方程和力矩的平衡方程,得到剪力 $F_s(x)$ 和弯矩 $M(x)$ 的表达式,这就是所要求的剪力方程 $F_s(x)$ 和弯矩方程 $M(x)$。

为了便于直观而形象地看到内力的变化规律,通常将剪力和弯矩沿梁长的变化情况用图形表示,这种表示剪力和弯矩变化规律的图形分别称为剪力图和弯矩图。

绘制剪力图和弯矩图有两种方法。第一种方法是:根据剪力方程和弯矩方程画图。先在 F_s—x 和 M—x 坐标系中选择图线的分段范围即剪力方程和弯矩方程的定义域;然后按照剪力和弯矩方程的类型,描点作图(当内力方程为直线方程时,取两个端点作图;当内力方程为曲线方程时,可取三点作图)。

主要步骤如下:

① 根据载荷及约束力的作用位置确定控制面,从而确定分段范围;
② 应用截面法分段建立剪力方程和弯矩方程;
③ 由内力方程确定控制面上的剪力和弯矩的代数值;

④ 建立 F_s—x 和 M—x 坐标系，并将控制面上的剪力和弯矩值标在上述坐标系中，得到若干相应的点；

⑤ 根据各段的剪力方程和弯矩方程的类型，连接各控制面上的点，形成剪力方程和弯矩方程的函数曲线，即为需要的剪力图与弯矩图（当内力方程为直线方程时，只需两个控制面上的点描线，当内力方程为曲线方程时，除两个控制面上的点外，还需在控制面内再取一个点描线，这个点一般取曲线的极值点）。

绘制剪力图和弯矩图的第二种方法是：先在 F_s—x 和 M—x 坐标系中标出控制面上的剪力和弯矩数值，然后应用载荷集度、剪力、弯矩之间的微、积分关系，确定控制面之间的剪力和弯矩图线的形状，描点作图。此方法不必建立剪力方程和弯矩方程。在本教材中不涉及此方法，可参考其他教材。

例 4-2 如图 4-9 所示的简支梁 AB。试建立剪力方程和弯矩方程，画剪力图和弯矩图。

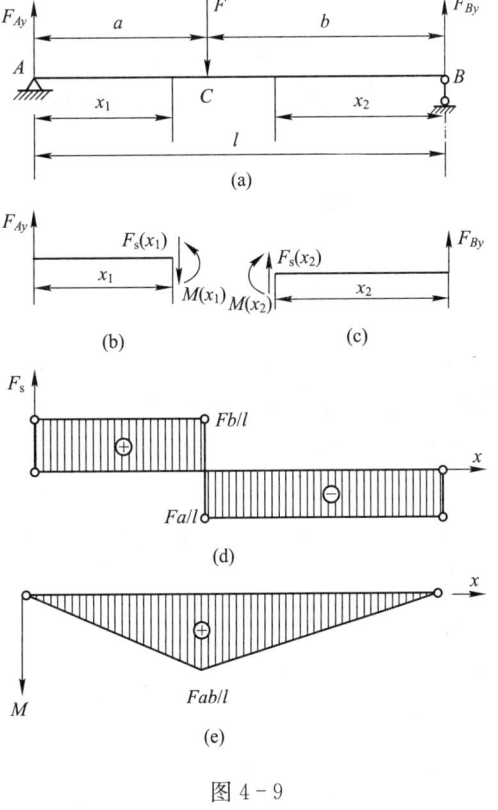

解：(1) 以整体为研究对象，由静力平衡方程先求出 A、B 两支座处的约束反力。

$$\sum M_A(\boldsymbol{F}) = 0, \quad F_{By} \cdot l - F \cdot a = 0,$$
$$F_{By} = \frac{Fa}{l}$$

$$\sum M_B(\boldsymbol{F}) = 0, \quad F_{Ay} \cdot l - F \cdot b = 0,$$
$$F_{Ay} = \frac{Fb}{l}$$

(2) 分段建立剪力方程与弯矩方程。

由于梁在 C 点处有集中力作用，AC 和 CB 两段的剪力方程和弯矩方程均不相同，故需将梁分为两段，分别写出剪力方程和弯矩方程。

AC 段：为方便计算，取 A 点为坐标原点。在距离 A 点 x_1 处取一横截面（图 4-9(a)），以 x_1 截面左侧梁段为研究对象，分析受力，如图 4-9(b) 所示，x_1 截面的剪力与弯矩方程分别为

$$F_s(x_1) = F_{Ay} = \frac{Fb}{l} \quad (0 < x_1 < a) \tag{1}$$

$$M(x_1) = F_{Ay} x_1 = \frac{Fb}{l} x_1 \quad (0 \leqslant x_1 \leqslant a) \tag{2}$$

图 4-9

BC 段：为方便计算，取 B 点为坐标原点。在距离 B 点 x_2 处取一横截面（图 4-9(a)），以 x_2 截面右侧梁段为研究对象，分析受力，如图 4-9(c) 所示，x_2 截面的剪力与弯矩方程分别为

$$F_s(x_2) = -F_{By} = -\frac{Fa}{l} \quad (0 < x_2 < b) \tag{3}$$

$$M(x_2)=F_{By}x_2=\frac{Fa}{l}x_2 \quad (0\leqslant x_2\leqslant b) \tag{4}$$

(3) 画剪力图和弯矩图。

由 (1)、(3) 两式可知，左、右两段梁的剪力为常数，因此，剪力图均为平行于 x 轴的直线；由 (2)、(4) 两式可知，左、右两段梁的弯矩方程为斜线方程，因此，弯矩图各为一条斜直线。绘制直线图时，可以取两个点连线，一般取直线的两个端点。

如图 4-9 (d) 所示，在 x—F_s 坐标系中，用 $F_s(x_1)|_{x_1\to 0}=\frac{Fb}{l}$ 和 $F_s(x_1)|_{x_1\to a}=\frac{Fb}{l}$ 两点连线即得 AC 段剪力图图线；用 $F_s(x_2)|_{x_2\to 0}=-\frac{Fa}{l}$ 和 $F_s(x_2)|_{x_2\to b}=-\frac{Fa}{l}$ 两点连线即得 CB 段剪力图图线。

如图 4-9 (e) 所示，在 x—M 坐标系中，弯矩用 $M(x_1)|_{x_1=0}=0$ 和 $M(x_1)|_{x_1=a}=\frac{Fab}{l}$ 两点连线即得 AC 段弯矩图图线；用 $M(x_2)|_{x_2=0}=0$ 和 $M(x_2)|_{x_2=b}=\frac{Fab}{l}$ 两点连线即得 CB 段弯矩图图线。

用上述线段绘制的图形即为梁的剪力图和弯矩图。

绘图时请注意，剪力图的正值图线绘于 x 轴上方，弯矩图的正值图线绘于 x 轴的下方（即弯矩图绘于梁的受拉侧）。

由图可见，在集中力 F 作用点处，左、右横截面上的剪力值有突变，突变量等于 F；而弯矩值不变，说明，集中力不影响该点的弯矩大小，但会改变该点两侧弯矩图的变化规律，因此，在集中力作用点处，弯矩图有折角。

例 4-3 如图 4-10 所示简支梁，在 C 截面受集中力偶 M 作用。试写出梁的剪力方程和弯矩方程，并作梁的剪力图和弯矩图。

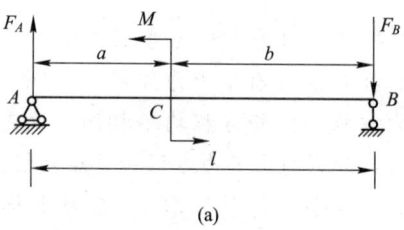

解：(1) 先求出 A、B 两支座处的约束反力。

$F_A=\frac{M}{l}$（方向向上） $F_B=\frac{M}{l}$（方向向下）

(2) 分段建立剪力方程与弯矩方程。

经分析，AC 和 CB 两段梁的剪力没有变化，剪力方程相同，为

$$F_s(x)=F_A=F_B=\frac{M}{l} \quad (0<x<l) \tag{1}$$

AC 和 CB 两段梁的弯矩不同，所以需要分别写出弯矩方程。

AC 段弯矩方程为

$$M(x)=F_A x=\frac{M}{l}x \quad (0\leqslant x<a) \tag{2}$$

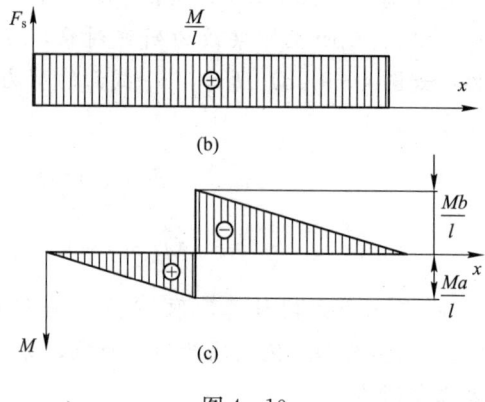

图 4-10

CB 段弯矩方程为 $M(x)=F_A x-M=-\dfrac{M}{l}(l-x)$ $(a<x\leqslant l)$ (3)

(3) 画剪力图和弯矩图。

由式 (1) 可绘出整个梁的剪力图是一条平行于 x 轴的直线；由式 (2)、式 (3) 可知，左、右两段梁的弯矩图各为一条斜直线。由图可见，在集中力偶 M 作用处，左、右横截面上的弯矩值有突变，突变量等于 M；而剪力值不变，因此，集中力偶不影响该点的剪力大小和剪力图的变化规律。

例 4-4 如图 4-11 (a) 所示，悬臂梁 AB 受集度为 q 的均布载荷作用，试写出梁的剪力方程和弯矩方程，并作剪力图和弯矩图。

解：(1) 写剪力方程与弯矩方程。

梁上载荷只有分布于全梁的均布力，中间没有集中力或集中力偶，因此，内力控制面为 A、B 内侧截面，不用分段。为计算方便，将坐标原点取在梁的右端 B 处。在距 B 点 x 处取任一横截面，以截面右侧梁段为研究对象，分析受力，如图 4-11 (b) 所示。写出 x 横截面的剪力方程和弯矩方程分别为

$$F_s(x)=qx \quad (0\leqslant x<l) \tag{1}$$

$$M(x)=-qx\cdot\dfrac{x}{2}=-\dfrac{qx^2}{2} \quad (0\leqslant x<l) \tag{2}$$

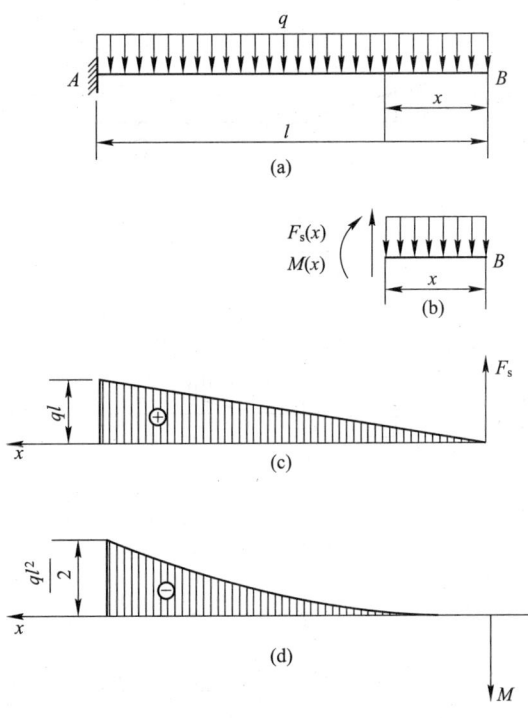

图 4-11

(2) 画剪力图和弯矩图。

由式 (1) 可知，剪力图在 $0\leqslant x<l$ 范围内是一条斜直线，这样只需要确定直线上两点即可连线。例如，用 $x=0$ 和 $x=l$ 处的剪力值 $F_s=0$ 和 $F_s=ql$，可绘出梁的剪力图如

图 4-11(c)所示。

由式(2)可知,弯矩图在 $(0 \leqslant x < l)$ 范围内是一条二次抛物线,这就需要确定线上至少三个点再连线。例如,取 $x=0$、$x=\dfrac{l}{2}$、$x=l$ 三个截面对应的弯矩值分别为 $M=0$、$M=\dfrac{ql^2}{8}$、$M=\dfrac{ql^2}{2}$,将这三点在 x—M 坐标系中连成一条光滑连续的曲线即为弯矩图,如图 4-11(d)所示。

例 4-5 如图 4-12 所示,简支梁受集度为 q 的均布载荷作用。写出梁的剪力方程和弯矩方程,并作梁的剪力图和弯矩图。

解:(1)先求出 A、B 两支座处的约束反力。

$$F_A = F_B = \frac{ql}{2} \quad (\text{方向向上})$$

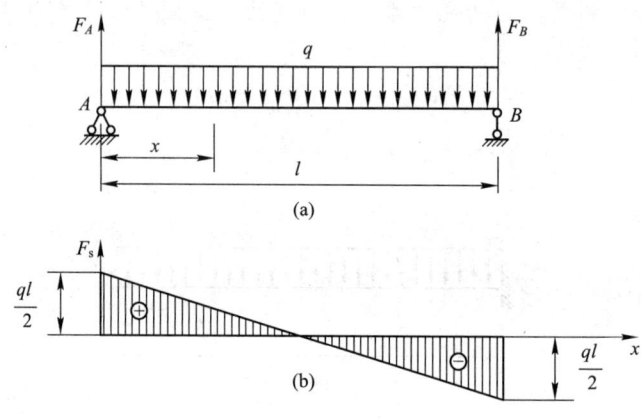

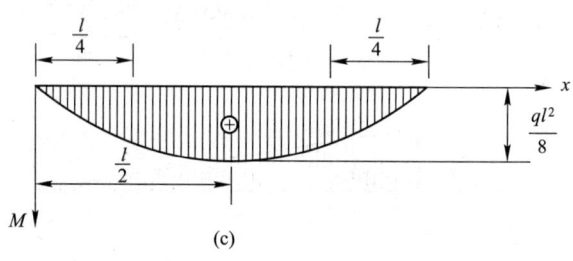

图 4-12

(2)写剪力方程与弯矩方程。

$$F_s(x) = F_A - qx = \frac{ql}{2} - qx \quad (0 < x < l) \tag{1}$$

$$M(x) = F_A x - qx\frac{x}{2} = \frac{qlx}{2} - \frac{qx^2}{2} \quad (0 \leqslant x \leqslant l) \tag{2}$$

(3)画剪力图和弯矩图。

由方程(1)、(2)可知,剪力图为一条斜直线,弯矩图为一条二次抛物线。

4.3 平面刚架和平面曲杆内力图

由同一平面内相交而不共线的杆件相互间刚性连接而组成的结构称为平面刚架结构。

当杆件变形时,两杆连接处保持刚性,即两杆轴线的夹角(一般为直角)保持不变。刚架中的横杆一般称横梁,竖杆称为立柱,二者连接处称为刚节点。

在平面载荷作用下,组成刚架的杆件横截面上一般存在轴力、剪力和弯矩三个内力分量。作刚架内力图的方法和步骤与梁相同,但因刚架是由不同方向的杆件组成的,为了能表示内力沿各杆件轴线的变化规律,习惯上按下列约定:剪力图及轴力图可画在刚架轴线的任一侧(通常正值画在刚架外侧),但须注明正负号;剪力和轴力的正负号仍与前述规定相同。绘制刚架弯矩图时,可以不考虑弯矩的正负号,只需根据弯矩的实际转向,判断杆的哪一侧受拉(刚架的内侧还是外侧),弯矩图则画在各杆的受拉一侧,不注明正、负号。

例 4-6 试作图 4-13(a)所示刚架的内力图。

解:(1)分别写出刚架各段杆的内力方程。

CB 段:以 C 点为坐标原点,自 C 向 B 的方向为 x 轴正向,取横梁的 x_1 截面($0 \leqslant x_1 \leqslant a$)的右侧梁段为研究对象,分析受力,如图 4-13(a)所示,可写出内力(轴力、剪力、弯矩)方程分别为

$$F_N(x_1)=0 \quad F_s(x_1)=F_1 \quad M(x_1)=-F_1 x_1 \quad (横梁外侧受拉)$$

BA 段:以 B 点为坐标原点,自 B 向 A 的方向为 x 轴正向,取刚架的 x_2 截面($0 \leqslant x_2 \leqslant l$)以上的部分为研究对象,分析受力,如图 4-13(a)所示,可写出内力(轴力、剪力、弯矩)方程分别为

$$F_N(x_2)=-F_1 \quad F_s(x_2)=F_2$$
$$M(x_2)=-F_1 a-F_2 x_2 \quad (立柱外侧受拉)$$

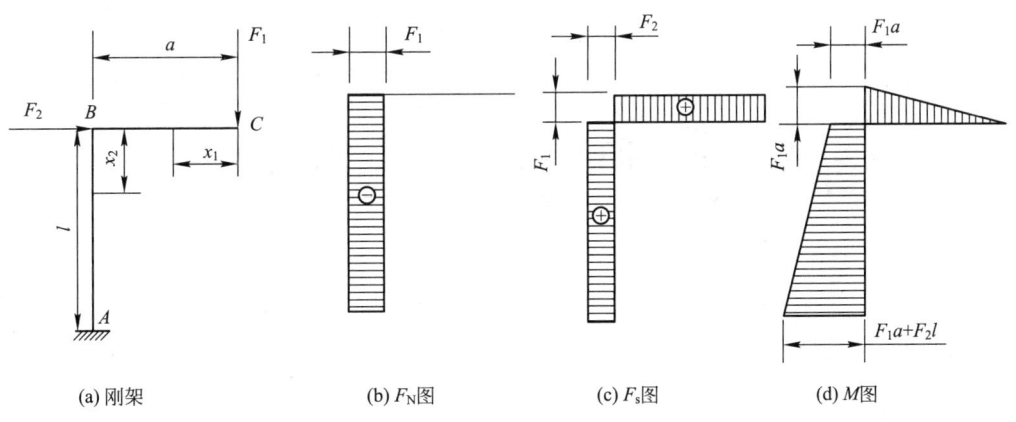

(a) 刚架　　(b) F_N图　　(c) F_s图　　(d) M图

图 4-13

(2)根据各段杆的内力方程即可绘制轴力图、剪力图和弯矩图,分别如图 4-13(b)、(c)、(d)所示。

平面曲杆的横截面是指曲杆的法向截面(亦即圆弧形曲杆的径向截面)。当载荷作用于

曲杆所在平面内时,其横截面上的内力除剪力和弯矩外也会有轴力。

例 4-7 如图 4-14 所示半圆形平面曲杆 AB,A 端为固定端,自由端 B 端受集中载荷 F 作用,试作曲杆内力图。

解: 对于环状曲杆,适用极坐标表示其横截面位置。取半圆环中心 O 为极点,以 OB 为极轴,用圆心角 θ 表示横截面 $m-m$ 的位置(图 4-14(a))。对于曲杆,其横截面上弯矩的正负号规定为外侧受拉(即使曲杆的曲率增加)的弯矩为正。写曲杆的内力方程

$$F_N(\theta) = F\cos\theta \quad (0 < \theta < \pi)$$
$$F_s(\theta) = F\sin\theta \quad (0 \leqslant \theta \leqslant \pi)$$
$$M(\theta) = Fx = FR(1-\cos\theta) \quad (0 \leqslant \theta < \pi) \quad (外侧受拉为正)$$

以曲杆的轴线为基线,将求得的内力值分别标在与横截面相应的径向线上,连接这些点的光滑曲线即为曲杆的内力图,如图 4-14(b)、(c)、(d) 所示。

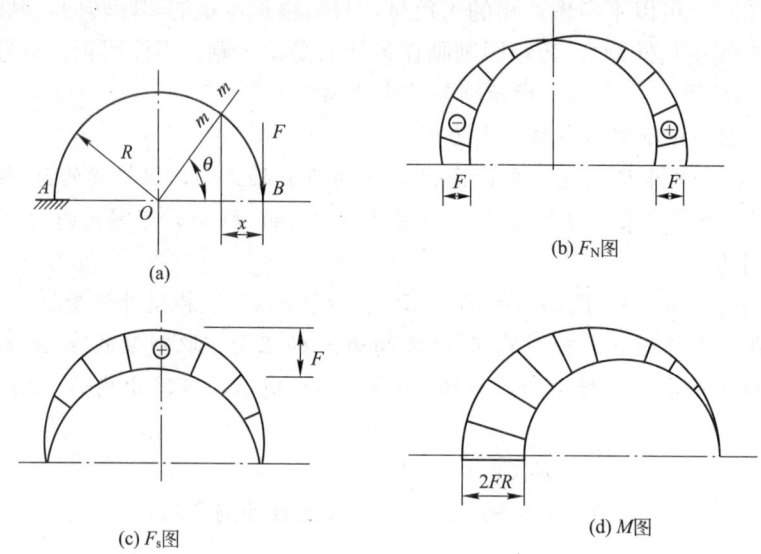

图 4-14

4.4 纯弯曲梁横截面上的正应力

梁或梁上的某段内各横截面上无剪力而只有弯矩,这种弯曲称为纯弯曲。如图 4-15 所示简支梁的 CD 段,就是纯弯曲梁段。而梁段 AC 及 DB 横截面上同时存在剪力和弯矩,这种平面弯曲称为剪切弯曲或横力弯曲。

为观察纯弯曲梁的变形现象,在梁表面上作出图 4-16(a) 所示的纵、横线,当在梁两端加横向力偶 M 后,梁段发生纯弯曲变形。如图 4-16(b) 所示:横向线转过了一个角度但仍为直线;位于凸边的纵向线伸长了,位于凹边的纵向线缩短了;纵向线变弯后仍与横向线垂直,纵向线变弯后的曲线依然平行。由此得到:①纯弯曲变形的平面假设——梁变形后其横截面仍保持为平面,且仍与变形后的梁轴线垂直;②纵向纤维层单向拉(压)假设——梁的各纵向纤维层之间无挤压,所有与力偶 M 作用平面相垂直的纵向纤维只产生轴

向拉伸或压缩变形。由这两个假设可知,纯弯曲梁横截面上只有正应力,而无切应力,且正应力是非均匀分布的,既有拉应力,又有压应力。

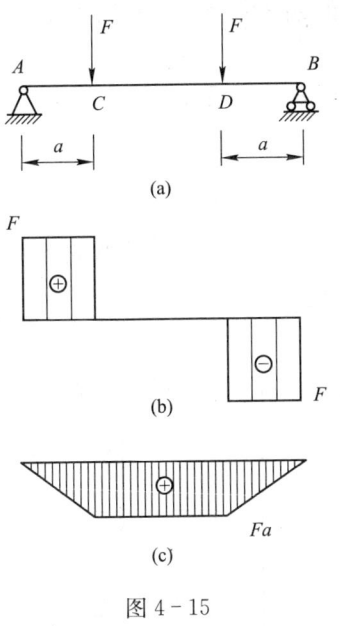

图 4-15

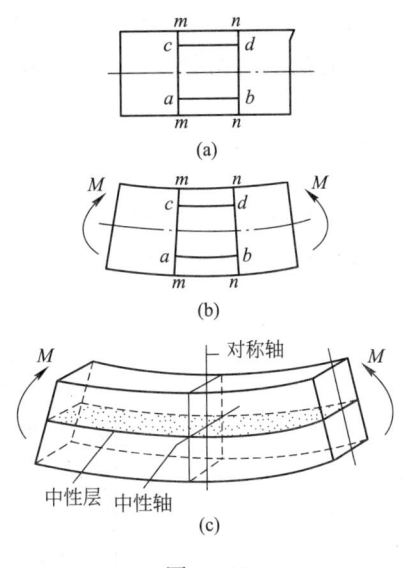

图 4-16

如图 4-16（c）所示，梁的下部纵向纤维伸长，而上部纵向纤维缩短，由变形的连续性可知，梁内必然有一层长度不变的纤维层，这层称为中性层，中性层与横截面的交线称为中性轴，由于载荷作用于梁的纵向对称面内，梁的变形沿纵向对称，因此中性轴垂直于纵向对称面的对称轴。根据两个假设可以判断，梁纯弯曲变形时，横截面绕自身中性轴旋转了某一角度。

下面将通过变形的几何关系、物理关系和静力学关系推导梁纯弯曲变形时横截面上正应力的计算公式。

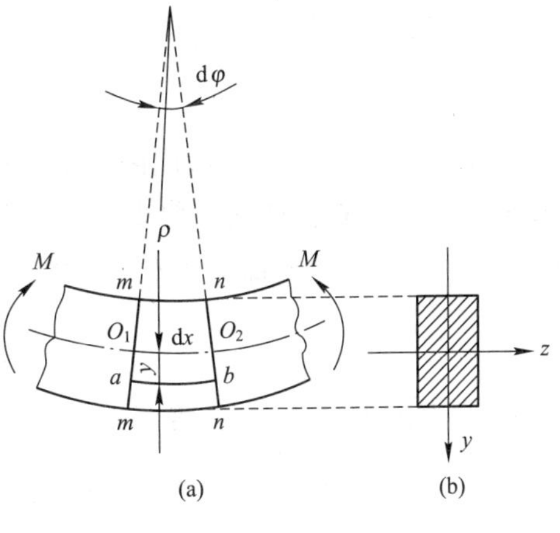

考虑图 4-16（a）中两横截面 m—m、n—n 之间梁段的变形情况，变形前两截面 m—m 和 n—n 的间距为 $\mathrm{d}x$；变形后两截面绕自身中性轴相对转了 $\mathrm{d}\varphi$ 角，如图 4-17（a）所示，设弧线 $\widehat{O_1O_2}$ 位于中性层上，其对应的曲率半径为 ρ，则 $\widehat{O_1O_2}$ 变形前、后的长度关系为

$$\widehat{O_1O_2}=\rho\mathrm{d}\varphi=\mathrm{d}x \tag{a}$$

现在考虑拉伸纤维层，距中性层为 y 的一纵向纤维层 ab，变形后长度为

$$\widehat{ab}=(\rho+y)\mathrm{d}\varphi \tag{b}$$

由式（a）、（b）可得，y 层纤维 ab 的应变为

$$\varepsilon=\frac{\widehat{ab}-\mathrm{d}x}{\mathrm{d}x}=\frac{(\rho+y)\mathrm{d}\varphi-\rho\mathrm{d}\varphi}{\rho\mathrm{d}\varphi}=\frac{y}{\rho} \tag{c}$$

图 4-17

上式表明，梁内任一层纵向纤维的线应变 ε 与坐标 y 值成正比，坐标 y 的原点在中性轴上，指向梁的受拉侧，如图 4-17（b）所示。由式（c）可见，距离中性层越远纤维的应变值越大；y 值可正可负，因此，梁的纤维层有的伸长，有的缩短；当 $y=0$ 时，中性层的长度不变。

根据轴向拉压胡克定律，如果横截面上的正应力 $\sigma \leqslant \sigma_p$，则有 $\sigma = E\varepsilon$，将式（c）代入其中，得

$$\sigma = E \cdot \frac{y}{\rho} \tag{d}$$

上式表明，横截面上任一点的正应力与该纤维层的 y 坐标成正比。即纯弯曲梁横截面上的正应力沿截面高度呈线性分布，其分布规律如图 4-18 所示。

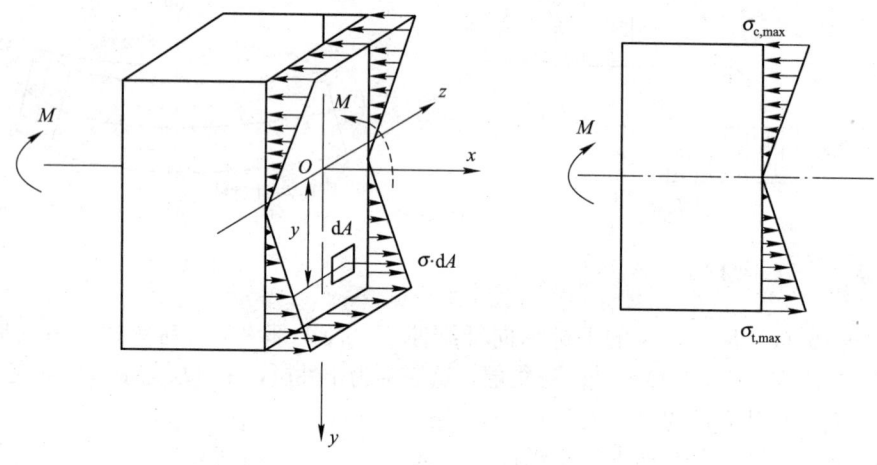

图 4-18

如图 4-18 所示，取截面的纵向对称轴为 y 轴，z 轴为中性轴，过轴 y、z 的交点沿纵向线取为 x 轴。在横截面上取坐标为 (y, z) 的微面积 dA，其上的平均应力为 σ，则内力为 $\sigma \cdot dA$。于是整个截面上所有内力组成空间平行力系，由 $\sum F_x = 0$，得

$$\int_A \sigma dA = 0 \tag{e}$$

将式（d）代入式（e）得

$$\int_A E \frac{y}{\rho} dA = \frac{E}{\rho} \int_A y dA = 0$$

式中 $\int_A y dA = S_z$，为横截面对中性轴的静矩，因 $\frac{E}{\rho} \neq 0$，则 $S_z = 0$。由 $S_z = A \cdot y_C$ 可知，中性轴 z 必过截面形心。

由 $\sum m_y = 0$，有

$$\int_A z\sigma dA = 0 \tag{f}$$

将式（d）代入式（f），得

$$\frac{E}{\rho} \int_A yz dA = 0$$

式中 $\int_A yz\,dA = I_{yz}$，为横截面对轴 y、z 的惯性积，因 y 轴为对称轴，且 z 轴过形心，因此轴 y、z 为横截面的形心主惯性轴，$I_{yz}=0$ 成立。这说明，横截面的形心只在 y 轴上有位移，即梁轴线只在形心主轴平面内弯曲成一条平面曲线。

再由 $\sum m_z = M$，有

$$\int_A y\sigma\,dA = M \qquad (g)$$

将式（d）代入式（g），得

$$M = \frac{E}{\rho}\int_A y^2\,dA$$

式中 $\int_A y^2\,dA = I_z$，为横截面对中性轴的惯性矩，则上式可写为

$$\frac{1}{\rho} = \frac{M}{EI_z}$$

将上式代入式（d），得梁纯弯曲时横截面上正应力为

$$\sigma = \frac{My}{I_z}$$

4.5 剪切弯曲时的正应力

在梁纯弯曲正应力公式推导过程中，并未涉及横截面的几何特征。工程中实际的梁大多发生剪切弯曲，此时梁的横截面由于切应力的存在而发生翘曲。此外，横向力还使各纵向线之间发生挤压。因此，对于梁在纯弯曲时所作的平面假设和纵向线之间无挤压的假设实际上都不再成立。但弹性力学的分析结果表明，当其跨长与截面高度之比 l/h 大于 5 时，梁的跨中横截面上按纯弯曲理论算得的最大正应力其误差不超过 1%，故在工程应用中可将纯弯曲时的正应力计算公式用于剪切弯曲情况。

剪切弯曲时，因弯矩随截面位置变化，所以任意横截面上正应力的计算公式为：

$$\sigma = \frac{M(x)\cdot y}{I_z}$$

一般情况下，对于等截面梁，最大正应力 σ_{max} 常发生在最大弯矩的横截面上距中性轴最远处。

$$\sigma_{max} = \frac{M_{max}y_{max}}{I_z}$$

令 $I_z/y_{max} = W_z$，则上式可写为

$$\sigma_{max} = \frac{M_{max}}{W_z}$$

式中 W_z 仅与截面的几何形状及尺寸有关，称为截面对中性轴的抗弯截面模量。

若截面是高为 h、宽为 b 的矩形，则

$$W_z = \frac{I_z}{h/2} = \frac{bh^3/12}{h/2} = \frac{bh^2}{6}$$

若截面是直径为 d 的圆形，则

$$W_z = \frac{I_z}{d/2} = \frac{\pi d^4/64}{d/2} = \frac{\pi d^3}{32}$$

若截面是外径为 D、内径为 d 的空心圆形，则

$$W_z = \frac{I_z}{D/2} = \frac{\pi(D^4-d^4)/64}{D/2} = \frac{\pi D^3}{32}\left[1-\left(\frac{d}{D}\right)^4\right]$$

对于轧制型钢（工字型钢等），轴惯性矩 I_z、抗弯截面模量 W 等几何参数可直接从附录 C 型钢表中查得。

例 4-8 如图 4-19（a）所示 T 形截面梁，已知 $F_1=8$ kN，$F_2=20$ kN，$a=0.6$ m，横截面的惯性矩 $I_z=5.33\times10^6$ mm^4。试求此梁的最大拉应力和最大压应力。

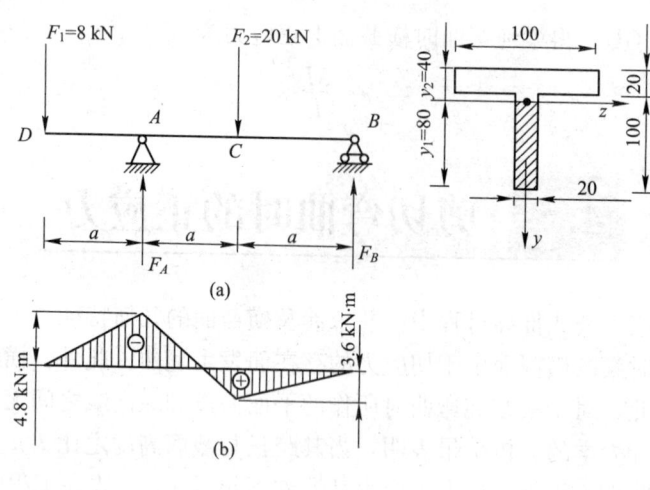

图 4-19

解：(1) 求支座反力。

由 $\qquad \sum m_A = 0, \quad F_B \times 2a - F_2 \times a + F_1 \times a = 0$

解得 $\qquad F_B = 6$ kN

由 $\qquad \sum F_y = 0, \quad F_B - F_2 - F_1 + F_A = 0$

解得 $\qquad F_A = 22$ kN

(2) 作弯矩图。

由梁的载荷分布情况，可绘出梁的弯矩图如图 4-19（b）所示。由图可见，C 截面有最大正弯矩，A 截面有最大负弯矩，即

$$M_C = F_B \times a = 3.6 \text{ kN}\cdot\text{m}, \quad M_A = -F_1 \times a = -4.8 \text{ kN}\cdot\text{m}$$

(3) 求最大拉、压应力。

对于正弯矩截面，中性轴 z 以下的部分各点受拉应力作用，中性轴以上各点受压应力作用；对于负弯矩截面，中性轴 z 以上的部分各点受拉应力作用，中性轴以下各点受压应力作用。因此得出，截面 A 的上边缘及截面 C 的下边缘受拉，截面 A 的下边缘及截面 C 的上边

缘受压。距离截面中性轴越远，应力值越大。

虽然 $|M_A|>|M_C|$，但 $|y_2|<|y_1|$，所以只有分别计算此二截面的拉应力，才能判断出最大拉应力所对应的截面；截面 A 下边缘的压应力最大。

截面 A 上边缘处

$$\sigma_t = \frac{M_A y_2}{I_z} = \frac{4.8\times10^3\times40\times10^{-3}}{5.33\times10^6\times10^{-12}}\times10^{-6} = 36 \text{ MPa}$$

截面 C 下边缘处

$$\sigma_t = \frac{M_C y_1}{I_z} = \frac{3.6\times10^3\times80\times10^{-3}}{5.33\times10^6\times10^{-12}}\times10^{-6} = 54 \text{ MPa}$$

比较可知在截面 C 下边缘处产生最大拉应力，其值为 $\sigma_{t,max} = 54$ MPa。

截面 A 下边缘处

$$\sigma_{c,max} = \frac{M_A y_1}{I_z} = \frac{4.8\times10^3\times80\times10^{-3}}{5.33\times10^6\times10^{-12}}\times10^{-6} = 72 \text{ MPa}$$

由内力图可直观地判断出等直杆内力最大值所发生的截面，称为危险截面，危险截面上应力值最大的点称为危险点。但通过本题的计算可知，对于非对称截面，危险点不一定只发生在最大内力所在截面，需全面考虑。

4.6 梁的正应力强度条件

等直长梁横截面上的最大正应力发生在最大弯矩所在横截面上距中性轴最远的边缘处，可以认为长梁的危险截面上最大正应力所在各点处于单向应力状态。于是可按单向应力状态下的强度条件形式来建立梁的正应力强度条件，为

$$\sigma_{max} \leqslant [\sigma]$$

式中，$[\sigma]$ 为材料的许用弯曲正应力。

（1）对于中性轴为横截面对称轴的由塑性材料制成的梁，上述强度条件可写作

$$\sigma_{max} = \frac{M_{max}}{W_z} \leqslant [\sigma]$$

（2）由拉、压许用应力 $[\sigma_t]$ 和 $[\sigma_c]$ 不相等的脆性材料制成的梁，为充分发挥材料的强度，其横截面上的中性轴往往不是对称轴，应尽量使梁的最大工作拉应力 $\sigma_{t,max}$ 和最大工作压应力 $\sigma_{c,max}$ 分别达到（或接近）材料的许用拉应力 $[\sigma_t]$ 和许用压应力 $[\sigma_c]$。故其强度条件为

$$\sigma_{t,max} = \frac{M_{max} y_{t,max}}{I_z} \leqslant [\sigma_t]$$

$$\sigma_{c,max} = \frac{M_{max} y_{c,max}}{I_z} \leqslant [\sigma_c]$$

对这种不对称截面梁进行强度计算时往往会有两个危险截面，即正弯矩最大的截面和负弯矩

最大的截面。

利用强度条件可求解强度的三方面问题：强度校核、设计截面尺寸、确定外载荷。

例 4-9 圆截面外伸梁，其外伸部分是空心的，梁的受力与尺寸如图 4-20（a）所示。图中尺寸单位为 mm。已知：$F_P = 10$ kN，$q = 5$ kN/m，许用应力 $[\sigma] = 140$ MPa，试校核梁的强度。

解：（1）画弯矩图，如图 4-20（b）所示。

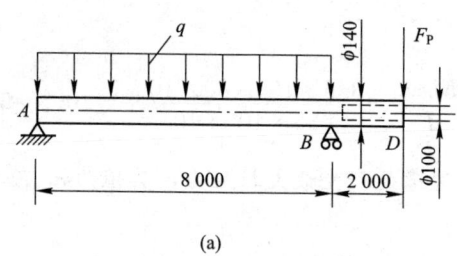

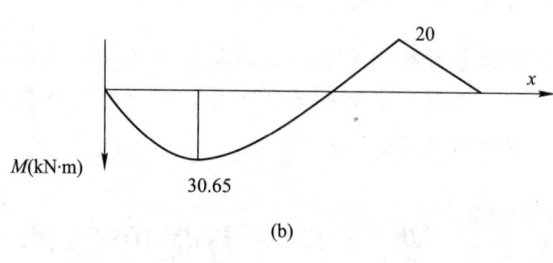

图 4-20

（2）计算应力，校核强度。

实心部分与空心部分的最大正应力分别为

$$\sigma_{\max,(\text{实})} = \frac{M_{\max 1}}{W_{z1}} = \frac{32 \times 30.65 \times 10^3}{\pi (140 \times 10^{-3})^3} = 113.8 \times 10^6 \text{ Pa} = 113.8 \text{ MPa} < [\sigma]$$

$$\sigma_{\max,(\text{空})} = \frac{M_{\max 2}}{W_{z2}} = \frac{32 \times 20 \times 10^3}{\pi (140 \times 10^{-3})^3 \left[1 - \left(\frac{100}{140}\right)^4\right]} = 100.4 \times 10^6 \text{ Pa}$$

$$= 100.4 \text{ MPa} < [\sigma]$$

所以，梁的强度是安全的。

例 4-10 铸铁梁的载荷及截面尺寸如图 4-21（a）、（b）、（c）所示，点 C 为 T 形截面的形心，惯性矩 $I_z = 6\,013 \times 10^4$ mm^4，材料的许用拉应力 $[\sigma_t] = 40$ MPa，材料许用压应力 $[\sigma_c] = 160$ MPa，试校核该梁的强度。

解：（1）画梁的弯矩图。

绝对值最大的弯矩发生于 B 点左侧相邻横截面上，应力分布如图 4-21（d）所示。此截面最大拉应力发生于截面上边缘各点处。

$$\sigma_{B-B,a} = \frac{M_B y_2}{I_z} = 36.2 \text{ MPa} < 40 \text{ MPa} = [\sigma_t]$$

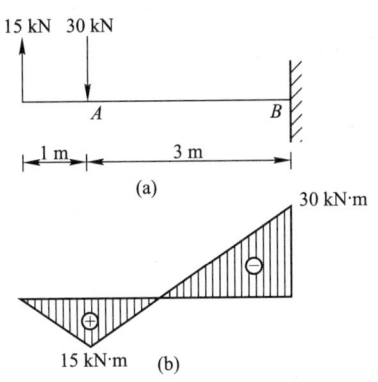
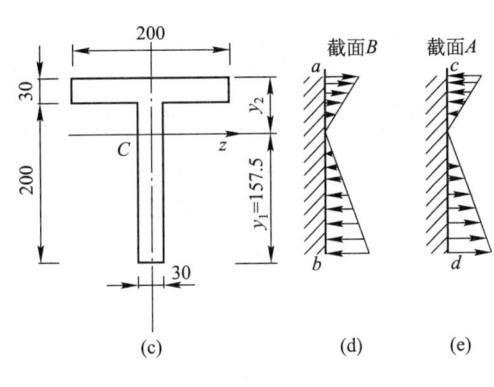

图 4-21

B 截面最大压应力发生于下边缘各点处

$$\sigma_{B-B,b}=\frac{M_B y_1}{I_z}=78.6 \text{ MPa}<160 \text{ MPa}=[\sigma_c]$$

（2）虽然 A 截面弯矩值 $M_A<|M_B|$，但 M_A 为正弯矩，应力分布如图 4-21（e）所示。最大拉应力发生于截面下边缘各点，由于下边缘到中性轴的距离比上边缘到中性轴的距离长，所以，此截面上最大拉应力大于最大压应力。全梁最大拉应力究竟发生在哪个截面上，必须经计算才能确定。

A 截面最大拉应力为

$$\sigma_{A-A,d}=\frac{M_A y_1}{I_z}=39.3 \text{ MPa}<40 \text{ MPa}=[\sigma_t]$$

由上述计算结果可知，最大压应力发生于 B 点左侧相邻横截面下边缘处，最大拉应力发生于 A 截面下边缘处。因为上述危险点的应力值均满足强度条件，因此梁是安全的。

4.7 梁弯曲时的切应力

在工程中的梁，大多数并非发生纯弯曲，而是剪切弯曲。但由于其绝大多数为细长梁，并且在一般情况下，细长梁的强度主要取决于正应力强度，因而无须考虑切应力强度。

但在遇到梁的跨度较小或在支座附近作用有较大载荷，铆接或焊接的组合截面钢梁、木梁等特殊情况时，则必须考虑切应力强度。本节将直接写出矩形截面梁（图 4-22（a））剪切弯曲时切应力计算公式为

$$\tau=\frac{F_s S_z^*}{I_z b}$$

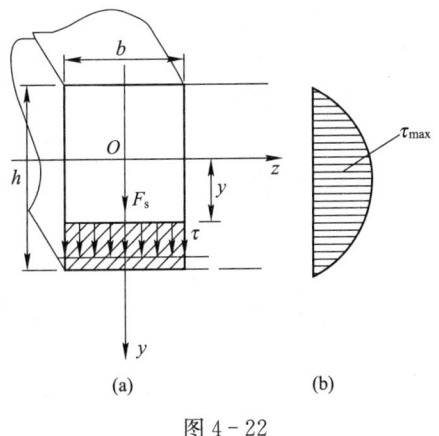

图 4-22

式中：F_s——横截面上的剪力；

S_z^*——距中性轴为 y 的横线以外的部分横截面的面积对中性轴 z 的静矩；

I_z——横截面对中性轴 z 的惯性矩；

b——矩形截面的宽度。

矩形截面梁横截面上的切应力大小沿截面高度方向按二次抛物线规律变化；在横截面的上、下边缘处 $\left(y=\pm\dfrac{h}{2}\right)$，切应力为零；在中性轴上（$y=0$），切应力值最大（图 4-22 (b)），为

$$\tau_{\max}=\dfrac{3}{2}\dfrac{F_s}{A}$$

式中 $A=bh$ 为矩形截面的面积。

横截面上切应力有两个，分别是 τ_{xy} 和 τ_{xz}，其分布是复杂的。基于有限元法，利用计算机仿真得到常见的截面上应力分布云图。

工字形截面梁在横向对称弯曲时的切应力分布图如图 4-23（a）、(b) 所示。

T 字形截面梁在横向对称弯曲时的切应力分布图如图 4-23（c）、(d) 所示。

圆形截面梁在横向对称弯曲时的切应力分布图如图 4-23（e）、(f) 所示。

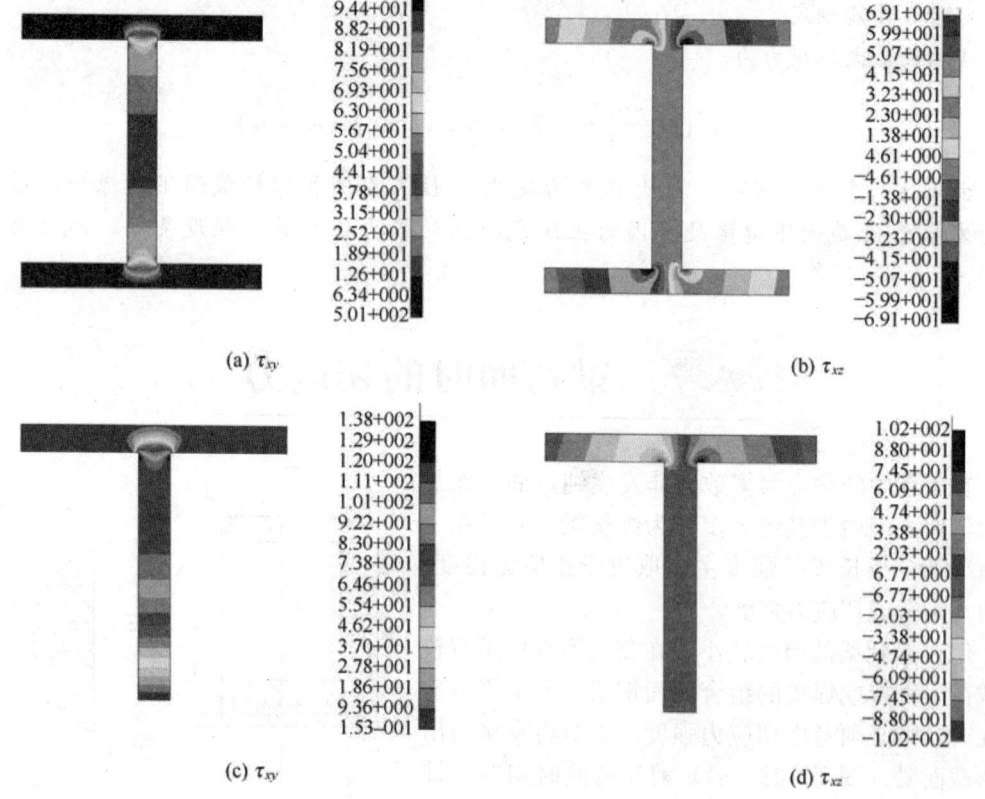

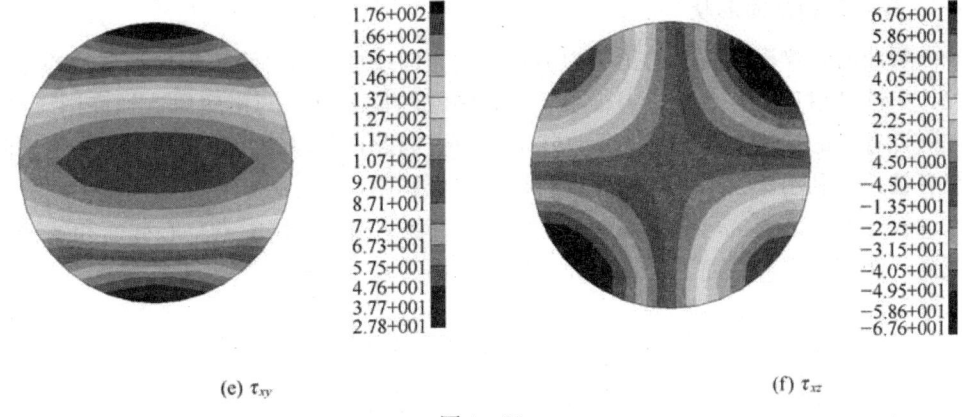

图 4-23

4.8 提高梁强度的措施

由于弯曲正应力是控制梁强度的主要因素，所以弯曲正应力的强度条件 $\sigma_{max} = \dfrac{M_{max}}{W_z} \leqslant [\sigma]$ 往往是设计梁的主要依据。根据这一条件，要提高梁的承载能力应从两方面考虑，一方面是合理布置载荷，以降低最大弯矩的数值；另一方面是采用合理的截面形状，以提高 W 的数值，充分利用材料的性能。

工程中主要从以下几方面提高梁的强度。

1. 支座的合理安排和梁的载荷合理配置

改善梁的受力情况，尽量降低梁内最大弯矩，实质上是减小了梁危险截面上的最大应力值，也就相对提高了梁的强度，如图 4-24（a）所示。若将两端支座靠近，则承载能力可相应提高，如图 4-24（b）所示。

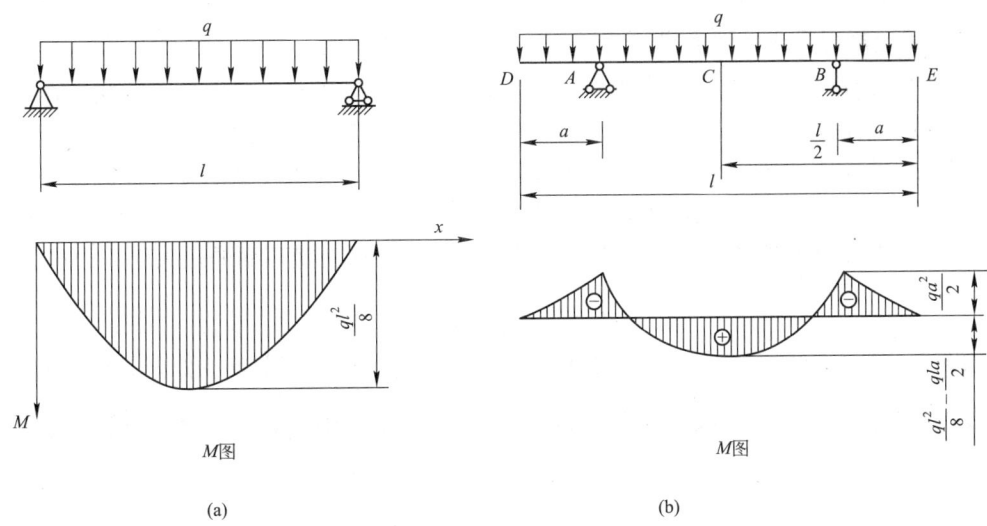

图 4-24

2. 选择合理的截面形状

平面弯曲时，梁横截面上的正应力沿着高度方向线性分布，距离中性轴越远的点，正应力越大，中性轴附近的各点正应力很小。当到中性轴最远点上的正应力达到许用应力值时，中性轴附近各点的正应力还远远小于许用应力值。因此，可以认为，横截面上中性轴附近的材料没有被充分利用。为了使这部分材料得到充分利用，应尽可能使横截面上的面积分布在距中性轴较远处，以使抗弯截面系数 W_z 增大。工程结构中常用的有空心截面和各种各样的薄壁截面（例如工字形截面、槽形截面、箱形截面等），如图 4-25 所示。

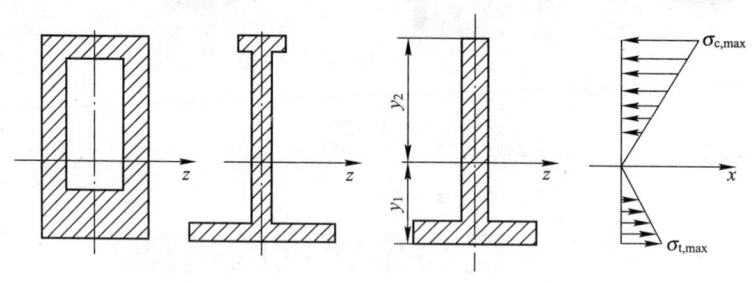

图 4-25

经济合理的截面形状应当使边缘处的最大拉应力与最大压应力同时达到材料的许用值。对抗拉与抗压能力相同的材料（如钢材），应采用对称于中性轴的截面，如圆形、矩形、工字形等，这样，可使截面上、下边缘处的最大拉应力和最大压应力数值相等，同时接近许用应力。

对于抗拉和抗压强度不相等的材料（如铸铁），应使中性轴偏于强度较弱（受拉）的一边，使其边缘处的拉应力与压应力同时达到许用值。对这类截面，因为

$$\sigma_{t,max}=\frac{M_{max}y_1}{I_z}\leqslant[\sigma_t] \quad \sigma_{c,max}=\frac{M_{max}y_2}{I_z}\leqslant[\sigma_c]$$

因此，为充分发挥材料的强度，最合理的设计应使 y_1 和 y_2 之比接近于下列关系：

$$\frac{y_1}{y_2}=\frac{[\sigma_t]}{[\sigma_c]}$$

3. 采用变截面梁或等强度梁

为了节约材料，减轻自重，可改变截面尺寸，使抗弯截面系数随弯矩而变化。在弯矩较大处采用较大截面，而在弯矩较小处采用较小截面，这种截面沿轴线变化的梁，称为变截面梁。变截面梁的正应力计算仍可近似地用等截面梁的公式。如果变截面梁各横截面上的最大正应力都相等，且都等于许用应力，则称为等强度梁。设梁在任一截面上的弯矩为 $M(x)$，而截面的抗弯截面系数为 $W(x)$，根据等强度梁的要求，所有横截面的最大正应力应为

$$\sigma_{max}=\frac{M(x)}{W(x)}=[\sigma]$$

如图 4-26（a）所示为在集中力 F 作用下的简支等强度梁，截面为矩形，设截面高度 h 为常数，而宽度 b 为 x 的函数，即 $b=b(x)\left(0\leqslant x\leqslant\frac{l}{2}\right)$，则截面的抗弯截面系数为

$$W(x)=\frac{b(x)h^2}{6}=\frac{M(x)}{[\sigma]}=\frac{\frac{F}{2}x}{[\sigma]}$$

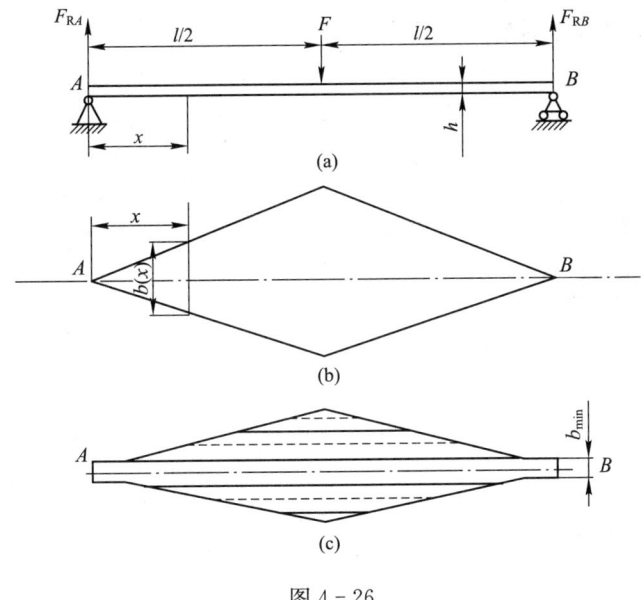

图 4-26

于是
$$b(x)=\frac{3Fx}{[\sigma]h^2}$$

截面宽度 $b(x)$ 是 x 的一次函数,如图 4-26（b）所示。因为载荷对称于跨度中点,因而截面形状也对跨度中点对称。按上式所表示的关系,在梁的两端,$x=0$,$b(x)=0$,支座处截面宽度等于零,这显然不切实际。因而还需要按剪切强度条件设计支座附近截面的宽度。设所需要的最小截面宽度为 $b_{\min}$,如图 4-26（c）所示,根据切应力强度条件

$$\tau_{\max}=\frac{3F_{s,\max}}{2A}=\frac{3}{2}\frac{\frac{F}{2}}{b_{\min}h}=[\tau]$$

求得
$$b_{\min}=\frac{3F}{4h[\tau]}$$

机械车辆上经常使用的叠板弹簧,如图 4-27 所示,就是利用等强度梁的概念制造的。

下面以矩形截面等强度梁为例对其截面高度进行设计。

若矩形截面等强度梁的截面宽度 b 为常数,而高度 h 为 x 的函数,即 $h=h(x)$,用与上述完全相同的方法可以求得

$$h(x)=\sqrt{\frac{3Fx}{b[\sigma]}}$$

$$h_{\min}=\frac{3F}{4h[\tau]}$$

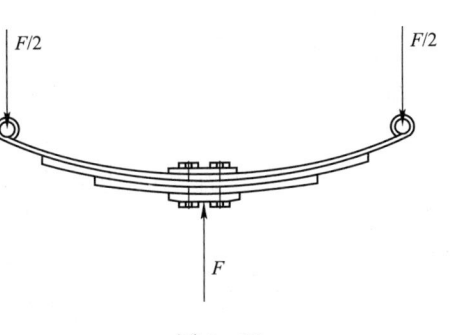

图 4-27

依上式可确定梁的形状如图 4-28（a）所示。根据工程实际的要求，可把梁做成如图 4-28（b）所示的"鱼腹梁"。

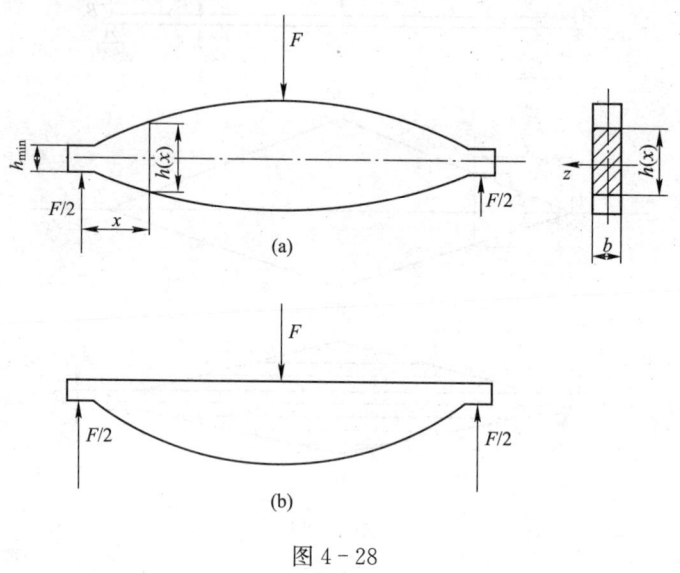

图 4-28

4.9 等直梁的变形

对某些弯曲构件，仅有足够的强度还不能满足实际工程的需要，构件还需要具备足够的抵抗变形的能力，满足一定的刚度条件。

等直梁发生弯曲时，其轴线为一条位于载荷平面内光滑连续的平面曲线，该曲线称为梁的**挠曲线**。

梁产生变形后，轴线各点（即横截面形心）产生水平方向和铅垂方向的线位移，由于实际工程中，梁的变形主要为弹性小变形，梁沿水平方向的变形分量较小，与铅垂方向变形分量相比可以忽略不计。因此，可以只考虑梁轴线上各点垂直于变形前轴线的线位移，这些线位移称为各点的挠度（图 4-29 中的 w_C）。梁弯曲时，除了横截面形心有线位移外，横截面本身还将绕截面的中性轴产生角位移 θ，该角位移称为横截面的转角（图 4-29 中的 θ_C）。由于梁变形后横截面与挠曲线垂直，因而横截面的转角等于挠曲线在该横截面处的切线与 x 轴的夹角。如 C 截面处的转角 θ_C 等于 C' 点处的切线与 x 轴的夹角。

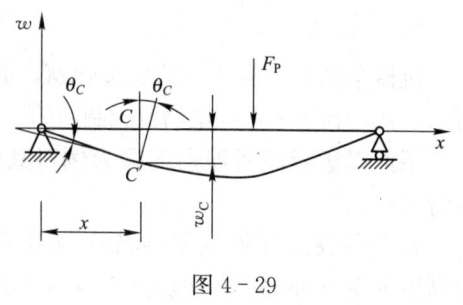

图 4-29

通常，梁的挠度和转角随横截面位置的不同而改变，是截面位置 x 的函数。因此，挠度可以用函数 $w=f(x)$ 来表示，称为梁的**挠曲线方程**或**挠度方程**，在弹性小变形范围内，转角 θ 很小，通常 $\theta \ll 1°$，则有

$$\theta \approx \tan\theta = \frac{\mathrm{d}w}{\mathrm{d}x} = f'(x)$$

综上所述,梁弯曲时的变形,可以用挠度和转角来描述。挠曲线方程在任意横截面处的值就是该截面的挠度,挠曲线上任意点切线的斜率等于该点处横截面的转角。知道了挠曲线方程,就可以通过求导确定梁的转角。

梁发生横力弯曲变形时,横截面上的剪力也会使梁产生弯曲变形。由高等数学知识可知,对于任意平面曲线 $w=f(x)$,其任意一点的曲率可表示为

$$\frac{1}{\rho(x)} = \pm \frac{\dfrac{\mathrm{d}^2 w}{\mathrm{d}x^2}}{\left[1+\left(\dfrac{\mathrm{d}w}{\mathrm{d}x}\right)^2\right]^{3/2}}$$

在小变形情况下,转角 $\theta \approx \dfrac{\mathrm{d}w}{\mathrm{d}x}$,是一阶微分量,且 $\left(\dfrac{\mathrm{d}w}{\mathrm{d}x}\right)^2 \ll 1$,所以,$\left(\dfrac{\mathrm{d}w}{\mathrm{d}x}\right)^2$ 与 1 相比可以忽略不计。结合曲率与横截面上的弯矩 M 的关系式有

$$\frac{1}{\rho} = \frac{M}{EI_z}$$

可得

$$\frac{1}{\rho(x)} = \pm \frac{\mathrm{d}^2 w}{\mathrm{d}x^2} = \frac{M(x)}{EI_z}$$

式中的正负号可根据弯矩的正负及坐标系的选取方式来确定。由弯矩的正负号规定可知,当弯矩为正值时,挠曲线为向下凸的曲线,如图 4-30 所示,此时 $\dfrac{\mathrm{d}^2 w}{\mathrm{d}x^2} > 0$;当弯矩为负值时,挠曲线为向上凸的曲线,如图 4-30 所示,此时 $\dfrac{\mathrm{d}^2 w}{\mathrm{d}x^2} < 0$。

可通过积分的方法确定梁弯曲时的挠度和转角,但在本节中只介绍查表叠加法。

当梁上同时作用多个载荷时,由每个载荷在梁上同一截面处所引起的挠度和转角不受其他载荷的影响,可分别计算各简单载荷单独作用时,梁上该截面处的挠度和转角,再将它们进行代数相加,获得多个载荷作用下梁在该截面处的挠度和转角。这种计算梁弯曲时挠度和转角的方法称为**叠加法**。

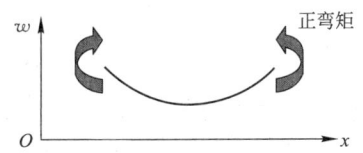

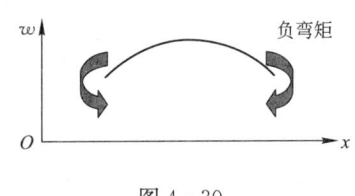

图 4-30

叠加法的步骤是:先利用表 4-1 中的结果,将多载荷梁分解为表中的单载荷梁;然后将所求单载荷梁中的变形进行代数相加,便得到多个载荷作用下梁的挠度和转角。

表 4-1　　　　　　　　　　　简单载荷作用下梁的变形

序号	梁的计算简图	挠曲线方程	挠度和转角
1	![图]	$w = -\dfrac{M_e x^2}{2EI}$ $(0 \leqslant x \leqslant a)$ $w = -\dfrac{M_e a}{2EI}(2x-a)$ $(a \leqslant x \leqslant L)$	$w_{\max} = \lvert w_B \rvert = \dfrac{M_e a}{2EI}(2L-a)$ (方向向下) $\theta_B = -\dfrac{M_e a}{EI}$

续表

序号	梁的计算简图	挠曲线方程	挠度和转角
2		$w=-\dfrac{F_P x^2}{6EI}(3a-x)$ $(0 \leqslant x \leqslant a)$ $w=-\dfrac{F_P a^2}{6EI}(3x-a)$ $(a \leqslant x \leqslant L)$	$w_{\max}=\lvert w_B \rvert=\dfrac{F_P a^2}{6EI}(3L-a)$ （方向向下） $\theta_B=-\dfrac{F_P a^2}{2EI}$
3		$w=-\dfrac{qx^2}{24EI}(6L^2-4Lx+x^2)$	$w_{\max}=\lvert w_B \rvert=\dfrac{qL^4}{8EI}$ （方向向下） $\theta_B=-\dfrac{qL^3}{6EI}$
4		$w=-\dfrac{M_e x}{6LEI}(2L^2-3Lx+x^2)$	在 $x=\left(1-\dfrac{1}{\sqrt{3}}\right)L$ 处， $w_{\max}=\dfrac{M_e L^2}{9\sqrt{3}EI}$ （方向向下） 在 $x=\dfrac{L}{2}$ 处，$w_C=\dfrac{M_e L^2}{16EI}$ （方向向下） $\theta_A=-2\theta_B=-\dfrac{M_e L}{3EI}$
5		$w=-\dfrac{M_e x}{6LEI}(L^2-3b^2-x^2)$ $(0 \leqslant x \leqslant a)$ $w=-\dfrac{M_e x}{6LEI}\times[-(L^2-3b^2)x-$ $3L(x-a)^2+x^3]$ $(a \leqslant x \leqslant L)$	在 $x=\sqrt{\dfrac{L^2-3b^2}{3}}$ 处， $w_{\max}=\dfrac{M_e(L^2-3b^2)^{\frac{3}{2}}}{9\sqrt{3}EIL}$ （方向向上） 在 $x=\sqrt{\dfrac{L^2-3a^2}{3}}$ 处， $w_{\max}=\dfrac{M_e(L^2-3a^2)^{\frac{3}{2}}}{9\sqrt{3}EIL}$ （方向向下） $\theta_A=\dfrac{M_e}{6EIL}(L^2-3b^2)$ $\theta_B=\dfrac{M_e}{6EIL}(L^2-3a^2)$
6		$w=-\dfrac{F_P bx}{6LEI}(L^2-b^2-x^2)$ $(0 \leqslant x \leqslant a)$ $w=-\dfrac{F_P}{6LEI}\times[(L^2-b^2)x+$ $\dfrac{L}{b}(x-a)^3-x^3]$ $(a \leqslant x \leqslant L)$	若 $a>b$，在 $x=\sqrt{\dfrac{L^2-b^2}{3}}$ 处 $w_{\max}=\dfrac{F_P b(L^2-b^2)^{\frac{3}{2}}}{9\sqrt{3}EIL}$ （方向向下） 在 $x=L/2$ 处， $w_C=\dfrac{F_P b}{48EI}(3L^2-4b^2)$ （方向向下） $\theta_A=-\dfrac{F_P ab(L+b)}{6EIL}$ $\theta_B=\dfrac{F_P ab(L+a)}{6EIL}$
7		$w=-\dfrac{qx}{24EI}(L^3-2Lx^2+x^3)$	在 $x=L/2$ 处， $w_{\max}=w_C=\dfrac{5qL^4}{384EI}$ （方向向下） $\theta_A=\theta_B=-\dfrac{qL^3}{24EI}$

例 4-11 简支梁如图 4-31（a）所示，在梁上作用有集中力 F_P 和均布载荷 q，梁的抗弯刚度为 EI，试求简支梁跨中截面的挠度 w_C 及左端支座处的转角 θ_A。

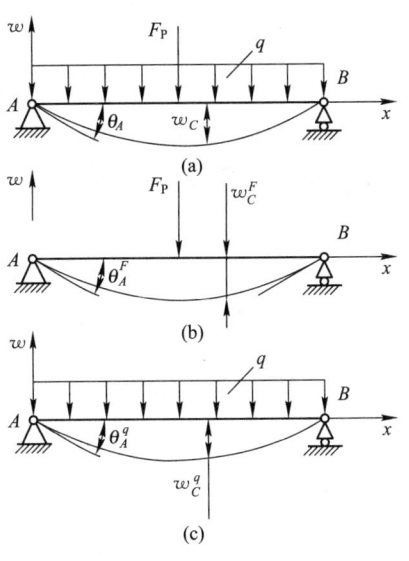

图 4-31

解：（1）分解载荷，求单载荷作用下的位移。

将梁上载荷分解为集中力 F_P 和均布载荷 q 两种简单载荷，如图 4-31（b）、（c）所示。查表 4-1 可得，在 F_P 单独作用下，C 截面处的挠度为

$$w_C^F = -\frac{F_P L^3}{48EI}$$

A 截面的转角为

$$\theta_A^F = -\frac{F_P L^2}{16EI}$$

在 q 单独作用下，C 截面处的挠度为 $w_C^q = -\dfrac{5qL^4}{384EI}$

A 截面的转角为 $\theta_A^q = -\dfrac{qL^3}{24EI}$

(2) 叠加法求总位移

根据叠加原理，w_C 和 θ_A 等于 F_P、q 单独作用下产生的挠度和转角的代数和。于是，在 F_P、q 共同作用下 C 截面处的挠度、A 截面的转角分别为

$$w_C = w_C^F + w_C^q = -\left(\frac{F_P L^3}{48EI} + \frac{5qL^4}{384EI}\right) \quad （方向向下）$$

$$\theta_A = \theta_A^F + \theta_A^q = -\left(\frac{F_P L^2}{16EI} + \frac{qL^3}{24EI}\right) \quad （顺时针方向）$$

例 4-12 变截面梁如图 4-32（a）所示，若已知 F_P、L、EI，试求 C 截面的转角 θ_C 和挠度 w_C。

解： 由于梁 ABC 在 AB 段和 BC 段的抗弯刚度不同，因此无法直接查表。可利用分段变形的方法计算。先将 AB 段或 BC 段视为刚体（即刚化梁段），不变形，而另一段 BC 段或 AB 段为弹性体，可变形；然后查表 4-1，求出分段变形时 C 截面处的转角和挠度；最后利用叠加原理，将结果代数相加即为所求。

(1) 假设 AB 段刚化：此时，AB 段不产生变形，只有 BC 段产生变形，因此，梁 ABC 的变形与长度为 L、刚度为 EI、自由端作用力 F_P 的悬臂梁等效，如图 4-32（b）所示。查表 4-1 可得，C 截面的转角和挠度分别为

$$\theta_{C1} = -\frac{F_P L^2}{2EI}$$

$$w_{C1} = -\frac{F_P L^3}{3EI}$$

(2) 假设 BC 段刚化：此时，BC 段不变形，只有 AB 段变形，需要将自由端 C 的集中力 F_P 向变形段 AB 就近平移至 B 点（即将力 F_P 向 B 截面简化），得一集中力 F_P 和一集中

力偶 F_PL，如图 4-32（c）所示。在 F_P 和 F_PL 共同作用下，AB 段的变形与长度为 L、刚度为 $2EI$、自由端作用 F_P 和 F_PL 的悬臂梁相同。应用叠加法，查表 4-1，B 截面处的转角和挠度分别为

$$\theta_B = -\frac{F_PL^2}{4EI} - \frac{(F_PL)L}{2EI} = -\frac{3F_PL^2}{4EI}$$

$$w_B = -\frac{F_PL^3}{6EI} - \frac{F_PL^3}{4EI} = -\frac{5F_PL^3}{12EI}$$

由于梁的挠曲线在 B 点光滑连续，当 AB 段产生变形时，刚化的 BC 段定要随之倾斜，BC 段各横截面均转动相同的角度 θ_B，B、C 两截面产生相对挠度 θ_BL，则 C 截面处的转角和挠度分别为

$$\theta_{C2} = \theta_B = -\frac{3F_PL^2}{4EI}$$

$$w_{C2} = w_B + \theta_BL = -\frac{5F_PL^3}{12EI} - \frac{3F_PL^3}{4EI} = -\frac{7F_PL^3}{6EI}$$

(3) 叠加法求总位移。

由叠加原理，变截面梁 ABC 在 C 截面处的转角和挠度为单独考虑 AB 段变形及 BC 段变形时 C 截面转角和挠度的代数和，因此，当同时考虑 AB 段和 BC 段的变形时，有

$$\theta_C = \theta_{C1} + \theta_{C2} = -\frac{F_PL^2}{2EI} - \frac{3F_PL^2}{4EI} = -\frac{5F_PL^2}{4EI} \quad \text{（顺时针方向）}$$

$$w_C = w_{C1} + w_{C2} = -\frac{F_PL^3}{3EI} - \frac{7F_PL^3}{6EI} = -\frac{3F_PL^3}{2EI} \quad \text{（方向向下）}$$

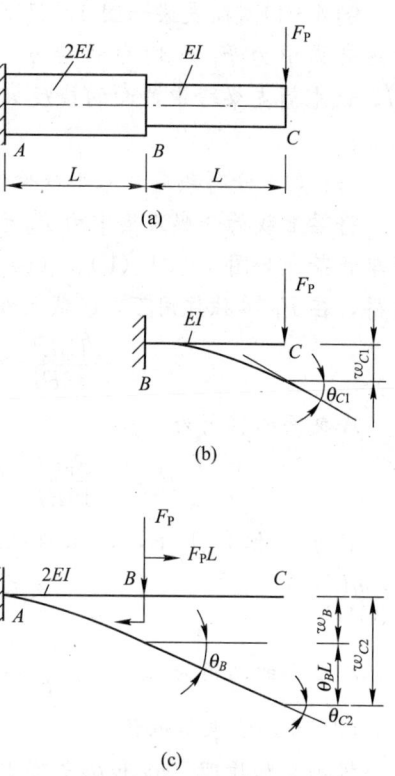

图 4-32

4.10 梁的刚度条件

工程设计中，受弯构件除了要满足强度条件外，常常还需要对其变形加以限制，使之满足一定的刚度条件。例如，对楼板梁的挠度加以限制，以防抹灰脱落或出现裂缝；对机床主轴的挠度和转角加以限制，确保加工精度；对列车路轨的弯曲挠度加以限制，从而确保行车安全。

通常，梁的刚度条件可表示为

$$w_{\max} \leqslant [w]$$

$$\theta_{\max} \leqslant [\theta]$$

式中 $w_{\max}$、$\theta_{\max}$ 是梁工作时的最大挠度和最大转角，$[w]$、$[\theta]$ 为梁的许用挠度和许用转角。工程中常见受弯构件的 $[w]$、$[\theta]$ 值可以从有关规范和手册中查得。例如，在土木

工程中，$[w]=\dfrac{L}{900}\sim\dfrac{L}{200}$（$L$ 为梁的计算跨度）。

例 4-13 外伸梁 ABC 如图 4-33（a）所示，梁上载荷 $F_{P1}=1$ kN，$F_{P2}=2$ kN，梁 ABC 为空心轴，外径 $D=80$ mm，内径 $d=40$ mm，$L=400$ mm，$a=200$ mm，弹性模量 $E=210$ GPa。若 C 截面处的挠度不得超过 $[w]=0.001L$，B 截面处的转角不得超过 $[\theta]=0.001$ rad，试校核该梁的刚度。

解：

（1）用叠加法计算 C 截面的挠度 w_C 和 B 截面的转角 θ_B。

如图 4-33（b）所示，梁上只有 AB 段中点受集中力 F_{P1} 作用，AB 段的变形等效于简支梁跨中作用集中力的情况，相应地，BC 段将随之转动 θ_B，查表 4-1 可得，在 F_{P1} 作用下 B 截面的转角 θ_B 为

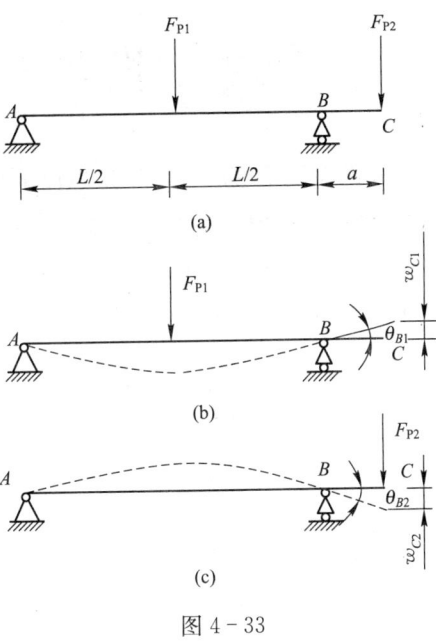

图 4-33

$$\theta_{B1}=\dfrac{F_{P1}L^2}{16EI}$$

其中 $I=\dfrac{\pi D^4}{64}(1-\alpha^4)=\dfrac{\pi\times 0.08^4}{64}\left[1-\left(\dfrac{0.04}{0.08}\right)^4\right]=1.885\times 10^{-6}$ m^4

所以

$$\theta_{B1}=\dfrac{1\times 10^3\times 0.4^2}{16\times 210\times 10^9\times 1.885\times 10^{-6}}=2.53\times 10^{-5}\text{ rad}\quad(\text{逆时针方向})$$

C 截面处的挠度为

$$w_{C1}=\theta_{B1}\cdot a=2.53\times 10^{-5}\times 0.2=5.06\times 10^{-6}\text{ m}\quad(\text{方向向上})$$

在 F_{P2} 作用下（图 4-33（c）），B 截面转角 θ_{B2} 和 C 截面挠度 w_{C2} 为

$$\theta_{B2}=-\dfrac{F_{P2}aL}{3EI}=-\dfrac{2\times 10^3\times 0.2\times 0.4}{3\times 210\times 10^9\times 1.885\times 10^{-6}}=-1.347\times 10^{-4}\text{ rad}\quad(\text{顺时针方向})$$

$$w_{C2}=-\dfrac{F_{P2}a^2}{3EI}(L+a)=-\dfrac{2\times 10^3\times 0.2^2\times(0.4+0.2)}{3\times 210\times 10^9\times 18.85\times 10^{-6}}=-4.04\times 10^{-6}\text{ m}\quad(\text{方向向下})$$

梁 AB 在 F_{P1}、F_{P2} 共同作用下，B 截面转角和 C 截面挠度分别为

$$\theta_B=\theta_{B1}+\theta_{B2}=2.53\times 10^{-5}-1.347\times 10^{-4}=-1.09\times 10^{-4}\text{ rad}\quad(\text{顺时针方向})$$

$$w_C=w_{C1}+w_{C2}=5.06\times 10^{-6}-4.04\times 10^{-6}=1.02\times 10^{-6}\text{ m}\quad(\text{方向向上})$$

（2）刚度校核。

确定刚度条件的许用值：

许用转角为 $\qquad[\theta]=0.001$ rad

许用挠度为 $\qquad[w]=0.001L=0.001\times 0.4=4\times 10^{-4}$ m

因为 $\qquad|\theta_B|=1.09\times 10^{-4}$ rad$<[\theta]$，$|w_C|=1.02\times 10^{-6}$ m$<[w]$

所以，B 处转角和 C 处挠度均满足刚度条件，梁 ABC 安全。

4.11 提高梁弯曲刚度的基本措施

当梁的刚度不够时,可以采取以下提高梁抗弯刚度的措施。

1. 选择合理的加载方式,减小梁的弯矩

由于梁的位移与弯矩成正比,因此,选择合理的加载方式可以使梁产生较小的弯矩,从而减小梁的位移,如图 4-34 所示。

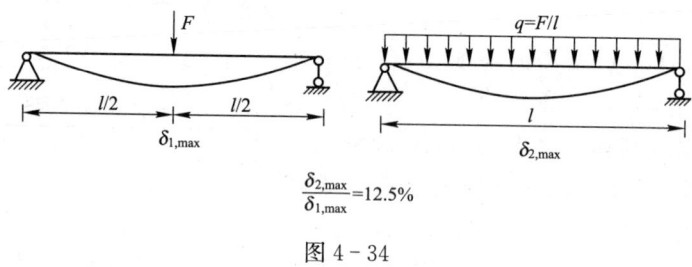

图 4-34

2. 减小梁的跨度

梁的跨度变化对位移有显著影响,减小梁的跨度是提高梁抗弯刚度的有效措施,如图 4-35 所示。

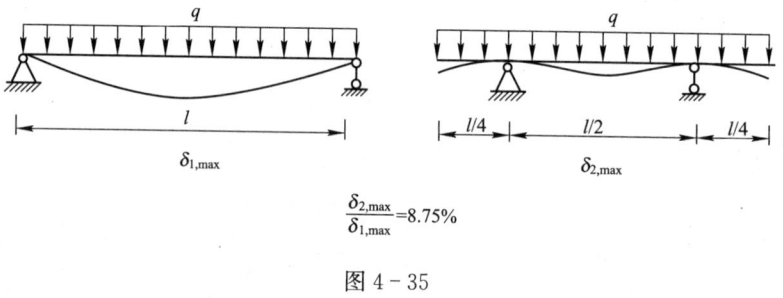

图 4-35

3. 增大梁的抗弯刚度

梁的抗弯刚度 EI 由梁横截面的惯性矩和材料的弹性模量 E 组成。由于梁的位移与横截面的惯性矩成反比,因此,可以用加大梁横截面惯性矩的方法提高梁的抗弯刚度,例如,可以采取工字形、槽形或箱形等合理的截面形状。同样地,梁的位移与材料的弹性模量成反比,可以采用弹性模量较大的材料提高梁的抗弯刚度。但对于工程常见钢材而言,各种钢材的弹性模量值比较接近,因此,采用高强度钢或优质钢不会显著提高梁的抗弯刚度。

思 考 题

4-1 何谓平面弯曲?它有什么特点?

4-2 梁的剪力图和弯矩图在什么情况下会发生突变？突变值是多少？突变方向如何判断？

4-3 区别如下概念：纯弯曲与横力弯曲，中性轴与形心轴。

4-4 何谓梁的转角和挠度？它们之间有什么关系？

4-5 梁的变形与弯矩有什么关系？

4-6 举例说明提高梁抗弯刚度与强度的措施。

习　题

4-1 求图示各梁指定截面上的剪力和弯矩。

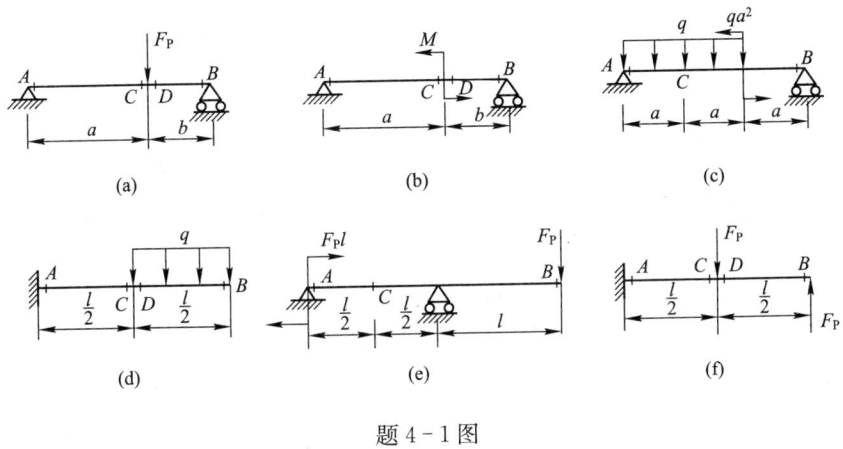

题 4-1 图

4-2 应用内力方程作各梁的内力图，并求 $F_{s,max}$ 和 M_{max}。

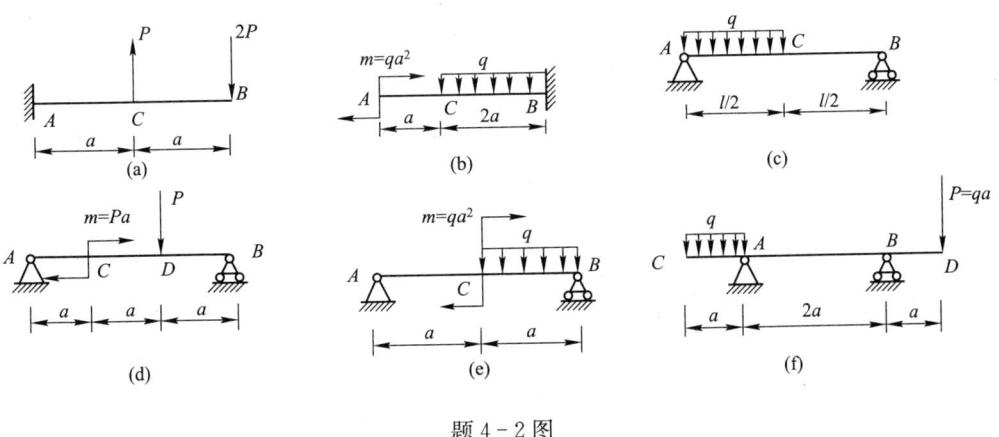

题 4-2 图

4-3 图示矩形截面简支梁承受均布载荷 q 的作用。若已知 $q=2$ kN/m，$l=3$ m，$h=2b=240$ mm。试求：截面横放（图（b））和竖放（图（c））时梁内的最大正应力，并加以比较。

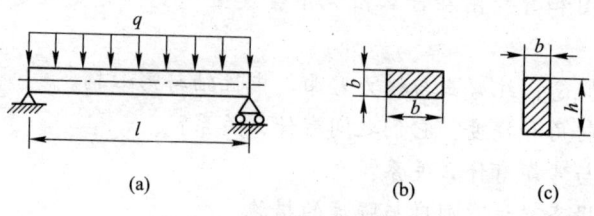

题 4-3 图

4-4 图示外伸梁承受集中载荷 F_P 作用，尺寸如图所示。已知 $F_P=20$ kN，许用应力 $[\sigma]=160$ MPa，试选择工字钢的型号。

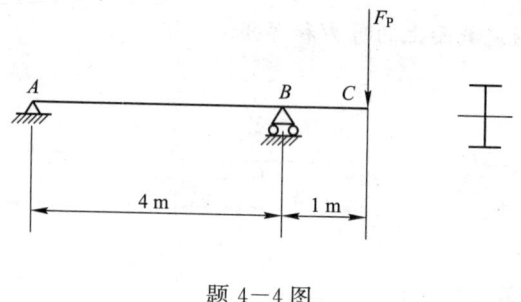

题 4-4 图

4-5 一简支木梁受力如图所示，载荷 $F=5$ kN，距离 $a=0.7$ m，材料的许用弯曲正应力 $[\sigma]=10$ MPa，横截面为 $\dfrac{h}{b}=3$ 的矩形。试按正应力强度条件确定梁横截面的尺寸。

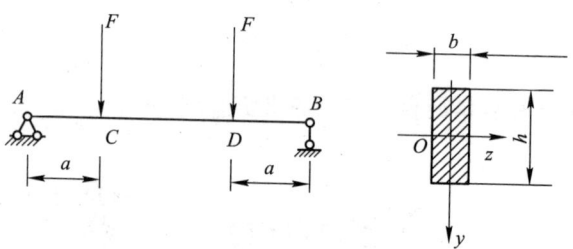

题 4-5 图

4-6 试用叠加法求图示各梁自由端的挠度和转角，梁的 EI 已知。

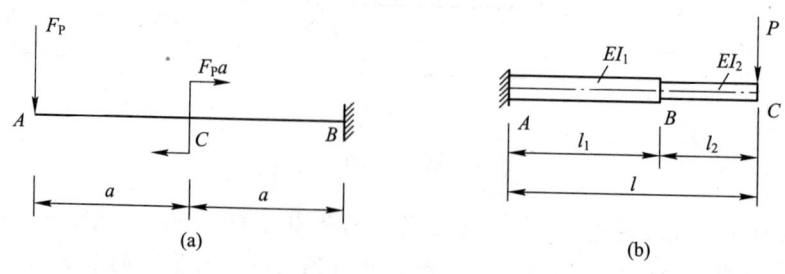

题 4-6 图

4-7 试用叠加法求图示各梁的 θ_A、w_C，梁的 EI 已知。

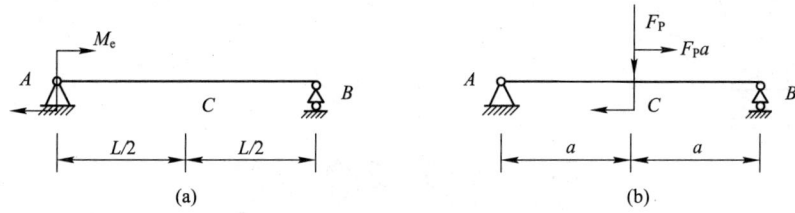

题 4-7 图

4-8 试用叠加法求图示各外伸梁的 θ_A、w_C，设梁的 EI 已知。

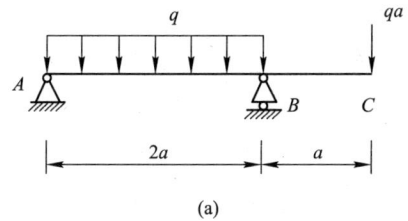 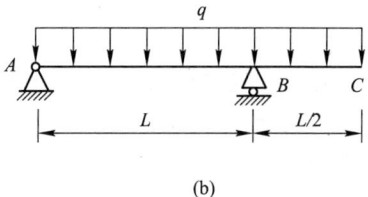

题 4-8 图

第 5 章 强度理论

【本章内容概要】

前面几章研究了几种基本变形杆件中的应力和应变,这一章中要将它们推广到一般(空间)状态,计算一点的最大正应力和最大切应力,并确定其所在方位。而一点的应变变换类似于一点的应力变换。本章还将给出应力、应变之间的关系(广义胡克定律)。

本章还要讨论工程实际中在复杂应力状态下材料失效的四种强度理论,这些都是在常温、静载荷作用下,适用均匀、连续、各向同性的强度理论。当应用某一强度理论时,首先要计算出单元体上正应力和切应力分量。一旦确定了应力状态,这些危险点的主应力即可以确定。每个强度理论都建立在主应力已知的基础上。

【本章学习重点与难点】

1. 正确建立一点应力状态、主平面和主应力的概念。
2. 熟练掌握用解析法分析和计算平面应力状态下任意截面的应力、主应力,并能正确确定主平面方位。
3. 理解三向应力状态的概念,掌握三向应力状态下最大切应力的计算方法。
4. 了解广义胡克定律。
5. 了解材料的两种失效形式,理解四种常用的强度理论及其应用范围。
6. 能正确应用四种常用的强度理论进行强度计算,熟练掌握用第三和第四强度理论进行强度分析的方法。

前述各章中,分别讨论了拉伸与压缩、扭转、弯曲时杆件的强度设计,所涉及的最大应力点为单向拉伸、单向压缩或纯剪,即最大应力点只受单向正应力或切应力作用,因此可通过同样受力情况下的试验结果,直接确定许用正应力或许用切应力,从而建立强度条件。

工程实际中,许多杆件的危险点均处于复杂应力状态,即同时承受正应力与切应力。这种情形下,如何建立强度条件?这就需要研究并建立复杂情况下的强度条件。

5.1 应力状态

为了分析受力构件内一点处的应力状态,可围绕该点截取各边长均为无穷小量的正六面体,称为**单元体**。一般单元体的尺寸是无限小的,可认为单元体各面上的应力均匀分布,并且在每一对平行面上,应力的大小和性质都是相同的。因此,单元体六个面上的应力就代表在该点处位于互相垂直的三个截面上的应力。

过一点所有方位面上应力的集合，称为该点的应力状态。单元体各面上的应力已知时，可以应用截面法和静力平衡条件求得过该点的任意方位面上的应力（该点的应力状态）以及该点处的极值应力。因此，截取单元体时，应尽量使各面上的应力容易确定。例如，拉压的矩形截面杆与扭转的圆截面杆中单元体的取法便有所区别：对于矩形截面杆，三对面中的一对面为杆的横截面，其他两面为平行于杆表面的纵向截面；对于圆截面杆，分别用横截面、径向截面、切向截面截取单元体。例如图 5-1 中 A、B、C 点的单元体。

围绕构件内一点从不同方向选取单元体，则各个截面的应力也不尽相同。若单元体的三个相互垂直的面上都没有切应力，该单元体称为主单元体；而切应力为零的平面称为**主平面**，主平面

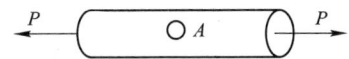
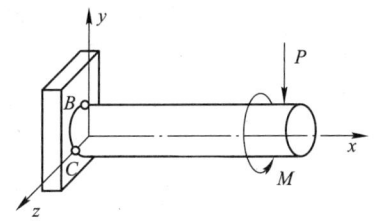
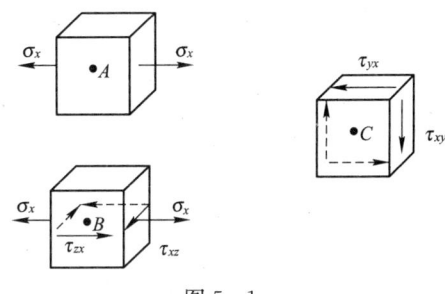

图 5-1

上的正应力称为**主应力**。也就是说，主单元体的三个相互正交的平面均为主平面，单元体上只有三个正应力，且均为主应力，它们可以是拉应力，也可以是压应力，或者等于零。可以证明，通过受力构件的任意一点必存在而且只存在一个主单元体，即过一点皆可找到三个相互垂直的主平面，因而每一点都有三个主应力。这三个主应力按代数值大小排列分别表示为 σ_1、σ_2、σ_3，它们的关系为 $\sigma_1 \geqslant \sigma_2 \geqslant \sigma_3$。对于轴向拉伸（或压缩），三个主应力只有一个不等于零，称为**单向应力状态**（也称为简单应力状态）。若三个主应力中有两个不等于零，则称为**二向或平面应力状态**。当三个主应力都不等于零时，称为**三向或空间应力状态**。单向应力状态和二向应力状态是三向应力状态的特例形式，二向应力状态和三向应力状态统称为**复杂应力状态**。

5.2 平面应力状态分析

如图 5-2（a）所示，一点的平面应力状态一般可由两个正应力分量 σ_x、σ_y 及一个切应力分量 τ_x 来表示，它们作用在单元体的四个面上，为了方便，在 xy 平面内进行简化描述，如图 5-2（b）所示。

如图 5-3（a）所示，斜截面的方位以其外法线的方位 n 与 x 轴的夹角 α 表示，该截面上的应力分别表示为 σ_α 和 τ_α。为了确定任意方位面（任意 α 角）上的正应力与切应力，规定正应力、切应力以及 α 角的正负号如下：

① 正应力——拉伸为正，压缩为负；
② 切应力——使单元体或其局部产生顺时针方向转动趋势时为正，反之为负；

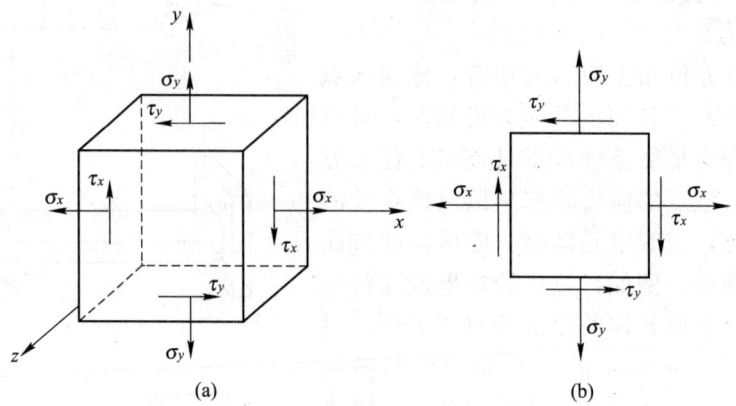

图 5-2

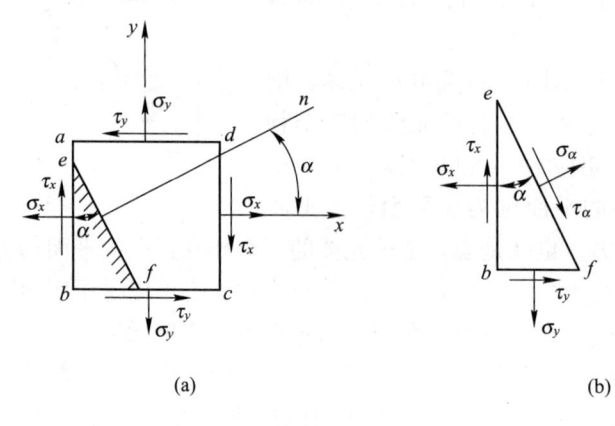

图 5-3

③ α 角——从 x 轴正方向逆时针旋转至截面外法线 n 正方向时为正,反之为负。

利用截面法,将单元体从 α 斜截面处截为两部分。考察其中任意一部分,例如斜截面左下方部分,其受力如图 5-3 (b) 所示,假定任意方向面上的正应力 σ_α 和切应力 τ_α 均为正方向。

设斜截面 ef 的面积为 dA,楔形体 ebf 的受力如图 5-3 (b) 所示,考虑斜截面法向及切向的平衡方程分别为

$\sum F_n = 0, \sigma_\alpha dA - \sigma_x(dA\cos\alpha)\cos\alpha + \tau_x(dA\cos\alpha)\sin\alpha + \tau_y(dA\sin\alpha)\cos\alpha - \sigma_y(dA\sin\alpha)\sin\alpha = 0$

$\sum F_\tau = 0, \tau_\alpha dA - \sigma_x(dA\cos\alpha)\sin\alpha - \tau_x(dA\cos\alpha)\cos\alpha + \tau_y(dA\sin\alpha)\sin\alpha + \sigma_y(dA\sin\alpha)\cos\alpha = 0$

根据切应力互等定理,τ_x 和 τ_y 数值相等,同时利用三角函数倍角公式,由上述平衡方程式,可以得到计算平面应力状态中任意方位面上的正应力与切应力的表达式:

$$\begin{cases} \sigma_\alpha = \dfrac{\sigma_x + \sigma_y}{2} + \dfrac{\sigma_x - \sigma_y}{2}\cos 2\alpha - \tau_x \sin 2\alpha \\ \tau_\alpha = \dfrac{\sigma_x - \sigma_y}{2}\sin 2\alpha + \tau_x \cos 2\alpha \end{cases} \quad (5-1)$$

式 (5-1) 表明,斜截面上的正应力 σ_α 和切应力 τ_α 随 α 角的改变而变化。

利用式（5-1）可以确定正应力和切应力的极值，并确定它们所在截面的方位。因为 σ_α 是 α 的函数。将式（5-1）中的 σ_α 对 α 取导数，并令导数为零，得

$$\frac{d\sigma_\alpha}{d\alpha}=-(\sigma_x-\sigma_y)\sin 2\alpha-2\tau_x\cos 2\alpha=0$$

上式化简为

$$\tan 2\alpha_0=-\frac{2\tau_x}{\sigma_x-\sigma_y} \tag{5-2}$$

由式（5-2）可以求出相差 90° 的两个角度 α_0 和 $90°+\alpha_0$，即两个互相垂直的主平面上正应力为

$$\left.\begin{array}{c}\sigma_{\max}\\ \sigma_{\min}\end{array}\right\}=\frac{\sigma_x+\sigma_y}{2}\pm\frac{1}{2}\sqrt{(\sigma_x-\sigma_y)^2+4\tau_x^2} \tag{5-3}$$

同理，将式（5-1）中的 τ_α 对 α 取导数，并令导数为零，得

$$\frac{d\tau_\alpha}{d\alpha}=(\sigma_x-\sigma_y)\cos 2\alpha-2\tau_x\sin 2\alpha=0$$

上式化简为

$$\tan 2\alpha_1=\frac{\sigma_x-\sigma_y}{2\tau_x} \tag{5-4}$$

由式（5-4）可解出两个相差 90° 的角度 α_1 和 $90°+\alpha_1$，可求得切应力的最大和最小值为

$$\left.\begin{array}{c}\tau_{\max}\\ \tau_{\min}\end{array}\right\}=\pm\frac{1}{2}\sqrt{(\sigma_x-\sigma_y)^2+4\tau_x^2} \tag{5-5}$$

由式（5-3）可得

$$\left.\begin{array}{c}\tau_{\max}\\ \tau_{\min}\end{array}\right\}=\pm\frac{\sigma_{\max}-\sigma_{\min}}{2} \tag{5-6}$$

即切应力极值等于两个主应力之差的一半。

对比式（5-2）和式（5-4），可见

$$\tan 2\alpha_1=-\frac{1}{\tan 2\alpha_0}=\cot(-2\alpha_0)=\tan\left(\frac{\pi}{2}+2\alpha_0\right)$$

即

$$\alpha_1=\frac{\pi}{4}+\alpha_0$$

可见，切应力极值平面方位与主平面方位间相差 45°。

例 5-1 单元体如图 5-4（a）所示。试求：(1) 指定截面上的正应力和切应力；(2) 主应力及主平面的方位；(3) 最大切应力及其所在方位（应力单位为 MPa）。

解：

(1) 已知单元体上正应力及切应力：

$$\sigma_x=-20 \text{ MPa}, \quad \sigma_y=30 \text{ MPa}, \quad \tau_x=20 \text{ MPa}, \quad \alpha=30° \text{ MPa}$$

代入斜截面应力计算公式（5-1），得

$$\sigma_{30°}=\frac{-20+30}{2}+\frac{-20-30}{2}\cos 60°-20\sin 60°=-24.8 \text{ MPa}$$

$$\tau_{30°}=\frac{-20-30}{2}\sin 60°+20\cos 60°=-11.7 \text{ MPa}$$

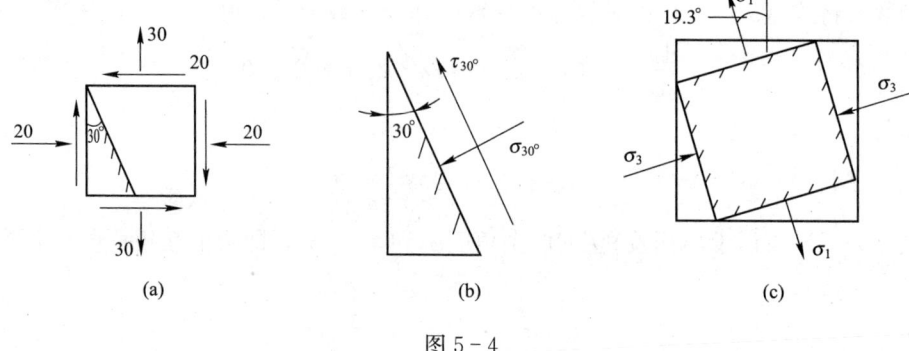

图 5-4

如图 5-4 (b) 所示。

(2) 由公式 (5-3) 得主应力大小

$$\left.\begin{array}{c}\sigma_{max}\\ \sigma_{min}\end{array}\right\} = \frac{-20+30}{2} \pm \sqrt{\left(\frac{-20-30}{2}\right)^2 + 20^2} = \begin{array}{c}37\text{ MPa}\\ -27\text{ MPa}\end{array}$$

由上述计算结果，按代数值大小确定三个主应力分别为

$$\sigma_1 = 37\text{ MPa}, \quad \sigma_2 = 0, \quad \sigma_3 = -27\text{ MPa}$$

由公式 (5-2) 求得主平面方位角为

$$\tan 2\alpha_0 = -\frac{2 \times 20}{-20-30} = 0.8$$

则

$$\alpha_0 = 19.3° \text{ 或 } 109.3°$$

如图 5-4 (c) 所示。

(3) 由式 (5-5) 可得切应力的极值

$$\left.\begin{array}{c}\tau_{max}\\ \tau_{min}\end{array}\right\} = \pm \sqrt{\left(\frac{-20-30}{2}\right)^2 + 20^2} = \pm 32\text{ MPa}$$

由式 (5-4) 可得切应力的极值平面方位角

$$\tan 2\alpha_1 = \frac{-20-30}{2 \times 20} = -1.25$$

则

$$\alpha_1 = 25.7° \text{ 或 } 115.7°$$

例 5-2 矩形截面简支梁如图 5-5 (a) 所示，在跨中作用有集中力 $F_P = 100\text{ kN}$。若 $L = 2\text{ m}$，$b = 200\text{ mm}$，$h = 600\text{ mm}$（已知 C 点横截面上切应力为 0.469 MPa），试求距离左支座 $L/4$ 处截面上 C 点在 $40°$ 斜截面上的应力。

解： (1) 选取初始单元体。

C 点横截面的弯矩为

$$M_C = \frac{F_P}{2} \times \frac{L}{4} = 25\text{ kN·m}$$

截面上 C 点由弯矩引起的正应力为

$$\sigma_C = \frac{M_C \cdot y}{I_z} = \frac{25 \times 10^3 \times 150 \times 10^{-3} \times 12}{200 \times 600^3 \times 10^{-12}} \times 10^{-6} = 1.04\text{ MPa}$$

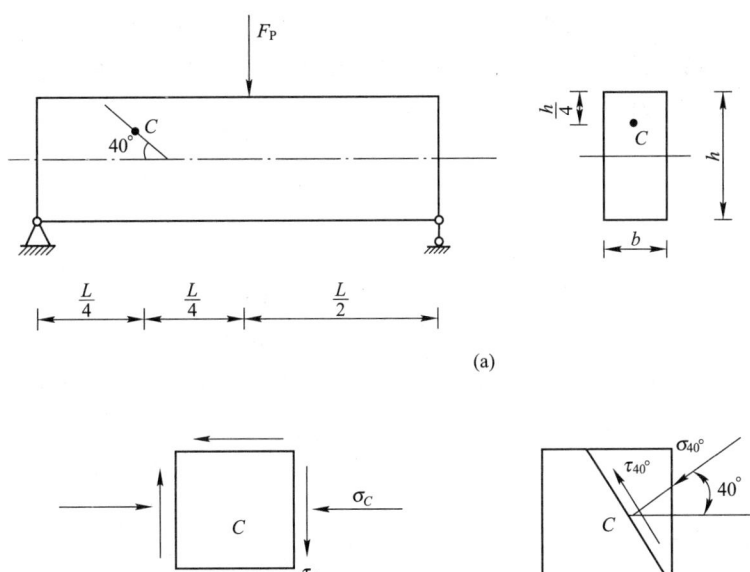

图 5-5

围绕 C 点，用一对横截面及与之垂直的一对水平面和一对铅垂面，切取 C 点初始单元体如图 5-5（b）所示。由上述计算结果得

$$\sigma_x = -\sigma_C = -1.04 \text{ MPa}, \quad \sigma_y = 0, \quad \tau_x = \tau_C = 0.469 \text{ MPa}$$

（2）计算指定斜截面上的应力。

对于图 5-5（b）所示的单元体，由式（5-1）可得

$$\sigma_{40°} = \frac{\sigma_x + \sigma_y}{2} + \frac{\sigma_x - \sigma_y}{2}\cos 80° - \tau_x \sin 80°$$

$$= \frac{-1.04}{2} + \frac{-1.04}{2}\cos 80° - 0.469\sin 80°$$

$$= -1.07 \text{ MPa}$$

$$\tau_{40°} = \frac{\sigma_x - \sigma_y}{2}\sin 80° + \tau_x \cos 80° = -0.431 \text{ MPa}$$

斜截面上的正应力、切应力如图 5-5（c）所示。

例 5-3 讨论轴向拉伸杆件最大切应力的作用平面，并分析低碳钢拉伸时的屈服破坏现象。

解： 杆件承受轴向拉伸变形时，其上任意一点都是单向应力状态，如图 5-6 所示。

此时，$\sigma_y = 0$，$\tau_x = 0$。根据式（5-1），任意斜截面上的正应力和切应力分别为

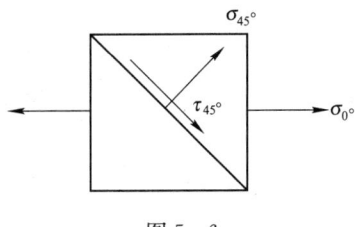

图 5-6

$$\left.\begin{array}{l}\sigma_\alpha = \dfrac{\sigma_x}{2} + \dfrac{\sigma_x}{2}\cos 2\alpha \\[2mm] \tau_\alpha = \dfrac{\sigma_x}{2}\sin 2\alpha\end{array}\right\} \quad (1)$$

从式（1）中第一式可知，最大正应力出现在$\alpha=0°$的截面上，即拉杆的横截面上，其值为σ_x；从式（1）中第二式可得，最大切应力出现在$\alpha=45°$的斜截面上，该截面上既有正应力又有切应力，其值分别为

$$\sigma_{45°}=\frac{\sigma_x}{2} \qquad \tau_{45°}=\frac{\sigma_x}{2} \tag{2}$$

由此可见，该点的各个方位面中，45°斜截面上的正应力不是最大值，而切应力却是最大值。这表明，轴向拉伸时最大切应力发生在与轴线夹角为45°的斜截面上，这正是低碳钢试样拉伸至屈服时表面出现滑移线的方向。因此可认为，材料屈服是由最大切应力引起的。

例 5-4 图 5-7 所示圆截面杆，已知$d=100$ mm，$E=200$ GPa，$\nu=0.3$，$\varepsilon_{0°}=500\times10^{-6}$，$\varepsilon_{45°}=400\times10^{-6}$，求$F$、$M$。

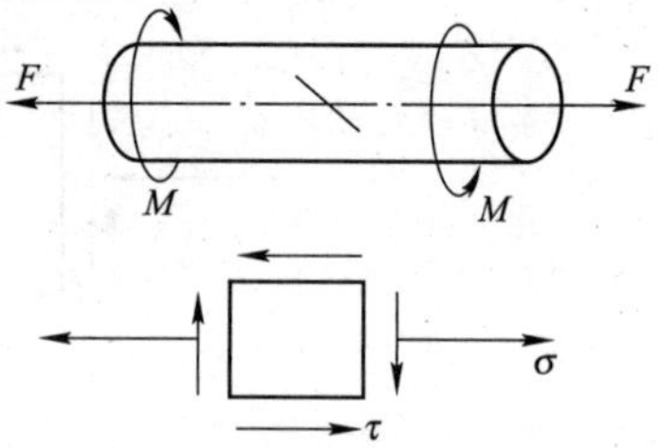

图 5-7

解：测试点为平面应力状态，由题意（自由表面上）可得

$$\sigma=\frac{F}{A},\quad \tau=\frac{M}{W_P}$$

$$\varepsilon_0=\frac{\sigma}{E}$$

$$F=EA\varepsilon_0=785\ \text{kN}$$

$$\begin{aligned}\varepsilon_{45°}&=\frac{\sigma_{45°}}{E}-\frac{\nu\sigma_{-45°}}{E}\\&=\frac{1}{E}\left[\left(\frac{\sigma}{2}+\tau\right)-\nu\left(\frac{\sigma}{2}-\tau\right)\right]\\&=\frac{1}{E}\left[\frac{1-\nu}{2}\sigma+(1+\nu)\tau\right]\\&=\frac{1}{E}\left[\frac{E\ (1-\nu)}{2}\varepsilon_0+\frac{M}{W_P}\ (1+\nu)\right]\end{aligned}$$

则

$$M=6.79\ \text{kN}\cdot\text{m}$$

5.3 广义胡克定律

对于各向同性材料，沿各方向的材料常数均相同，在线弹性范围、小变形条件下，沿坐标轴方向，正应力只引起线应变，而切应力只引起同一平面内的切应变。

如图 5-8（a）所示，如果单元体上只有σ_x作用（即单向应力状态），可以引起x、y、z三个方向的线应变分别为

$$\varepsilon_x=\frac{\sigma_x}{E},\quad \varepsilon_y=\varepsilon_z=-\nu\frac{\sigma_x}{E} \tag{a}$$

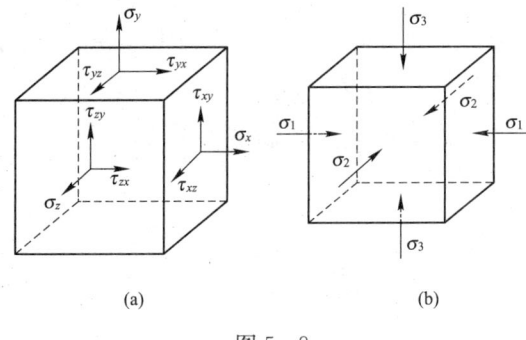

图 5-8

其中，ν 为材料的泊松比。

同理，单元体仅在 σ_y 或 σ_z 作用下的单向应力状态，同样会引起 x、y、z 三个方向的线应变，即

$$\varepsilon_y = \frac{\sigma_y}{E}, \quad \varepsilon_x = \varepsilon_z = -\nu \frac{\sigma_y}{E} \tag{b}$$

$$\varepsilon_z = \frac{\sigma_z}{E}, \quad \varepsilon_x = \varepsilon_y = -\nu \frac{\sigma_z}{E} \tag{c}$$

应用叠加原理，将式（a）、（b）、（c）中同方向的线应变公式右侧的量相叠加，可以得到在 σ_x、σ_y 和 σ_z 共同作用下，即复杂应力状态下的应力—应变关系为

$$\left. \begin{aligned} \varepsilon_x &= \frac{1}{E}[\sigma_x - \nu(\sigma_y + \sigma_z)] \\ \varepsilon_y &= \frac{1}{E}[\sigma_y - \nu(\sigma_x + \sigma_z)] \\ \varepsilon_z &= \frac{1}{E}[\sigma_z - \nu(\sigma_x + \sigma_y)] \end{aligned} \right\} \tag{5-7}$$

至于切应力，也可利用叠加原理和纯剪切胡克定律，求得

$$\left. \begin{aligned} \gamma_{xy} &= \frac{\tau_{xy}}{G} \\ \gamma_{yz} &= \frac{\tau_{yz}}{G} \\ \gamma_{zx} &= \frac{\tau_{zx}}{G} \end{aligned} \right\} \tag{5-8}$$

式（5-7）和式（5-8）称为复杂应力状态下的广义胡克定律。

① 在平面应力状态下，若应力 σ_z 为零，则广义胡克定律如下：

$$\left. \begin{aligned} \varepsilon_x &= \frac{1}{E}(\sigma_x - \nu\sigma_y) \\ \varepsilon_y &= \frac{1}{E}(\sigma_y - \nu\sigma_x) \\ \varepsilon_z &= -\frac{\nu}{E}(\sigma_x + \sigma_y) \\ \gamma_{xy} &= \frac{\tau_{xy}}{G} \end{aligned} \right\}$$

② 对于主单元体，其表面只有三个主应力 σ_1、σ_2、σ_3，如图 5-8（b）所示，则沿主应力方向只有线应变，这种沿主应力方向的线应变称为主应变，分别记为 ε_1、ε_2、ε_3。此时，广义胡克定律可用主应力和主应变表示为

$$\left.\begin{aligned}\varepsilon_1&=\frac{1}{E}[\sigma_1-\nu(\sigma_2+\sigma_3)]\\ \varepsilon_2&=\frac{1}{E}[\sigma_2-\nu(\sigma_1+\sigma_3)]\\ \varepsilon_3&=\frac{1}{E}[\sigma_3-\nu(\sigma_1+\sigma_2)]\end{aligned}\right\} \quad (5-9)$$

在 $\sigma_1 \geqslant \sigma_2 \geqslant \sigma_3$ 的前提下，可以得到 $\varepsilon_1 \geqslant \varepsilon_2 \geqslant \varepsilon_3$。

对于同一种各向同性材料，广义胡克定律中的三个弹性常数并不完全独立，它们之间存在下列关系：

$$G = \frac{E}{2(1+\nu)} \quad (5-10)$$

例 5-5 如图 5-9 所示，刚性块 $D=5.001$ cm 的凹座，内放 $d=5$ cm 的圆柱体，$F=300$ kN，$E=200$ GPa，$\nu=0.3$，无摩擦，求圆柱体的主应力。

解：
$$\sigma_3 = -\frac{F}{A} = -\frac{300 \times 10^3}{\pi \times 50^2 / 4} = -153 \text{ MPa}$$

设圆柱体胀满凹座
$$\varepsilon_2 = (5.001-5)/5 = 0.0002$$

由对称性，可设
$$\sigma_1 = \sigma_2 = -q$$

由广义胡克定律
$$\varepsilon_2 = \frac{1}{E}[\sigma_2 - \mu(\sigma_1+\sigma_3)]$$

得
$$\sigma_1 = \sigma_2 = -8.43 \text{ MPa}$$
$$\sigma_3 = -153 \text{ MPa}$$

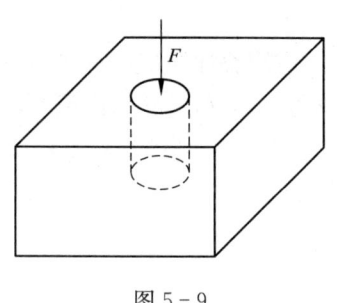

图 5-9

思考： 如果 σ_1 和 σ_2 计算结果为正，该怎样处理？

5.4 复杂应力状态下的应变能密度

如图 5-10（a）所示的三向应力状态的主单元体，其主应力和主应变分别表示为 σ_1、σ_2、σ_3 和 ε_1、ε_2、ε_3。假设应力和应变都同时自零开始逐渐增加至终值。

根据能量守恒原理，材料在弹性范围内工作时，单元体三对面上的力（其值为应力与面积之乘积）在各自对应应变所产生的位移上所作之功，全部转变为一种能量，贮存于单元体内。这种能量称为**应变能**，用 V_ε 表示。若 dV 表示单元体的体积，则定义 $V_\varepsilon/\mathrm{d}V$ 为**应变能密度**，用 v_ε 表示。

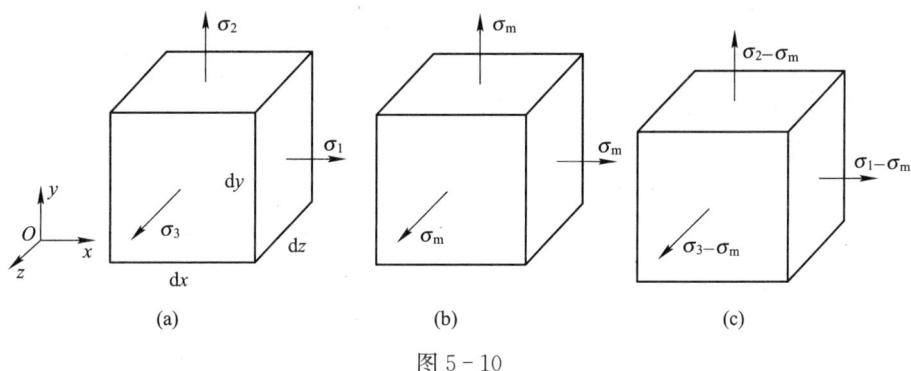

图 5-10

设单元体的三对边长分别为 dx、dy、dz，则作用在单元体三对面上的力分别为 $\sigma_1 dydz$、$\sigma_2 dxdz$、$\sigma_3 dxdy$，与这些力对应的位移分别为 $\varepsilon_1 dx$、$\varepsilon_2 dy$、$\varepsilon_3 dz$。这些力在各自位移上所作功之和为

$$dW = \frac{1}{2}(\sigma_1\varepsilon_1 + \sigma_2\varepsilon_2 + \sigma_3\varepsilon_3)dxdydz$$

贮存于单元体内的应变能为

$$V_\varepsilon = dW = \frac{1}{2}(\sigma_1\varepsilon_1 + \sigma_2\varepsilon_2 + \sigma_3\varepsilon_3)dV$$

根据应变能密度的定义，并应用广义胡克定律公式得到三向应力状态下总应变能密度表达式：

$$v_\varepsilon = \frac{1}{2E}[\sigma_1^2 + \sigma_2^2 + \sigma_3^2 - 2\nu(\sigma_1\sigma_2 + \sigma_2\sigma_3 + \sigma_3\sigma_1)]$$

一般情形下，物体变形时包含了体积的改变与形状的改变。因此，总应变能密度包含相互独立的两种应变能密度。即

$$v_\varepsilon = v_V + v_d$$

式中 v_V 和 v_d 分别称为**体积改变能密度和畸变能密度**。

将图 5-10（a）所示的用主应力表示的三向应力状态，分解为图 5-10（b）、（c）所示两种应力状态的叠加。其中，σ_m 称为**平均应力**，它的数值为

$$\sigma_m = \frac{1}{3}(\sigma_1 + \sigma_2 + \sigma_3)$$

对于图 5-10（b）中的单元体，其体积改变能密度为

$$v_V = \frac{3(1-2\nu)}{2E}\sigma_m^2 = \frac{1-2\nu}{6E}(\sigma_1 + \sigma_2 + \sigma_3)^2$$

单元体的畸变能密度

$$v_d = \frac{1+\nu}{6E}[(\sigma_1 - \sigma_2)^2 + (\sigma_2 - \sigma_3)^2 + (\sigma_3 - \sigma_1)^2]$$

5.5 四大强度理论

构件在轴向拉压和纯弯曲时危险点都处于单向应力状态，通过单向拉压试验测得材料破

坏时的许用应力即可建立强度条件；构件扭转时危险点处于纯剪应力状态，通过扭转试验测得材料破坏时的许用切应力即可建立扭转的强度条件。可见，在单向应力状态和纯剪应力状态下，失效状态或强度条件都是以试验为基础的。

如果某点处的应力状态较为复杂，而应力的组合方式有无限多种可能性，就不可能用直接试验的方法确定失效时的极限应力。因而，必须研究在各种不同的复杂应力状态下断裂或屈服的共同规律，假定失效的共同原因，从而利用单向拉伸的试验结果，建立复杂受力时的强度条件。

大量的关于材料失效的试验结果以及工程构件强度失效的实例表明，复杂应力状态虽然各种各样，但是材料在各种复杂应力状态下的强度失效形式大致分为两种：一种是脆性断裂，另一种是塑性屈服，统称为**强度失效**。

对于同一种失效形式，有可能在引起失效的原因中包含着共同的因素。建立复杂应力状态下的强度失效准则，就是提出关于材料在不同应力状态下失效共同原因的各种假说。根据这些假说，就有可能利用单向拉伸的试验结果，建立材料在复杂应力状态下的失效准则。应用失效准则，可以预测材料在复杂应力状态下，何时发生失效，以及如何保证不发生失效，进而建立复杂应力状态下的强度理论。

强度理论既然是推测强度失效原因的一种假说，它是否正确，适用于什么情况，必须由生产实践来检验。通常情况是适用于某种材料的强度理论，并不适用于另一种材料；在某种条件下适用的理论，却又不适用于另一种条件。

下面将通过对断裂和屈服原因的假说，直接应用单向拉伸的试验结果，建立材料在各种应力状态下的断裂与屈服的强度理论。强度理论分为两类：一类是解释断裂失效的，有最大拉应力理论和最大线应变理论；另一类是解释屈服失效的，有最大切应力理论和畸变能密度理论。

1. **最大拉应力理论（第一强度理论）**

最大拉应力理论又称为第一强度理论，假设最大拉应力是引起材料断裂的主要因素。即认为无论单元体处于什么应力状态，只要最大拉应力 σ_1 达到某一极限值，则材料就发生脆性断裂。在单向拉伸应力状态下，只有 σ_1（$\sigma_2=\sigma_3=0$），而当 σ_1 达到强度极限 σ_b 时发生断裂。这时上面所指的极限值就是强度极限 σ_b，于是得断裂准则为

$$\sigma_1 = \sigma_b \tag{a}$$

将 σ_b 除以安全系数 n_b，即得第一强度理论的强度条件为

$$\sigma_1 \leqslant \frac{\sigma_b}{n_b} = [\sigma]$$

这一理论能较好地解释铸铁、玻璃、石膏、砖石等脆性材料的破坏现象，与试验结果吻合得较好。但没有考虑另外两个主应力的影响，且对没有拉应力的状态（如单向压缩、三向压缩等）无法使用，对塑性材料的屈服失效也无法解释。

2. **最大线应变理论（第二强度理论）**

最大线应变理论又称为第二强度理论，假设最大线应变是引起材料脆性断裂的主要因素。即认为无论单元体处于什么应力状态，只要最大线应变 ε_1 达到某一极限值，材料即发生脆性断裂。假设仍可用胡克定律计算应变，则这个极限值 $\varepsilon_u = \sigma_b/E$。故根据第二强度理

论，材料断裂的条件是

$$\varepsilon_1 = \sigma_b/E \tag{b}$$

由广义胡克定律知

$$\varepsilon_1 = \frac{1}{E}[\sigma_1 - \nu(\sigma_2 + \sigma_3)]$$

代入式（b）得断裂准则为

$$\sigma_1 - \nu(\sigma_2 + \sigma_3) = \sigma_b \tag{c}$$

将 σ_b 除以安全系数 n_b，即得第二强度理论的强度条件为

$$\sigma_1 - \nu(\sigma_2 + \sigma_3) \leqslant [\sigma] = \frac{\sigma_b}{n_b}$$

这一理论能较好地解释石料、混凝土等脆性材料受轴向压缩时沿纵向截面开裂的现象，铸铁受拉、压二向应力且压应力较大时，试验结果也与这一理论接近。这一理论考虑了其余两个主应力 σ_2 和 σ_3 对材料强度的影响，在形式上较最大拉应力理论更为完善。但不一定总是合理的，如在二轴或三轴受拉的情况下，按这一理论应该比单轴受拉时不易断裂，显然与实际情况并不相符。一般而言，最大拉应力理论适用于脆性材料以拉应力为主的情况，而最大线应变理论适用于压应力为主的情况。

3. 最大切应力理论（第三强度理论）

最大切应力理论又称为第三强度理论，假设最大切应力是引起材料塑性屈服的主要因素。即认为无论材料处于什么应力状态，只要最大切应力 τ_{max} 达到某一极限值 τ_u，材料即发生塑性屈服。在单向拉伸应力状态下，轴向拉伸试验件发生屈服时，横截面上的正应力达到屈服强度，即 $\sigma = \sigma_s$，此时最大切应力为

$$\tau_{max} = \frac{\sigma_1 - \sigma_3}{2} = \frac{\sigma}{2} = \frac{\sigma_s}{2} \tag{d}$$

所以材料发生塑性屈服的条件是 $\tau_{max} = \tau_u = \sigma_s/2$。复杂应力状态下最大切应力为

$$\tau_{max} = \frac{\sigma_1 - \sigma_3}{2}$$

将上式代入式（d）得用主应力表示的屈服准则

$$\sigma_1 - \sigma_3 = \sigma_s \tag{e}$$

将 σ_s 除以安全系数 n_s，即得第三强度理论的强度条件为

$$\sigma_1 - \sigma_3 \leqslant [\sigma] = \frac{\sigma_s}{n_s}$$

最大切应力理论最早由法国科学家库仑（Coulomb）提出，是关于剪断的强度理论，并应用于建立土的破坏条件；1864 年特雷斯卡（Tresca）通过挤压试验研究屈服现象和屈服准则，将剪断准则发展为屈服准则，因而最大切应力理论又称为特雷斯卡准则。试验结果表明，最大切应力理论较圆满地解释了塑性材料的屈服现象，与许多塑性材料在大多数受力情况下发生屈服的试验结果相符合，也能说明某些脆性材料的剪切断裂现象。但它没有考虑主应力 σ_2 的影响，在二向应力状态下，与试验结果相比较，理论计算偏于安全。这一理论形式简单，所以得到了广泛应用。

4. 畸变能密度理论（第四强度理论）

畸变能密度理论又称为第四强度理论，假设畸变能密度是引起材料塑性屈服的主要因

素。即认为无论材料处于什么应力状态，只要畸变能密度 v_d 达到了某一极限值 v_d^0，材料就发生屈服（或剪断）。在单向拉伸应力状态下，拉伸试验至材料屈服时，$\sigma_1=\sigma_s$、$\sigma_2=\sigma_3=0$，此时的畸变能密度就是所有应力状态发生屈服时的极限值 v_{du}

$$v_{du}=\frac{1+\nu}{6E}[(\sigma_1-\sigma_2)^2+(\sigma_2-\sigma_3)^2+(\sigma_3-\sigma_1)^2]=\frac{1+\nu}{3E}\sigma_s^2 \tag{f}$$

同时，对于主应力为 σ_1、σ_2、σ_3 的复杂应力状态，其畸变能密度为

$$v_d=\frac{1+\nu}{6E}[(\sigma_1-\sigma_2)^2+(\sigma_2-\sigma_3)^2+(\sigma_3-\sigma_1)^2]$$

上式代入式（f）得用主应力表示的屈服条件为

$$\sqrt{\frac{1}{2}[(\sigma_1-\sigma_2)^2+(\sigma_2-\sigma_3)^2+(\sigma_3-\sigma_1)^2]}=\sigma_s \tag{g}$$

将 σ_s 除以安全系数 n_s，即得第四强度理论的强度条件为

$$\sqrt{\frac{1}{2}[(\sigma_1-\sigma_2)^2+(\sigma_2-\sigma_3)^2+(\sigma_3-\sigma_1)^2]}\leqslant[\sigma]=\frac{\sigma_s}{n_s}$$

畸变能密度理论由米泽斯（R. von Mises）于 1913 年从修正最大切应力准则出发提出的。1924 年德国的亨奇（H. Hencky）从畸变能密度出发对这一准则作了解释，从而形成了畸变能密度理论，因此，这一理论又称为米泽斯准则。

1926 年，德国的洛德（Lode W.）通过薄壁圆管同时承受轴向拉伸与内压力时的屈服试验，来验证第四强度理论。他发现对于碳素钢和合金钢等韧性材料，这一理论与试验结果吻合得相当好。其他大量的试验结果还表明，第四强度理论能够很好地描述铜、镍、铝等大量工程韧性材料的屈服状态。

按四个强度理论所建立的强度条件可统一写作

$$\sigma_r\leqslant[\sigma]$$

式中，σ_r 是根据不同强度理论所得到的构件危险点处的三个主应力的某些组合，称为相当应力。按照从第一强度理论到第四强度理论的顺序，相当应力分别为

$$\left.\begin{aligned}\sigma_{r1}&=\sigma_1\\ \sigma_{r2}&=\sigma_1-\nu(\sigma_2+\sigma_3)\\ \sigma_{r3}&=\sigma_1-\sigma_3\\ \sigma_{r4}&=\sqrt{\frac{1}{2}[(\sigma_1-\sigma_2)^2+(\sigma_2-\sigma_3)^2+(\sigma_3-\sigma_1)^2]}\end{aligned}\right\} \tag{5-11}$$

应该指出，按某一强度理论的相当应力，对于危险点处于复杂应力状态的构件进行强度校核时，一方面要保证所用强度理论与这种应力状态下发生的破坏形式相对应，另一方面要求确定许用应力 $[\sigma]$ 时，也必须是相应于该破坏形式的极限应力。

经试验证明，四大强度理论的应用范围如下：

① 仅适用于常温、静载条件下的均匀、连续、各向同性的材料；

② 不论是塑性材料还是脆性材料，在三向拉应力状态都发生脆性断裂，宜采用第一强度理论；

③ 对于脆性材料，在二向拉应力状态下宜采用第一强度理论；

④ 对塑性材料，除三向拉应力状态外都会发生屈服，宜采用第三或第四强度理论；

⑤ 脆性材料在三向压应力状态发生屈服失效，这四个强度理论不适用。

在不同的工作条件下（应力状态、温度、加载速度等），同一材料可能由塑性状态转入脆性状态，例如低碳钢三向等拉；也可能由脆性状态转入塑性状态，例如深海岩石的变形。

例 5-6 已知铸铁构件上危险点处的应力状态如图 5-11 所示。若铸铁拉伸许用应力为 $[\sigma]^+ = 30$ MPa，试校核该点处的强度是否安全。

解：(1) 求解该点的主应力。

对于图示的平面应力状态，可以算得非零主应力为

$$\begin{matrix} \sigma_{\max} \\ \sigma_{\min} \end{matrix} = \frac{\sigma_x + \sigma_y}{2} \pm \frac{1}{2}\sqrt{(\sigma_x - \sigma_y)^2 + 4\tau_x^2}$$

$$= \left[\frac{10+23}{2} \pm \frac{1}{2}\sqrt{(10-23)^2 + 4\times(-11)^2}\right] = \begin{matrix} 29.28 \text{ MPa} \\ 3.72 \text{ MPa} \end{matrix}$$

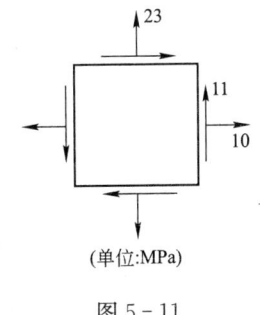

图 5-11

故三个主应力分别为

$$\sigma_1 = 29.28 \text{ MPa}, \quad \sigma_2 = 3.72 \text{ MPa}, \quad \sigma_3 = 0$$

(2) 选择强度理论进行强度校核。

根据给定的应力状态，在单元体各个面上只有拉应力而无压应力。因此，可以认为铸铁在这种应力状态下可能发生脆性断裂，故采用第一强度理论，即

$$\sigma_1 \leqslant [\sigma]^+$$

显然，

$$\sigma_1 = 29.28 \text{ MPa} < [\sigma]^+ = 30 \text{ MPa}$$

故此危险点是安全的。

例 5-7 某结构上危险点处的应力状态如图 5-12 所示，其中 σ、τ 均已知，材料为钢材，许用应力为 $[\sigma]$。试写出第三和第四强度理论的表达式。

解：图示为一平面应力状态，其非零的主应力为

$$\begin{matrix}\sigma_{\max} \\ \sigma_{\min}\end{matrix} = \frac{\sigma}{2} \pm \frac{1}{2}\sqrt{\sigma^2 + 4\tau^2}$$

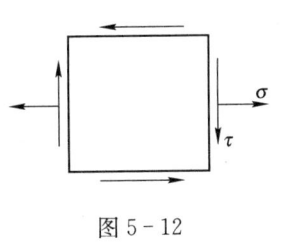

图 5-12

因为有一个主应力为零，故有

$$\left.\begin{matrix} \sigma_1 = \dfrac{\sigma}{2} + \dfrac{1}{2}\sqrt{\sigma^2 + 4\tau^2} \\ \sigma_2 = 0 \\ \sigma_3 = \dfrac{\sigma}{2} - \dfrac{1}{2}\sqrt{\sigma^2 + 4\tau^2} \end{matrix}\right\}$$

钢材在此应力状态下可能发生屈服，由第三或第四强度理论的强度条件得

$$\sigma_{r3} = \sqrt{\sigma^2 + 4\tau^2} \leqslant [\sigma]$$

$$\sigma_{r4} = \sqrt{\sigma^2 + 3\tau^2} \leqslant [\sigma]$$

5.6 薄壁容器的强度计算

图 5-13 所示的承受内压的薄壁容器是化工、热能、石油、航空等工业部门重要的零件或部件。当这类容器的壁厚 δ 远小于它的直径 D 时（$\delta < D/20$），称为薄壁容器。

图 5-13

圆柱形薄壁容器承受内压后，在横截面和纵截面上都将产生正应力。作用在横截面上的正应力沿着容器轴线方向，故称为**轴向应力**或**纵向应力**，用 σ_m 表示；作用在纵截面上的正应力沿着圆周的切线方向，故称为**周向应力**或**环向应力**，用 σ_t 表示。

若封闭的薄壁容器所受内压力为 p，如图 5-14（a）所示，用横截面将容器截开，取出截面右半侧为研究对象，其受力如图 5-14（b）所示，则沿容器轴线方向的总压力为 $p \times \dfrac{\pi D^2}{4}$。切开截面的形状为细圆环，其上的应力均匀分布，为 σ_m。

根据平衡方程

$$\sum F_x = 0, \quad -\sigma_m(\pi D \delta) + p \times \frac{\pi D^2}{4} = 0$$

得轴向应力为

$$\sigma_m = \frac{pD}{4\delta}$$

接下来分析环向应力。先用相距为 a 的两个横截面切取容器的圆柱筒身部分，然后用过直径的纵向平面切开柱筒，取出上半部分，分析受力，如图 5-14（c）所示。若容器纵向

截面上的应力为 σ_t,均匀分布在两个长为 a、宽为 δ 的矩形截面上,则内力为 $\sigma_t(a\times 2\delta)$。在这一部分容器内壁的微分面积 $a\cdot\dfrac{D}{2}\mathrm{d}\theta$ 上,压力为 $pa\cdot\dfrac{D}{2}\mathrm{d}\theta$,它在 y 轴上的投影为 $pa\cdot\dfrac{D}{2}\mathrm{d}\theta\cdot\sin\theta$。积分可求出上述投影的总和为

$$\int_0^\pi pa\cdot\frac{D}{2}\sin\theta\mathrm{d}\theta = paD$$

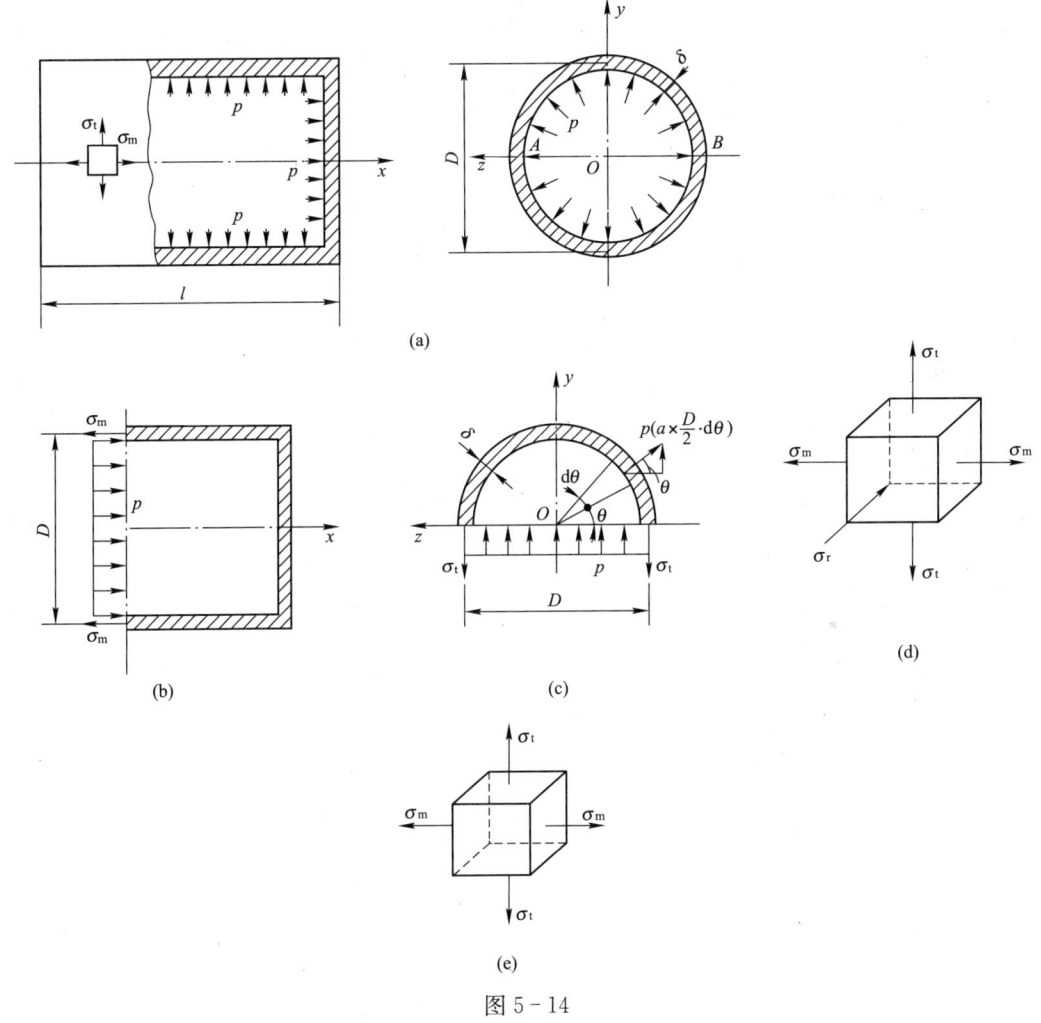

图 5-14

由平衡方程

$$\sum F_y = 0, \quad \sigma_t(a\times 2\delta) - paD = 0$$

得周向应力为

$$\sigma_t = \frac{pD}{2\delta}$$

容器内表面上任一点沿径向的正应力为

$$\sigma_r = -p$$

σ_r 称为径向应力,于是可得圆筒内表面上各点的应力分别为

$$\sigma_1 = \sigma_t = \frac{pD}{2\delta}, \quad \sigma_2 = \sigma_m = \frac{pD}{4\delta}, \quad \sigma_3 = \sigma_r = -p$$

危险点应力状态如图 5-14（d）所示。但是，对于薄壁容器，由于 $D/\delta \gg 1$，故 σ_r 与 σ_m 和 σ_t 相比甚小，而且 σ_r 自内向外沿壁厚方向逐渐减小，至外壁时变为零。因此，分析问题时往往忽略径向应力 σ_r，容器筒壁上各点均可视为二向应力状态，如图 5-14（e）所示。

例 5-8 为测量圆柱形薄壁容器所承受的内压力值，在容器表面用电阻应变片测得周向应变 $\varepsilon_t = 350 \times 10^{-6}$。若已知容器平均直径 $D = 500$ mm，壁厚 $\delta = 10$ mm，容器材料的 $E = 210$ GPa，$\nu = 0.25$。试计算容器所受的内压力 p。

解： 容器表面各点均承受二向拉伸应力状态，所测得的周向应变不仅与周向应力有关，而且与轴向应力有关。根据广义胡克定律，有

$$\varepsilon_t = \frac{\sigma_t}{E} - \nu \frac{\sigma_m}{E}$$

则

$$p = \frac{2E\delta\varepsilon_t}{D(1-0.5\nu)} = \left[\frac{2 \times 210 \times 10^9 \times 10 \times 10^{-3} \times 350 \times 10^{-6}}{500 \times 10^{-3} \times (1 - 0.5 \times 0.25)}\right] \times 10^{-6} = 3.36 \text{ MPa}$$

思 考 题

5-1 何谓单向应力状态和二向应力状态？圆轴受扭时，轴表面各点处于何种应力状态？梁受力弯曲时，梁顶面、梁底面及其他各点分别处于何种应力状态？

5-2 带尖角的轴向拉伸杆如图所示。试指出尖角点 A 的应力状态，并分析原因。

5-3 试用广义胡克定律证明弹性常数 E、G、ν 间的关系。

5-4 塑性材料制成的构件中，有图（a）和图（b）所示的两种应力状态。若两者的 σ 和 τ 数值分别相等，试用第四强度理论分析比较两者的危险程度。

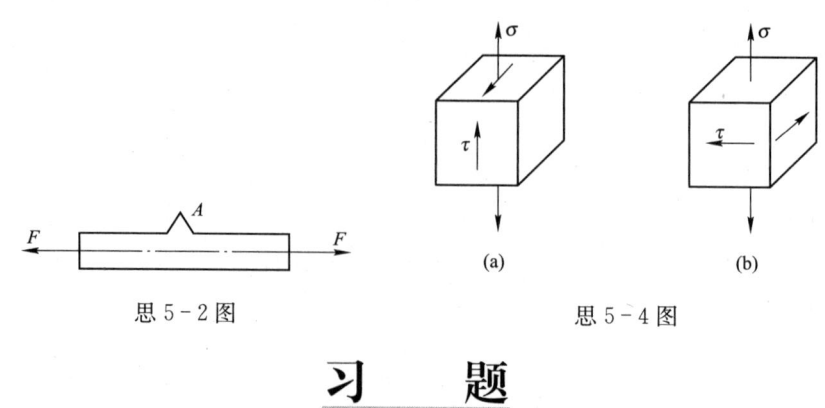

思 5-2 图   思 5-4 图

习 题

5-1 各构件受力和尺寸如图所示，试从 A 点取出单元体，并表示其应力状态。

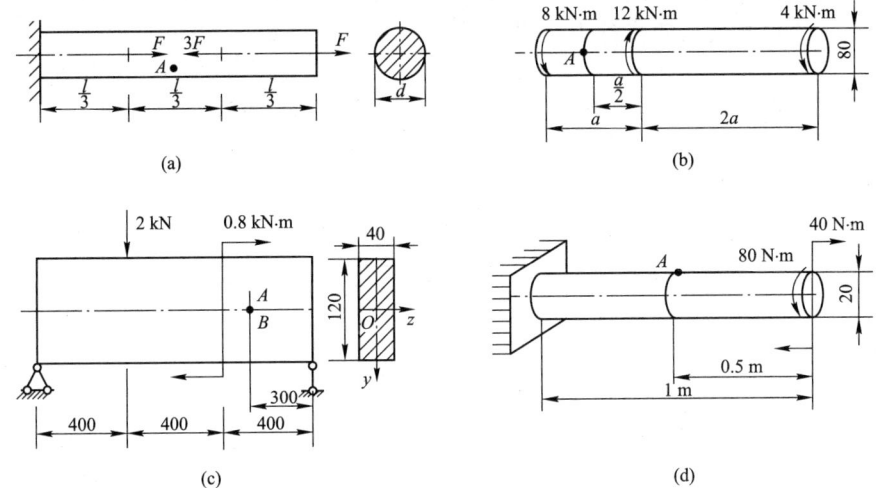

题 5-1 图

5-2 已知应力状态如图所示,求解:(1) $\sigma_{30°}$ 和 $\tau_{30°}$;(2) 主应力的大小及主平面的方位;(3) 最大切应力 (应力单位为 MPa)。

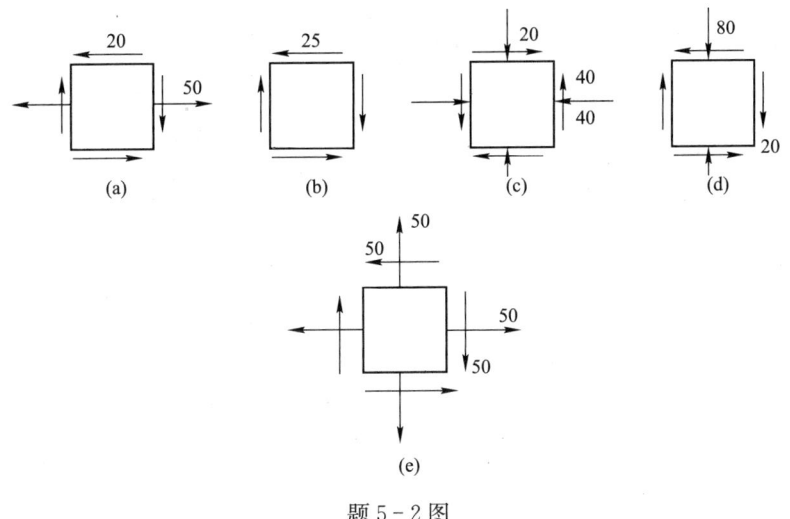

题 5-2 图

5-3 在图示应力状态中,求出指定斜截面上的应力,并表示在单元体上 (应力单位为 MPa)。

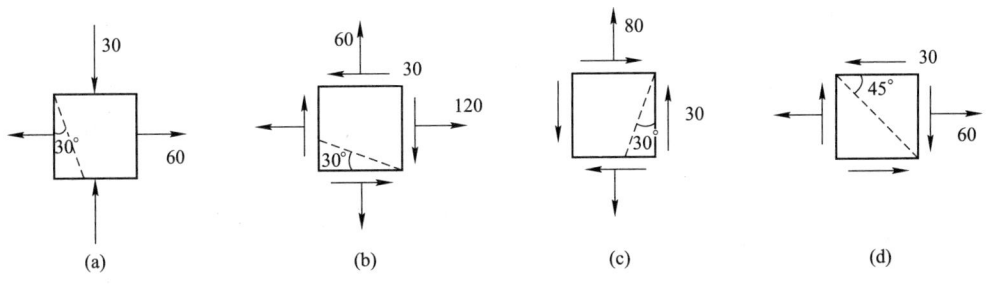

题 5-3 图

5-4 测得图示矩形截面梁表面 K 点处的线应变 $\varepsilon_{45°}=50\times10^{-6}$，已知材料 $E=200$ GPa，$\nu=0.25$，试求作用在梁上的载荷 P 的值。

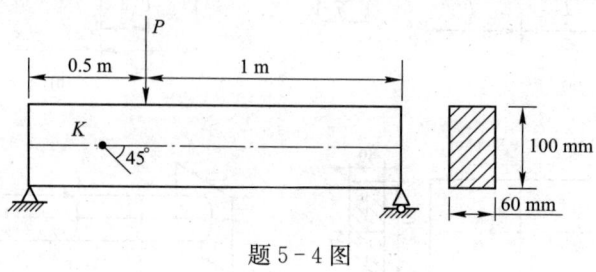

题 5-4 图

5-5 钢制圆柱体薄壁容器，直径为 800 mm，壁厚 $\delta=4$ mm，$[\sigma]=120$ MPa。试用强度理论确定可能承受的内压力 p。

第6章 组合变形及连接件的计算

【本章内容概要】

本章在研究杆件基本变形的基础上，讨论工程中常见的斜弯曲、偏心拉（压）、拉伸（压缩）与弯曲、弯曲与扭转等几种组合变形时的强度问题。在叠加原理的基础上分析了在组合变形情况下对危险截面和危险点的确定方法，进而给出了各种组合变形的强度条件。另外，介绍了连接件的简单实用计算。

【本章学习重点与难点】

1. 建立组合变形杆件强度计算的基本概念和方法，能正确分析和判定危险截面和危险点的位置，并能正确计算危险点应力分量。
2. 熟练掌握拉（压）弯组合变形杆件的应力分析和强度计算。
3. 熟练掌握弯扭组合变形时杆件的应力分析和强度计算。
4. 掌握剪切面和挤压面的判定方法，能综合应用剪切和挤压的强度条件进行连接件的实用计算。

前面几章分别讨论了杆件在拉伸（压缩）、剪切、扭转、弯曲基本变形时的强度和刚度计算。工程结构中的某些构件往往同时发生两种或两种以上的基本变形，若其中有一种变形是主要的，其余变形所引起的应力很小，则构件可按主要的基本变形计算。若几种变形所对应的应力（或变形）属于同一量级，则构件的变形称为组合变形。例如，图 6-1 所示为齿轮传动轴，它承受的是弯曲和扭转的组合变形。

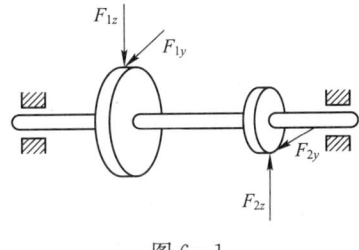

图 6-1

构件组合变形有多种形式，工程中常见的有拉（压）与弯曲的组合、斜弯曲及弯曲与扭转的组合。

对于发生组合变形的构件，在线弹性范围内、小变形条件下，各个基本变形引起的应力和变形，可以认为是各自独立互不影响的。因此，可先将载荷简化为符合基本变形外力作用条件的外力系，分别计算构件在每一种基本变形条件下的内力、应力和变形，然后运用叠加原理，综合考虑各基本变形的组合情况，以确定构件的危险截面、危险点的位置及危险点的应力状态，叠加得到组合变形下的应力和变形。

6.1 拉伸（压缩）与弯曲的组合

当杆件同时产生压缩和弯曲变形时，杆件的横截面上将同时产生轴力、弯矩和剪力。在梁的横截面上同时产生轴力和弯矩的情形下，根据轴力图和弯矩图，可以确定杆件的危险截面以及危险截面上的轴力 F_N 和弯矩 M_{max}。图 6-2（a）所示矩形截面悬臂梁，在 F_x、F_y 和固定端约束作用下产生拉伸与弯曲的组合变形。如图 6-2（b）所示，拉伸变形的轴力 F_N 引起的正应力 $\sigma_{(1)}$ 在整个横截面均匀分布；如图 6-2（c）所示，弯曲变形的弯矩 M_{max} 引起的正应力 $\sigma_{(2)}$ 沿横截面高度呈反对称线性分布。这两个基本变形应力分别为

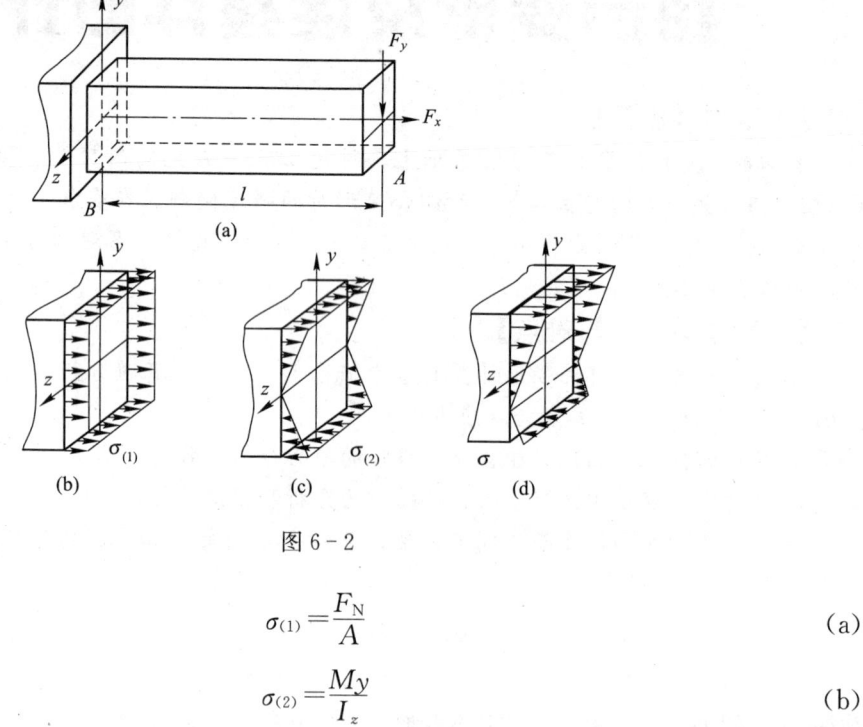

图 6-2

$$\sigma_{(1)} = \frac{F_N}{A} \tag{a}$$

$$\sigma_{(2)} = \frac{My}{I_z} \tag{b}$$

应用叠加法，将两种变形分别引起的同一点的正应力（式（a）、(b)）代数相加，叠加后的应力 σ 仍为线性分布，如图 6-2（d）所示，各点应力分别为

$$\sigma = \frac{F_N}{A} \pm \frac{My}{I_z}$$

需要注意的是，叠加后的零应力点（即截面中性轴的位置）不再通过截面形心，而是有偏心距；因此，上、下边缘到中性轴的距离不相等，中性轴两侧的拉、压应力分布不再像单纯的弯曲变形那样对称线性分布；最大拉应力和最大压应力仍在横截面的上、下边缘，但数值不等；叠加后危险点仍处于单向应力状态。

对于拉压强度相等的材料，强度条件为

$$\sigma_{max} \leqslant [\sigma]$$

对于拉压强度不相等的材料，设拉、压许用应力分别为 $[\sigma]^+$、$[\sigma]^-$，则强度条件为

$$\sigma_{max}^+ \leqslant [\sigma]^+, \quad \sigma_{max}^- \leqslant [\sigma]^-$$

例 6-1 三角形托架如图 6-3（a）所示，已知 $F_P = 8 \text{ kN}$，梁 AB 为 16 号工字钢，材料的许用应力 $[\sigma] = 100 \text{ MPa}$，试校核梁 AB 的强度。

解：（1）求解 CD 杆的内力。

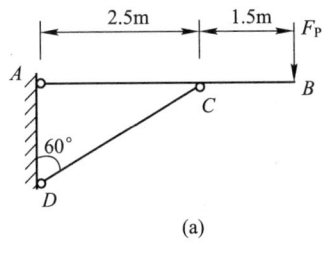
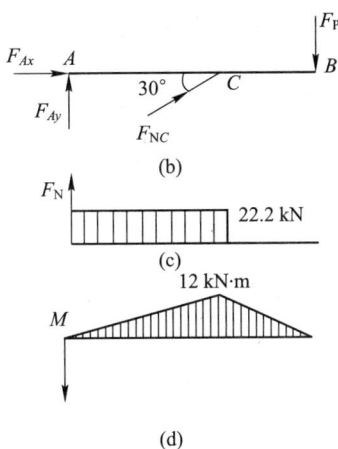

图 6-3

取梁 AB 为研究对象，梁 AB 受力如图 6-3(b) 所示，对 A 点取矩，由平衡方程

$$\sum M_A = 0, \quad F_{NC}\sin 30° \times 2.5 - F_P \times 4 = 0$$

得 CD 杆的内力为

$$F_{NC} = \frac{8 \times 4}{2.5 \times 0.5} = 25.6 \text{ kN}$$

(2) 确定梁 AB 的内力。

由受力分析知，梁 AB 的 AC 段为拉弯组合变形，CB 段为弯曲变形。画梁 AB 的轴力图和弯矩图如图 6-3(c)、(d) 所示。由图可知，C 点处的左侧截面为危险截面，有最大轴力和最大弯矩

$$F_{N,\max} = 22.2 \text{ kN}, \quad M_{\max} = 12 \text{ kN} \cdot \text{m}$$

(3) 分析梁 AB 的应力，确定危险点。

C 截面的上边缘为危险点，有最大拉应力

$$\sigma_{t,\max} = \frac{F_{N,\max}}{A} + \frac{M_{\max}}{W_z}$$

对于 16 号工字钢，查型钢表得：$A = 26.1 \text{ cm}^2$，$W_z = 141 \text{ cm}^3$。代入上式，得

$$\sigma_{t,\max} = \frac{22.2 \times 10^3}{26.1 \times 10^{-4}} + \frac{12 \times 10^3}{141 \times 10^{-6}} = 93.60 \times 10^6 \text{ Pa} = 93.60 \text{ MPa} < [\sigma]$$

所以 AB 梁安全。

6.2 偏心拉（压）

作用在杆上的外力，当其作用线与杆的轴线平行但不重合时，将引起**偏心拉伸**或**偏心压缩**，如图 6-4 所示。小型压力机的铸铁框架立柱为偏心拉伸（图 6-4(a)），厂房中支撑吊车梁的柱子为偏心压缩（图 6-4(b)）。

图 6-5（a）所示为一偏心压缩的立柱，横截面具有两个形心主惯性轴 y 轴和 z 轴，压力 F 的作用点的坐标为 y_F，z_F。把偏心压力 F 向立柱的轴线位置平移，得到沿轴线方向的压力 F 和力偶矩 Fe（图 6-5（b）），将 Fe 再分解为 xy 平面内的弯矩 M_z 及 xz 平面内的弯矩 M_y，且 $M_z=Fy_F$，$M_y=Fz_F$。立柱将产生压缩和弯曲的组合变形，且由立柱端面的受力分析得，立柱任意横截面上的内力和应力都是相同的。在任意横截面上选一坐标为 (y,z) 的点 B；在该截面上有轴力 $F_N=F$ 和两个弯矩 $M_z=Fy_F$、$M_y=Fz_F$，这些内力在点 B 处产生的正应力分别为

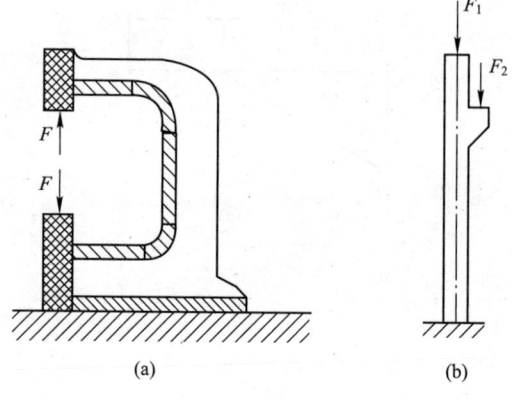

图 6-4

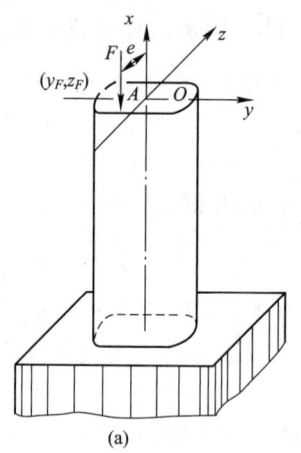

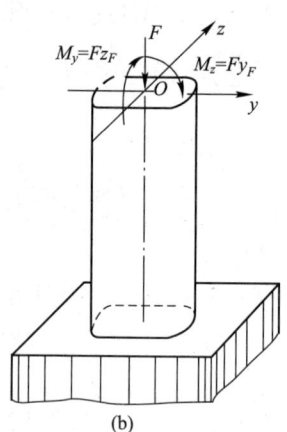

(a) (b)

图 6-5

$$\sigma_{(1)}=-\frac{F_N}{A}=-\frac{F}{A} \tag{a}$$

$$\sigma_{(2)}=\pm\frac{M_z \cdot y}{I_z}=\pm\frac{Fy_F y}{I_z} \tag{b}$$

$$\sigma_{(3)}=\pm\frac{M_y \cdot z}{I_y}=\pm\frac{Fz_F z}{I_y} \tag{c}$$

将 (a)、(b)、(c) 三式叠加，得点 B 处的应力为

$$\sigma_B=\sigma_{(1)}+\sigma_{(2)}+\sigma_{(3)}=-\frac{F}{A}\pm\frac{Fz_F z}{I_y}\pm\frac{Fy_F y}{I_z} \tag{d}$$

显然，当式 (d) 中的三个应力均为负值时，$|\sigma_B|$ 为最大，此时点 B 为压应力危险点，即

$$\sigma_B=-\left(\frac{F}{A}+\frac{Fz_F z}{I_y}+\frac{Fy_F y}{I_z}\right) \tag{e}$$

此时，危险点 $B(x,y)$ 与受力点 A 位于同一象限内。

式 (e) 中，I_y 和 I_z 分别为横截面对于 y 轴和 z 轴的惯性矩。

例6-2 如图6-6所示夹具,在夹紧零件时,受力 $F_P=2$ kN,已知螺钉轴线与夹具竖杆的中心线距离 $e=60$ mm,设夹具竖杆的横截面尺寸为 $b=10$ mm,$h=24$ mm,材料的 $[\sigma]=160$ MPa,试校核夹具竖杆的强度。

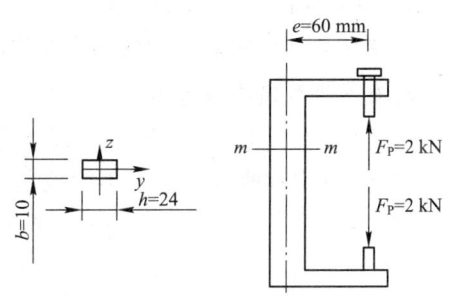

解:(1)确定竖杆的内力。

在 F_P 的作用下,竖杆产生偏心拉伸变形。任一横截面上轴力为 F_P,弯矩为 $M=F_P e$。

(2)确定危险截面和危险点,进行强度计算。

图6-6

竖杆各个截面上有相同的轴力和弯矩值,各截面左侧边缘上各点有最大压应力,右侧边缘上各点有最大拉应力,而且最大拉应力数值大于最大压应力数值,因此只需对其最大拉应力进行校核。

$$\sigma_{t,\max} = \frac{F_P}{A} + \frac{F_P e}{W_z} = \frac{2\times 10^3}{10\times 24\times 10^{-6}} + \frac{2\times 10^3\times 60\times 10^{-3}}{\frac{1}{6}\times 10\times 24^2\times 10^{-9}}$$

$$= 133.33\times 10^6 \text{ Pa} = 133.33 \text{ MPa} < [\sigma]$$

满足强度条件,故夹具竖杆安全。

例6-3 开口链环由直径 $d=12$ mm 的圆钢弯制而成,其形状如图6-7(a)所示。链环的受力及尺寸如图所示。试求:(1)链环直段部分横截面上的最大拉应力和最大压应力;(2)中性轴与截面形心之间的距离。

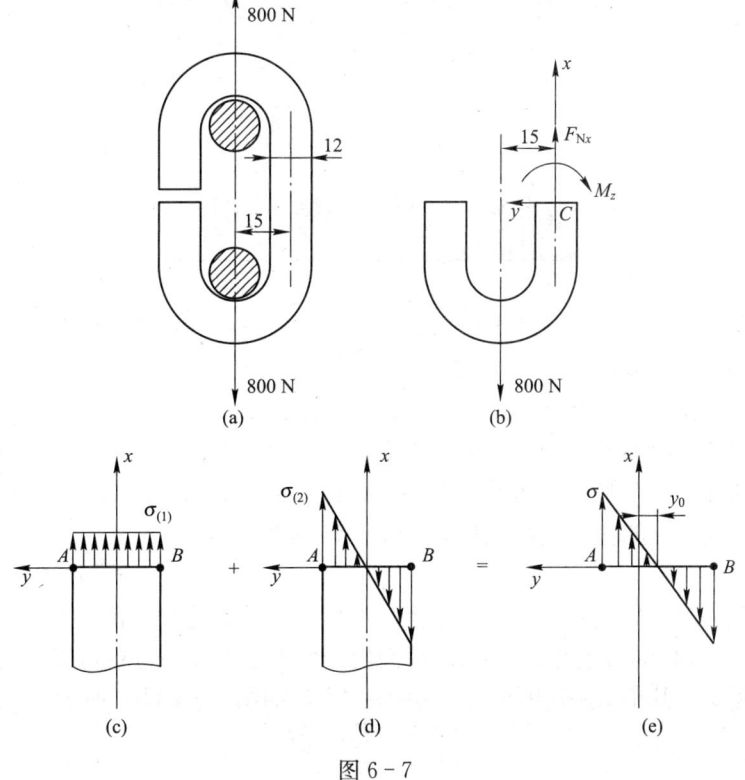

图6-7

解：(1) 确定直段部分横截面上的内力。

将链环从直段的某一横截面处截开，分析下半部分受力，如图 6-7 (b) 所示。根据平衡，截面上将作用有轴力 F_N 和弯矩 M。由平衡方程 $\sum F_x = 0$ 和 $\sum M_C = 0$，得
$$F_N = 800 \text{ N}, \quad M = 800 \times 15 \times 10^{-3} = 12 \text{ N} \cdot \text{m}$$

(2) 计算直段部分横截面上的最大拉、压应力。

轴力 F_N 在截面上引起均匀分布的正应力，如图 6-7 (c) 所示，其值为
$$\sigma_{(1)} = \frac{F_N}{A} = \frac{4 \times 800}{\pi \times 12^2} = 7.07 \text{ MPa}$$

弯矩 M 在截面上引起线性分布的正应力，如图 6-7 (d) 所示，最大拉、压应力分别发生在 A、B 两点，其绝对值为
$$\sigma_{(2)} = \frac{M_z}{W_z} = \frac{32 \times 12 \times 10^3}{\pi \times 12^3} = 70.74 \text{ MPa}$$

应用叠加原理，将上述两个应力分量叠加，即得到由载荷引起的链环直段横截面上的正应力分布，如图 6-7 (e) 所示。从图中可以看出，横截面上 A、B 二点处分别承受最大拉应力和最大压应力，其值分别为
$$\sigma_{\max}^+ = \sigma_{(1)} + \sigma_{(2)} = 7.07 + 70.74 = 77.81 \text{ MPa}$$
$$\sigma_{\max}^- = \sigma_{(1)} - \sigma_{(2)} = 7.07 - 70.74 = -63.67 \text{ MPa}$$

(3) 求解中性轴与形心之间的距离。

令 F_N 和 M 引起的正应力之和等于零，则有
$$\sigma = \frac{F_N}{A} + \frac{M y_0}{I_z} = 0$$

其中，y_0 为中性轴到形心的距离，如图 6-7 (e) 所示。由上式解出 y_0
$$|y_0| = \left| \frac{F_N I_z}{M A} \right| = \frac{800 \times \dfrac{\pi \times 12^4}{64}}{12 \times 10^3 \times \dfrac{\pi \times 12^2}{4}} = 0.6 \text{ mm}$$

6.3 斜 弯 曲

工程实际中，有时横向载荷并不作用在纵向对称面内，梁将会产生弯曲，但不是平面弯曲，这种弯曲称为**斜弯曲**，如图 6-8 所示。

对于斜弯曲，在小变形的条件下，可以将斜弯曲分解成两个纵向对称面内的平面弯曲，使之成为两个平面弯曲问题。分别计算两个平面弯曲的应力，然后将两个平面弯曲引起的同一点的应力代数值相加，即得到斜弯曲时的应力。

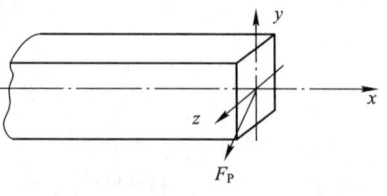

图 6-8

以矩形截面为例，如图 6-9 (a) 所示，在两个互相垂直的平面内分别作用水平力 F_{P1} 和铅垂力 F_{P2}，F_{P1} 和 F_{P2} 分别在 xz 和 xy 平面内产生平面弯曲。分析可得，两个力均在固定端处产生最大弯矩，其中 F_{P1} 引起 M_y，F_{P2} 引起 M_z，如图 6-9 (b) 所示。
$$M_y = -F_{P1} \times 2l$$
$$M_z = -F_{P2} \times l$$

梁固定端截面任一点 $K(z, y)$ 处由 M_y 和 M_z 引起的正应力为

$$\sigma_{(1)} = \frac{M_y}{I_y} z \quad 和 \quad \sigma_{(2)} = \frac{M_z}{I_z} y$$

由叠加原理，K 点的正应力为

$$\sigma_K = \sigma_{(1)} + \sigma_{(2)} = \frac{M_y}{I_y} z + \frac{M_z}{I_z} y$$

在 M_y 作用下最大拉应力和最大压应力分别发生在 AD 边和 CB 边；在 M_z 作用下，最大拉应力和最大压应力分别发生在 AC 边和 BD 边。在图 6-9（b）中，最大拉应力和最大压应力作用点分别用"+"和"-"表示。二者叠加的结果，点 A 和点 B 分别为最大拉应力和最大压应力作用点（图 6-9（c））。于是，这两点的正应力分别为

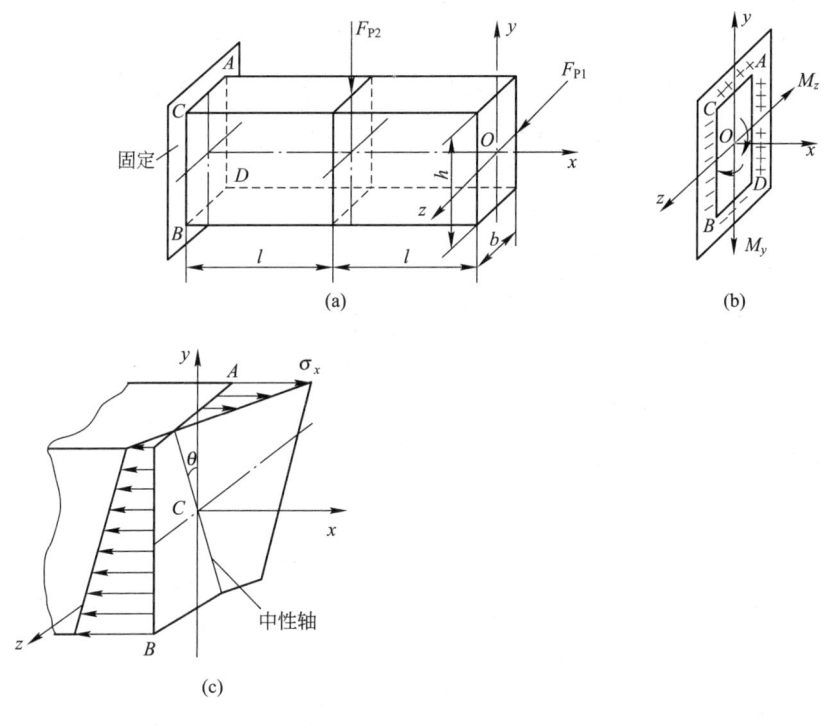

图 6-9

点 A：$\qquad \sigma_{\max}^+ = \frac{M_y}{W_y} + \frac{M_z}{W_z}$

点 B：$\qquad \sigma_{\max}^- = -\left(\frac{M_y}{W_y} + \frac{M_z}{W_z}\right)$

对于圆截面，两个对称面内的弯矩所引起的最大拉、压应力不发生在同一点。当圆截面梁发生斜弯曲时，因为过形心的任意轴均为截面的对称轴，所以当横截面上同时作用有两个弯矩时，可以将弯矩求矢量和，这一合矢量仍然沿着横截面的对称轴方向，如图 6-10 所示。所以平面弯曲的公式依然适用。于是，圆截面上的最大拉应力和最大压应力计算公式为

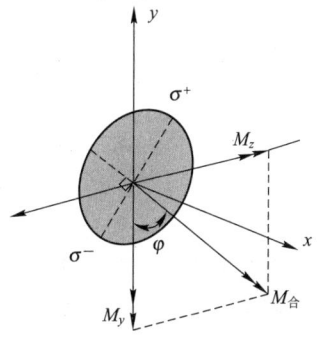

图 6-10

$$\sigma_{max}^{+} = \frac{M}{W} = \frac{\sqrt{M_y^2 + M_z^2}}{W}$$

$$\sigma_{max}^{-} = -\frac{M}{W} = -\frac{\sqrt{M_y^2 + M_z^2}}{W}$$

为确定斜弯曲杆件横截面中性轴的位置，令 y_0、z_0 代表中性轴上任一点的坐标，则中性轴的方程为

$$\frac{M_y}{I_y}z_0 + \frac{M_z}{I_z}y_0 = 0$$

由上式可见，中性轴是一条通过截面形心的直线，其与 y 轴的夹角 θ 为

$$\tan\theta = \frac{z_0}{y_0} = -\frac{M_z}{M_y}\frac{I_y}{I_z} = -\frac{I_y}{I_z}\tan\varphi$$

式中，角度 φ 为横截面上合成弯矩 $M_合 = \sqrt{M_y^2 + M_z^2}$ 的矢量与 y 轴间的夹角。对非圆截面杆，通常截面的 $I_y \neq I_z$，所以中性轴与合成弯矩 $M_合$ 所在的平面并不相互垂直，或者说中性轴并不垂直于加载方向，这是斜弯曲与平面弯曲的重要区别。

例 6-4 如图 6-11（a）所示，圆截面杆的直径为 130 mm，试求杆上的最大正应力及其作用位置。

解：（1）确定危险截面上的内力。

杆的左半段为斜弯曲，右半段为平面弯曲。分析可得固定端处为危险截面，将杆沿固定端截面截开，取其左半部分分析内力，截面上有两个弯矩分量，如图 6-11（b）所示，分别为

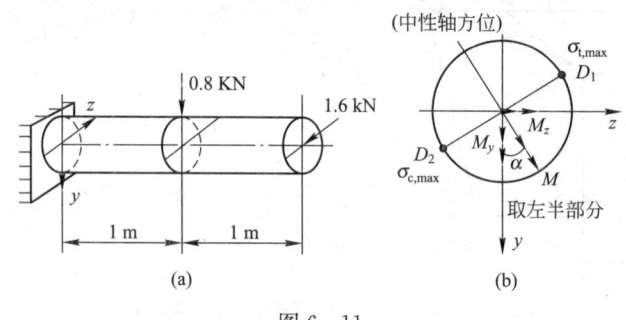

图 6-11

$$M_z = 0.8 \times 1 = 0.8 \text{ kN·m}, \quad M_y = 1.6 \times 2 = 3.2 \text{ kN·m}$$

固定端截面上合成弯矩的大小为

$$M = \sqrt{M_y^2 + M_z^2} = 3.3 \text{ kN·m}$$

同时可求出该合成弯矩的方位，即变形后固定端截面上中性轴的方位，如图 6-11（b）所示。

$$\alpha = \arctan\frac{M_z}{M_y} = \arctan\frac{0.8}{3.2} = 14.04°$$

（2）计算杆上的最大正应力。

在合成弯矩的作用下，杆上的最大正应力发生在距离中性轴最远的点，即如图 6-11（b）所示的 D_1、D_2 点，其正应力为

$$\sigma_{max} = \frac{M}{W} = \frac{3.3 \times 10^3 \times 32}{\pi \times (0.13)^3} \times 10^{-6} = 15.3 \text{ MPa}$$

6.4 扭转和弯曲的组合

扭转与弯曲的组合变形是机械工程中最常见的情况。一般的传动轴借助于带轮或齿轮传递功率,通常发生扭转与弯曲的组合变形,如图 6-12(a)所示。

工作时轮齿上均有外力作用,将作用在轮齿上的力向轴的形心简化即得到与之等效的力和力偶,如图 6-12(b)所示。传动轴大多是圆截面的,故本节以圆截面杆为例,讨论杆件发生扭转与弯曲的组合变形时的强度计算。

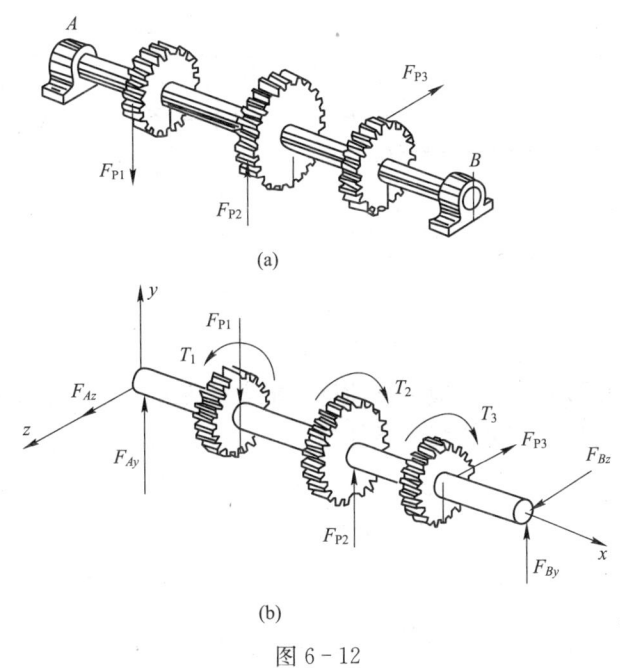

图 6-12

图 6-13(a)所示水平直角曲拐,在自由端受集中力 F 作用。AB 段为圆截面杆,将 F 向 B 截面形心简化,得到横向力 F 和扭转力偶 Fa,AB 段的受力简图如图 6-13(b)所示。AB 段杆发生扭转和弯曲的组合变形,先作出扭矩图和弯矩图,如图 6-13(c)所示。由此可见 A 截面为危险截面,其扭矩和弯矩分别为

$$T=Fa, \quad M=Fl$$

扭矩引起的切应力和弯矩引起的正应力分布如图 6-13(d)所示,由图中可以看出,上、下边缘的 C_1、C_2 两点切应力和正应力的绝对值同时取最大值

$$\tau=\frac{T}{W_p}, \quad \sigma=\frac{M}{W_z} \tag{a}$$

故 C_1、C_2 两点是危险点,其应力状态如图 6-13(e)所示。

该两点处于二向应力状态,其三个主应力分别为

$$\sigma_1=\frac{\sigma}{2}+\frac{1}{2}\sqrt{\sigma^2+4\tau^2}, \quad \sigma_2=0, \quad \sigma_3=\frac{\sigma}{2}-\frac{1}{2}\sqrt{\sigma^2+4\tau^2}$$

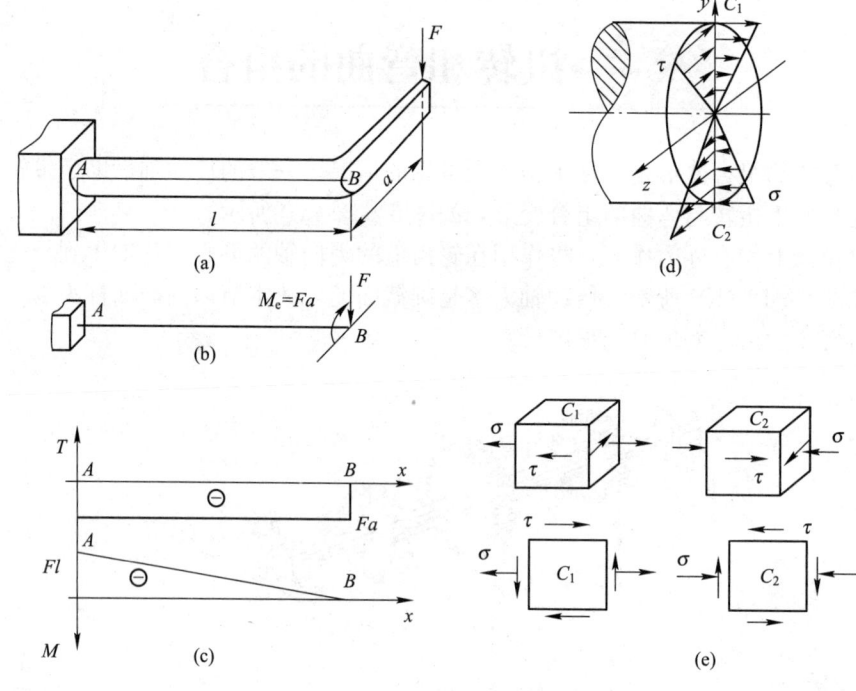

图 6-13

因为承受弯曲与扭转的圆轴一般由韧性材料制成，故可用第三或第四强度理论来建立强度条件。若用第三强度理论，可得强度条件为

$$\sigma_{r3}=\sigma_1-\sigma_3=\sqrt{\sigma^2+4\tau^2}\leqslant[\sigma]$$

若用第四强度理论，可得强度条件为

$$\sigma_{r4}=\sqrt{\frac{1}{2}[(\sigma_1-\sigma_2)^2+(\sigma_2-\sigma_3)^2+(\sigma_3-\sigma_1)^2]}=\sqrt{\sigma^2+3\tau^2}\leqslant[\sigma]$$

将 σ 和 τ 的表达式（a）代入以上两式，并考虑到 $W_P=2W$，便得到

$$\sigma_{r3}=\frac{\sqrt{M^2+T^2}}{W}\leqslant[\sigma]$$

$$\sigma_{r4}=\frac{\sqrt{M^2+0.75T^2}}{W}\leqslant[\sigma]$$

工程中除了弯扭组合的杆件外，还有拉（压）和扭转的组合，或者拉（压）、弯曲和扭转的组合变形，可以运用相同的分析方法进行强度计算。

例 6-5 如图 6-14（a）所示，广告牌由钢管支撑，广告牌自重 $W=150$ N，受到水平风力 $F=120$ N 的作用，钢管外径 $D=50$ mm，内径 $d=45$ mm，材料许用应力 $[\sigma]=70$ MPa。试用第三强度理论校核钢管的强度。

解：（1）分析钢管的受力及变形。

将已知外力 F、W 向钢管轴心平移简化，得集中力 F、W 和力偶 M_x、M_y，如图 6-14（b）所示，其中

$$M_x=F\times0.2=120\times0.2=24 \text{ N·m}$$

$$M_y=-W\times0.2=-150\times0.2=-30 \text{ N·m}$$

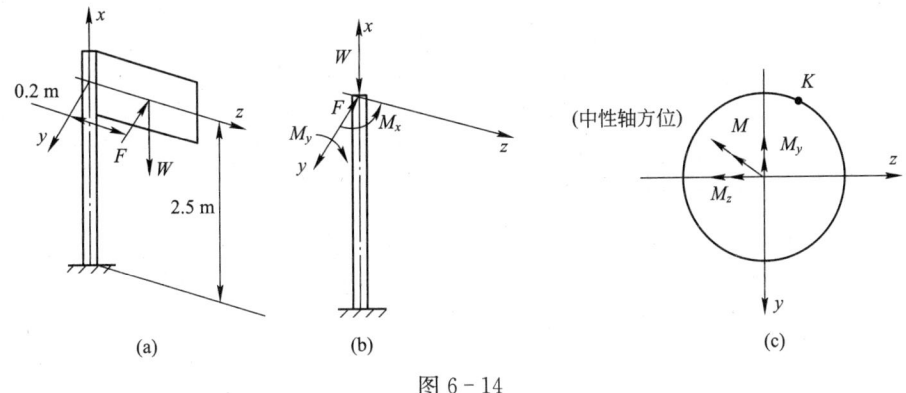

图 6-14

上述受力条件使得钢管产生压缩、扭转和斜弯曲的组合变形。

(2) 确定危险截面。

根据内力分析可知，固定端截面为危险截面，各内力分量分别为：

轴力　$F_N = -150 \text{ N}$

扭矩　$T = M_x = 24 \text{ N·m}$

在 xy 平面内的弯矩为

$$M_{z\max} = -F \times 2.5 = -120 \times 2.5 = -300 \text{ N·m}$$

在 xz 平面内的弯矩为

$$M_y = -30 \text{ N·m}$$

因为截面是空心圆截面，如图 6-14 (c) 所示，可求得斜弯曲变形的合成弯矩为

$$M = \sqrt{M_{z\max}^2 + M_y^2} = \sqrt{(-300)^2 + (-30)^2} = 301.50 \text{ N·m}$$

(3) 确定危险点进行强度校核。

危险点为距离中性轴最远的 K 点，如图 6-14 (c) 所示。K 点单元体的 x 侧面上有轴力引起的压应力，合弯矩引起的最大压应力和扭矩引起的切应力。与图 6-13 (e) 中点 C_2 的单元体所示情形相同，点 K 处于二向应力状态，其正应力大小为

$$\sigma = \sigma_{(1)} + \sigma_{(2)} = \frac{F_N}{A} + \frac{M}{W}$$

$$= \frac{150 \times 4}{\pi(50^2 - 45^2) \times 10^{-6}} + \frac{301.50 \times 32}{\pi \times 50^3 [1-(45/50)^4] \times 10^{-9}}$$

$$= 71.84 \times 10^6 \text{ Pa} = 71.84 \text{ MPa}$$

扭转切应力为

$$\tau = \frac{T}{W_P} = \frac{24 \times 16}{\pi \times 50^3 [1-(45/50)^4] \times 10^{-9}} = 2.84 \times 10^6 \text{ Pa} = 2.84 \text{ MPa}$$

应用第三强度理论

$$\sigma_{r3} = \sqrt{\sigma^2 + 4\tau^2} = \sqrt{(71.84)^2 + 4 \times (2.84)^2} = 72.06 \text{ MPa} > [\sigma]$$

所以钢管不安全。

例 6-6　图 6-15 (a) 所示钢质传动轴，$F_y = 3.64 \text{ kN}$，$F_z = 10 \text{ kN}$，$F_z' = 1.82 \text{ kN}$，$F_y' = 5 \text{ kN}$，$D_1 = 0.2 \text{ m}$，$D_2 = 0.4 \text{ m}$，$[s] = 100 \text{ MPa}$，轴径 $d = 52 \text{ mm}$，试按第四强度理论

校核轴的强度。

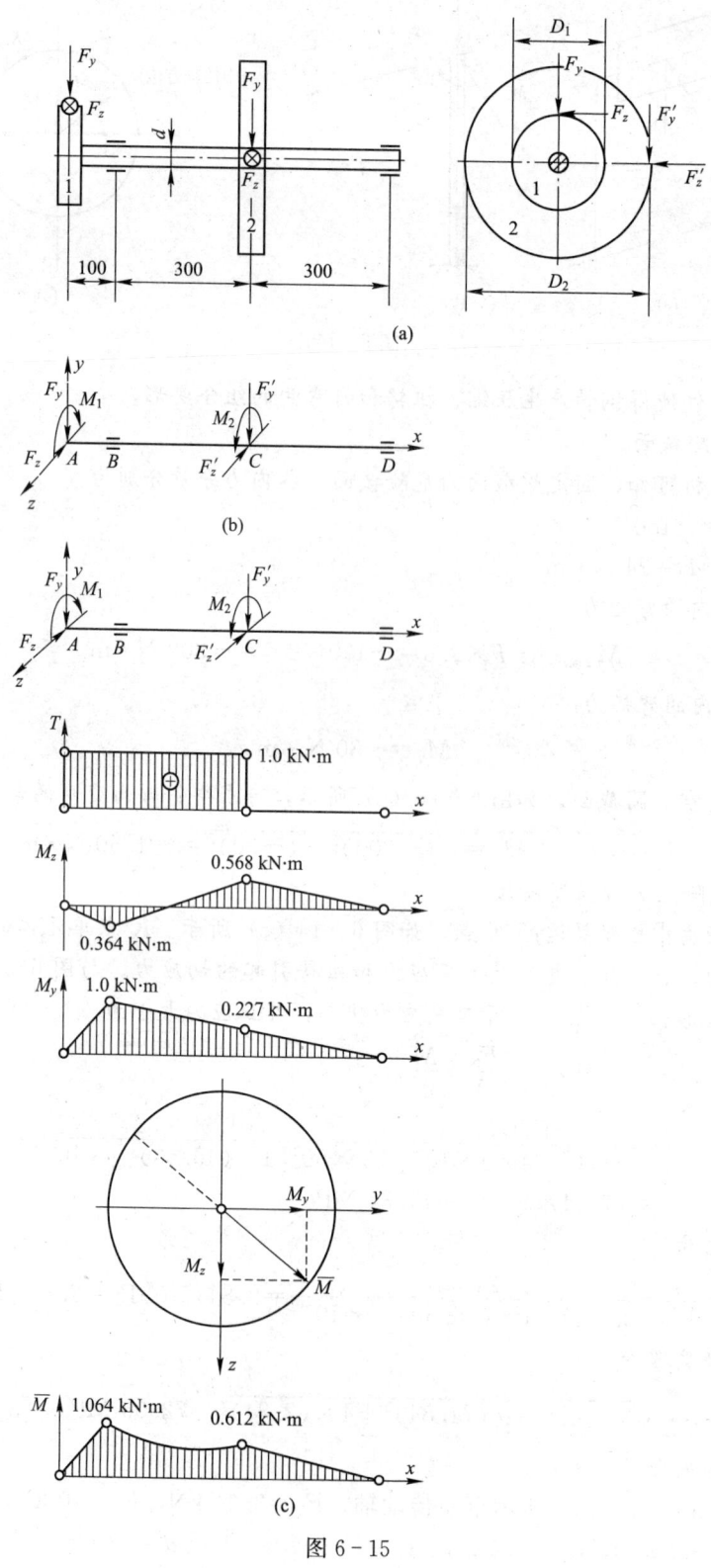

图 6-15

解： (1) 外力分析（图 6-15 (b)）。

轴上外力偶矩的大小为

$$M_1 = \frac{F_z D_1}{2} = M_2 = \frac{F'_y D_2}{2} = 1 \text{ kN} \cdot \text{m}$$

然后求 B、D 点的支反力。

在 xoy 平面内列平衡方程

$$\sum M_B = 0$$
$$\sum F_y = 0$$

解得 $F_{Dy} = 1.89$ kN $F_{By} = 6.75$ kN

在 xoz 平面内列平衡方程

$$\sum M_B = 0$$
$$\sum F_z = 0$$

解得

$$F_{Dz} = -0.76 \text{ kN}$$
$$F_{Bz} = 12.58 \text{ kN}$$

(2) 内力分析。

由 M_1、M_2 生成扭矩 T 图，由 F_y、F'_y 生成弯矩 M_z 图，由 F_z、F'_{zy} 生成弯矩 M_y 图，再由弯矩 M_z 图和弯矩 M_y 图合成总弯矩图，如图 6-15 (c) 所示。其中，$\overline{M} = \sqrt{M_y^2 + M_z^2}$。

BC 段上的合成弯矩为凹曲线。

(3) 强度校核。

AC 段为弯扭组合，其危险截面为截面 B。截面 B 上的内力为

$$\overline{M}_B = 1.064 \text{ kN} \cdot \text{m}$$
$$T_B = 1.0 \text{ kN} \cdot \text{m}$$

由第四强度理论

$$\sigma_{r4} = \frac{\sqrt{\overline{M}_B^2 + 0.75 T_B^2}}{W}$$

得

$$\sigma_{r4} = \frac{32\sqrt{\overline{M}_B^2 + 0.75 T_B^2}}{\pi d^4} = 99.4 \text{ MPa} \leq [\sigma]$$

故轴的强度是安全的。

6.5 连接构件的强度计算

如图 6-16 (a) 所示，两受拉杆件用螺钉（或铆钉）连接在一起共同承受外力，螺钉所受各外力作用线相距很近且垂直于螺钉轴线（图 6-16 (b)），螺钉外力作用线间横截面会因此产生相对错动（图 6-16 (c)），横截面间的相对错动变形称为剪切变形。发生相对错动的横截面称为剪切面。

构件发生剪切变形时，剪切面上的内力称为剪力。以图 6-16 (b) 所示螺钉为研究对象，应用截面法可求出其剪切面 m—m 上的剪力 $F_s = F_P$。

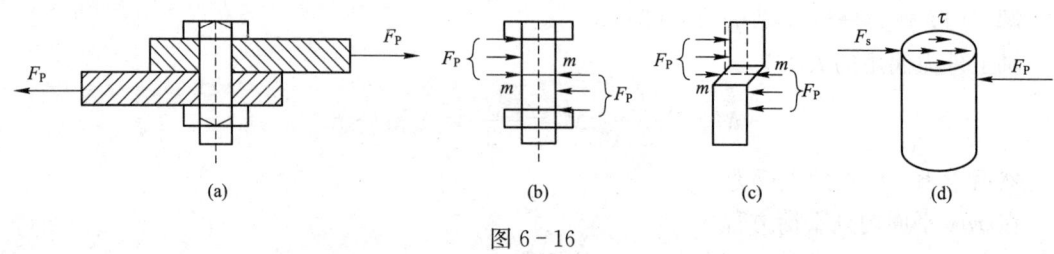

图 6-16

剪切面 m—m 上应有按某种规律分布的切应力,如图 6-16(d) 所示。由于各外力作用线相距很近,剪切面 m—m 附近的真实变形极为复杂,材料力学知识难以确定剪力在剪切面上的分布规律。

在实际工程中,假定剪切面上切应力均匀分布,其方向与剪切面上的剪力 F_s 方向一致,因此剪切面上的切应力实用计算公式为

$$\tau = \frac{F_s}{A_s}$$

其中 F_s 为剪切面上的剪力,A_s 为剪切面面积。

为了保证连接杆件不被剪断,要求剪切面上的切应力 τ 不应超过材料的许用切应力 $[\tau]$,即

$$\tau = \frac{F_s}{A} \leqslant [\tau]$$

上式称为剪切强度条件。

$[\tau]$ 为许用切应力,其值由材料的剪切极限应力除以安全系数求得,剪切极限应力可由试验测得。

在发生剪切变形的同时,还常常在连接件与被连接件相互接触的接触面上,发生挤压变形。当相互作用面上的作用力较大时,可导致构件在挤压部位产生显著非均匀的塑性变形而被压溃,这种失效现象称为挤压破坏。连接件与被连接件相互接触的接触面称为挤压面,作用于挤压面上的力称为挤压力,用 F_b 表示,如图 6-17(a) 所示。挤压面上一点的挤压力密集程度,称为挤压应力,用 σ_{bs} 表示。

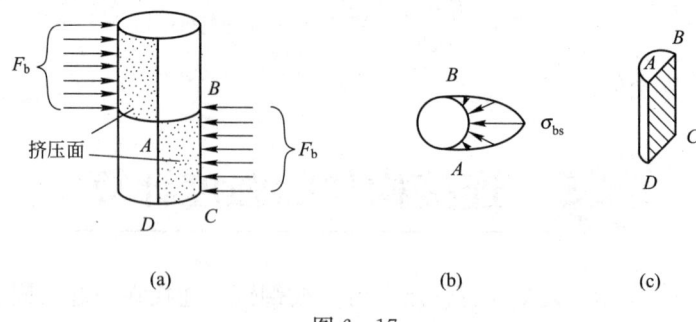

图 6-17

试验结果表明,挤压应力在挤压面上的分布相当复杂。在实际工程中,假设挤压面上的挤压应力均匀分布,挤压应力可按下式计算:

$$\sigma_{bs} = \frac{F_b}{A_{bs}}$$

式中　F_b 为挤压面上的挤压力，A_{bs} 为计算挤压面面积。

挤压强度条件 $\sigma_{bs} < [\sigma_{bs}]$。

例 6-7　一螺栓将厚度 $\delta = 15$ mm 的拉杆与厚度为 8 mm 的两块盖板相连接，如图 6-18 所示。螺栓直径 $d = 50$ mm，材料的许用切应力为 $[\tau] = 60$ MPa，许用挤压应力 $[\sigma_{bs}] = 160$ MPa，$F = 120$ kN，试校核螺栓的强度。

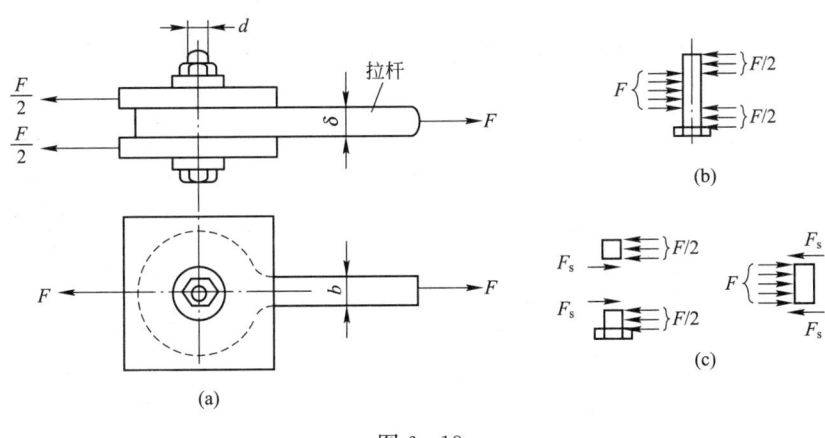

图 6-18

解：

螺栓的受力如图 6-18(b) 所示，中间段受力为 F，两端分别受力 $\frac{1}{2}F$。为了保证螺栓使用安全，螺栓剪切面上的切应力和挤压面上的挤压应力，应分别满足剪切强度条件和挤压强度条件。

(1) 切应力强度校核。

螺栓有两个剪切面，将螺栓沿剪切面切开，如图 6-18(c) 所示，取任意一段，由静力平衡方程可得每个剪切面上的剪力均为

$$F_s = \frac{F}{2} = \frac{120}{2} = 60 \text{ kN}$$

剪切面上的切应力为

$$\tau = \frac{F_s}{A_s} = \frac{60 \times 10^3}{\frac{\pi}{4} \times 0.05^2} = 30.56 \times 10^6 \text{ Pa} = 30.56 \text{ MPa}$$

$$\tau = 30.56 \text{ MPa} < [\tau] = 60 \text{ MPa}$$

(2) 挤压应力强度校核。

由图 6-18(c) 可知，螺栓有 3 个挤压面。根据受力大小及相应挤压面积判断，中间部分最危险。中间部分的挤压面为半个圆柱面，则计算挤压面积 $A_{bs} = d\delta$，挤压力 $F_b = F = 120$ kN，则挤压应力为

$$\sigma_{bs} = \frac{F_b}{A_{bs}} = \frac{120 \times 10^3}{0.05 \times 0.015} = 160 \times 10^6 \text{ Pa} = 160 \text{ MPa}$$

$$\sigma_{bs} = [\sigma_{bs}] = 160 \text{ MPa}$$

综上所述，螺栓安全。

思 考 题

6-1 当构件发生弯曲与拉伸（或压缩）组合变形时，在什么条件下可按叠加原理计算其横截面上的最大正应力？

6-2 关于斜弯曲的主要特征有以下四种答案，试判断哪一种是正确的。

(A) $M_y \neq 0$，$M_z \neq 0$，$F_{Nx} \neq 0$，中性轴与截面形心主轴不一致，且不通过截面形心

(B) $M_y \neq 0$，$M_z \neq 0$，$F_{Nx} = 0$，中性轴与截面形心主轴不一致，但通过截面形心

(C) $M_y \neq 0$，$M_z \neq 0$，$F_{Nx} = 0$，中性轴与截面形心主轴平行，但不通过截面形心

(D) $M_y \neq 0$，$M_z \neq 0$，$F_{Nx} \neq 0$，中性轴与截面形心主轴平行，但不通过截面形心

正确答案是_____。

6-3 何谓挤压应力？它与轴向压缩时的压应力有无区别？

6-4 挤压力的大小是否等于剪切面上剪力的大小？

习 题

6-1 矩形截面悬臂梁左端为固定端，受力如图所示，图中尺寸单位为 mm。若已知 $F_{P1} = 80$ kN，$F_{P2} = 8$ kN。求固定端处横截面上 A、B、C、D 四点的正应力。

6-2 螺旋夹紧器立臂的横截面为 $a \times b$ 的矩形，如图所示。已知该夹紧器工作时承受的夹紧力 $F = 16$ kN，材料许用应力 $[\sigma] = 160$ MPa，立臂厚 $a = 20$ mm，偏心距 $e = 140$ mm。试求立臂宽度 b。

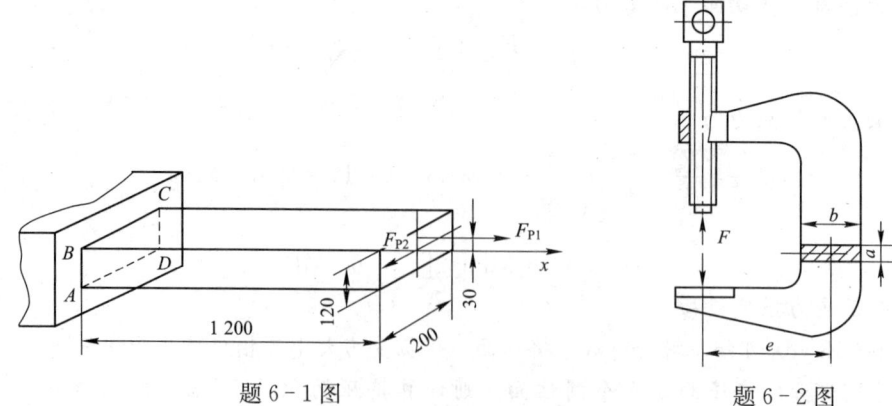

题 6-1 图　　　　　题 6-2 图

6-3 图示为钻床结构及其受力简图。钻床立柱为空心铸铁管，管的外径为 $D = 140$ mm，内、外径之比 $d/D = 0.75$。铸铁的拉伸许用应力 $[\sigma]^+ = 35$ MPa，压缩许用应力 $[\sigma]^- = 90$ MPa。钻孔时钻头和工作台面的受力如图所示，其中 $F_P = 15$ kN，力 F_P 作用线与立柱轴线之间的距离（偏心距）$e = 400$ mm。试校核立柱的强度是否安全。

6-4 图示悬臂梁中，集中力 F_{P1} 和 F_{P2} 分别作用在铅垂对称面和水平对称面内，并且垂

直于梁的轴线，如图所示。已知 $F_{P1}=2$ kN，$F_{P2}=600$ N，$l=1$ m，梁材料的许用应力 $[\sigma]=200$ MPa。试确定以下两种情形下梁的横截面尺寸：（1）截面为矩形，$h=2b$；（2）截面为圆形。

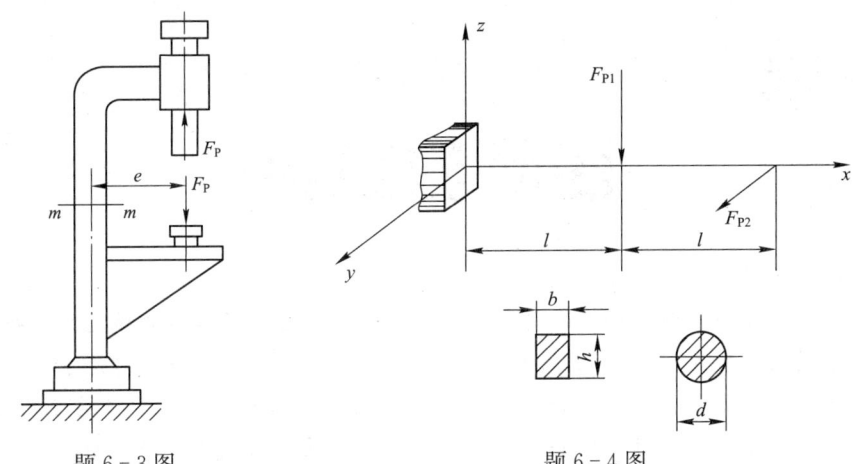

题 6-3 图　　　　　　题 6-4 图

6-5　矩形截面悬臂梁受力如图所示，其中力 F_P 的作用线通过截面形心。（1）已知 F_P、b、h、l 和 β，求图中虚线所示截面上点 a 处的正应力；（2）求使点 a 处正应力为零时的角度 β 值。

6-6　水平放置的钢制折杆 ABC 如图所示，杆为直径 $d=100$ mm 的圆截面杆，AB 杆长 $l_1=3$ m，BC 杆长 $l_2=0.5$ m，许用应力 $[\sigma]=160$ MPa。试用第三强度理论校核此杆强度。

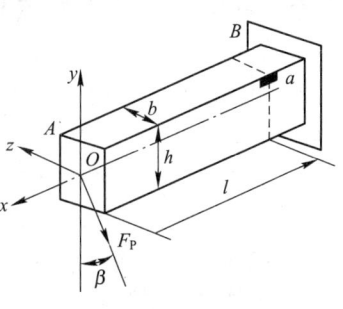

题 6-5 图

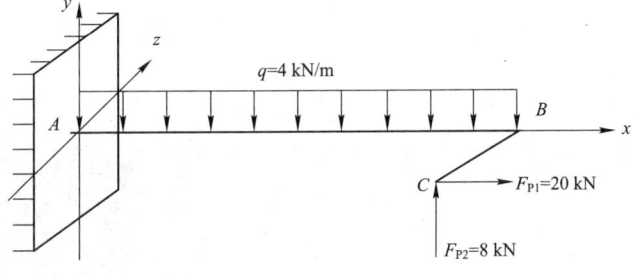

题 6-6 图

6-7　图示销钉连接，已知 $F_P=18$ kN，$t_1=8$ mm，$t_2=5$ mm，销钉和板材料相同，许用剪应力 $[\tau]=600$ MPa，许用挤压应力 $[\sigma_{bs}]=200$ MPa，试确定销钉直径 d。

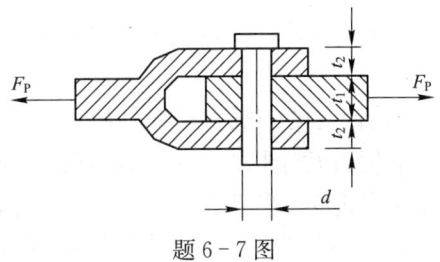

题 6-7 图

第 7 章

压杆的稳定

【本章内容概要】

本章着重讨论受压直杆的稳定性计算。通过对两端铰支细长压杆的稳定性分析,阐明压杆平衡稳定性的基本概念、压杆临界力的意义及其确定方法,并进一步讨论了不同支撑情况对临界力的影响及其欧拉公式的统一形式。通过临界应力总图明确了压杆柔度的物理意义,并揭示了压杆的强度和稳定性之间的关系,从而明确了欧拉公式的适用范围。

【本章学习重点与难点】

1. 正确建立压杆稳定以及临界载荷的基本概念。
2. 明确长度因数的力学意义,熟练掌握四种常见约束条件下细长压杆临界载荷的分析计算方法。
3. 正确建立压杆的柔度和临界应力以及临界应力总图的概念,掌握不同类型压杆的判别方法以及大柔度、中柔度和小柔度压杆临界应力的计算方法。
4. 理解压杆的稳定条件,熟练掌握压杆稳定计算的安全因数法。
5. 了解提高压杆稳定性的主要措施。

如图 7-1 所示,建在山谷中的长桥墩,它们有着共同的特点,即轴向的长度远大于横向的尺寸,若不考虑自重,则构件的受力主要来自构件两端的轴向压力。如果压力过大,有可能造成杆件的侧向弯曲或折断,这种失效现象不同于轴向压缩杆件的强度和刚度失效,它会在轴向压缩应力小于屈服极限或强度极限的情况下使构件轴线侧向弯曲,从而大大降低构件的承载能力,而且,这种失效往往具有突发性,常常会产生灾难性后果。工程上对于这类构件承载能力的计算不能仅限于强度和刚度方面,还要考虑杆件能否保持为直轴线的工作状态,即压杆直线平衡状态的稳定性问题。扭转、弯曲也存在稳定问题,可以参考其他文献。

图 7-1

稳定和不稳定指的是构件的平衡性质,经得起干扰的平衡状态称为稳定的平衡状态,否则,称为不稳定的平衡状态。

如图 7-2(a)所示,一两端铰支的细长直杆在轴向压力 F_P 的作用下保持平衡,当压力较小时对杆施以微小的横向干扰力 Q(图 7-2(b)),杆件会暂时有侧向微弯现象,一旦干扰力消失,杆件将自动恢复为直线的平衡状态(图 7-2(c)),这表明压杆当前的直线平衡状态是稳定的;如果压力较大,超过了某一极限值,在微小的横向干扰力引起杆件侧弯后

(图 7-2 (d)），即使撤除干扰力，杆件也不能自动恢复成原来的直线平衡状态（图 7-2 (e)），这表明压杆此时的直线平衡状态是不稳定的。显然，压杆由稳定的直线平衡形式转变为不稳定的直线平衡形式与压力的大小有关，而且转变过程有两个阶段，即稳定阶段和非稳定阶段。两个阶段的过渡点称作临界点，对应的压力值称为压杆的临界载荷，用 F_{Pcr} 表示。

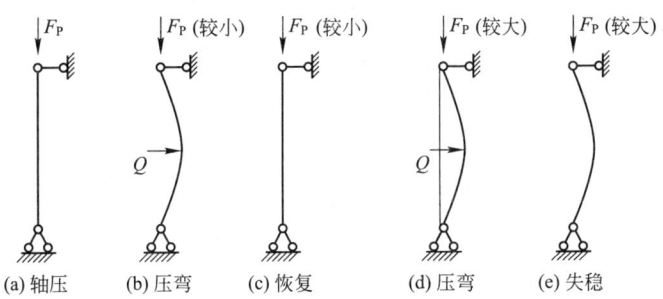

(a) 轴压　(b) 压弯　(c) 恢复　(d) 压弯　(e) 失稳

图 7-2

上述现象说明，当轴向压力值 $F_P < F_{Pcr}$ 时，杆件始终保持在直线的平衡状态下承载，通常称这种平衡是稳定的平衡。当 $F_P > F_{Pcr}$ 时，杆件会由原来的直线平衡状态转变为弯曲的状态下承载，如果杆件没有折断，则保持弯曲的平衡工作状态，原来的直线平衡是不稳定的平衡。随着压力的增大，压杆由稳定的直线平衡转变为非稳定的直线平衡的现象称为丧失稳定，简称失稳，此时引起的侧向弯曲称为屈曲。压杆失稳后，即使压力有微小增加也会导致杆件大幅度弯曲，从而丧失承载能力。当 $F_P = F_{Pcr}$ 时，压杆处于临界状态，在临界载荷作用下，压杆既可在直线状态下保持平衡，又可在微弯的状态下保持平衡。

临界载荷的计算是压杆稳定性设计的主要任务之一，本章所采用的力学计算模型是理想中心压杆。所谓理想中心压杆是指压杆的材料均匀，轴线为直线，压力的作用线与杆轴线重合。

7.1 临界应力公式

如图 7-3 (a) 所示，设一轴线为直线的细长压杆两端受铰链约束，轴向压力 F_P 稍大于 F_{Pcr}，压杆处于微弯平衡状态（图 7-3 (b)），材料仍处于理想的线弹性范围，抗弯刚度为 EI。

建立直角坐标系如图 7-3 (b) 所示，任取一 x 截面（图 7-3 (c)），其挠度为 $w = f(x)$。以截面下半部分为研究对象，由杆的平衡关系可知，B 支座有 x 方向约束力 F_P，x 截面上内力有轴向压力和弯矩。弯矩的正负号，压力 F_P 取正号，挠度以与图中 w 的正方向一致者为正，于是，弯矩与挠度的符号相反，即 M 为正时、w 为负，M 为负时、w 为正。

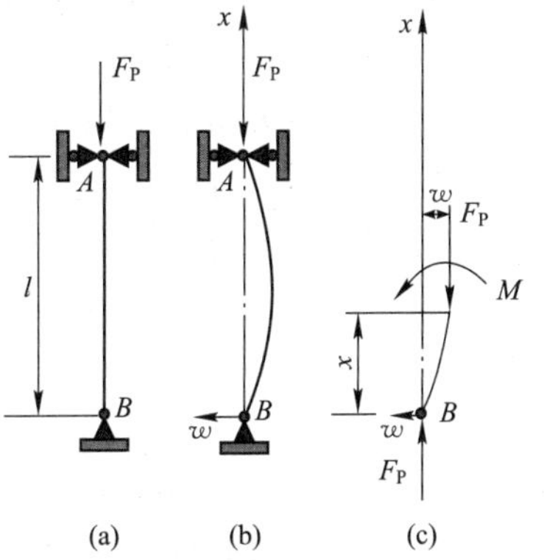

挠曲线近似微分方程

$$-F_P w(x) = EI \frac{d^2 w}{dx^2}$$

图 7-3

即

$$\frac{d^2 w}{dx^2} + \frac{F_P}{EI} w = 0$$

通解为

$$w = A\sin\sqrt{\frac{F_P}{EI}}\, x + B\cos\sqrt{\frac{F_P}{EI}}\, x$$

式中 A、B 为积分常数，可由压杆的位移边界条件和变形状态确定。

对于两端铰支的压杆，两端的位移边界条件是

$$w|_{x=0} = 0, \quad w|_{x=l} = 0$$

可求得

$$B = 0, \quad \sin\sqrt{\frac{F_P}{EI}}\, l = 0 \quad (A \neq 0)$$

于是，有

$$\sqrt{\frac{F_P}{EI}}\, l = n\pi, \quad (n = 1, 2, \cdots)$$

即

$$F_P = \frac{n^2 \pi^2 EI}{l^2}, \quad (n = 1, 2, \cdots) \tag{7-1}$$

压杆的屈曲位移函数为

$$w = A\sin\sqrt{\frac{F_P}{EI}}\, x = A\sin\frac{n\pi}{l} x, \quad (n = 1, 2, \cdots)$$

显然，只有当 $n=1$ 时，F_P 可取得最小值，此时，压杆屈曲的挠曲线为半个正弦波形曲线。因此，两端铰支细长压杆的临界载荷为

$$F_{Pcr} = \frac{\pi^2 EI}{l^2} \tag{7-2}$$

上式通常称为临界载荷的欧拉公式。两端铰支细长压杆的临界载荷与压杆截面的弯曲刚度成正比，与杆长的平方成反比，对于两端球形铰支的压杆，式中的 I 则为压杆横截面的最小形心主惯性矩。

工程实际中，压杆两端的支座约束形式会有不同，如图 7-4 (a)、(b) 所示的力学模型。

基于同样的方法，可以推出两端非铰支细长压杆的临界载荷公式。请读者自己完成，此处不再赘述。

通过对公式的比对，不难发现，对于两端受不同约束作用的理想细长压杆临界载荷的欧拉公式可以写成统一的形式如下

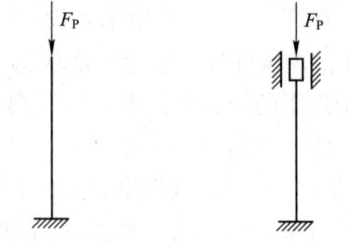

(a) 一端自由另一端固定　　(b) 两端固定

图 7-4

$$F_{Pcr} = \frac{\pi^2 EI}{(\mu l)^2} \tag{7-3}$$

式中，μl 称为有效长度，反映了不同压杆屈曲后挠曲线上正弦半波的长度。系数 μ 称为长度因数，反映不同支撑对临界载荷的影响，其值见表 7-1，表中各压杆原长均为 l。

表 7-1 几种常见细长压杆临界压力的欧拉公式与长度因数

支撑情况	两端铰支	一端铰支另一端固定	两端固定	一端自由另一端固定
屈曲时挠曲线形状	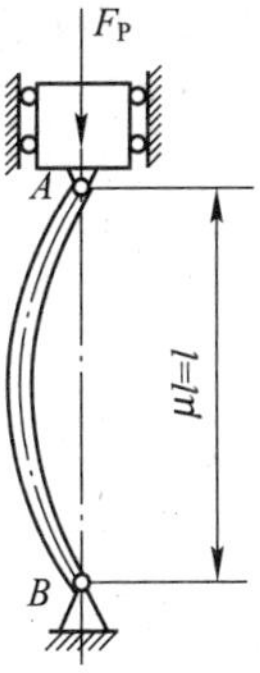 $\mu l = l$	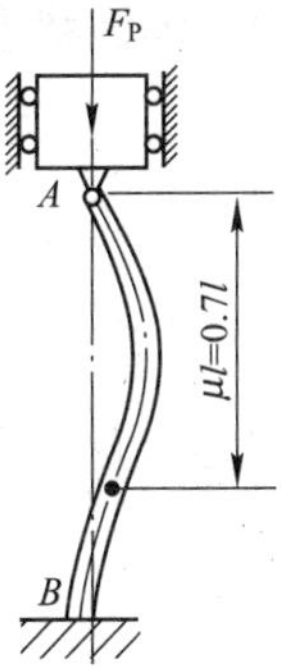 $\mu l = 0.7l$	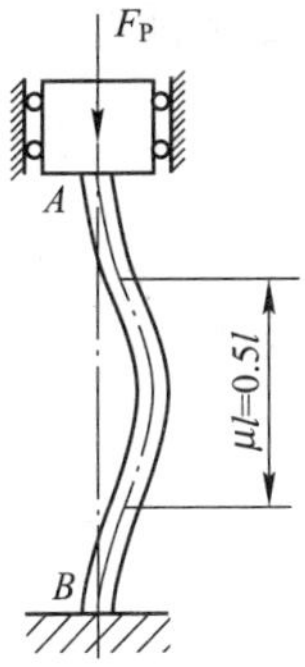 $\mu l = 0.5l$	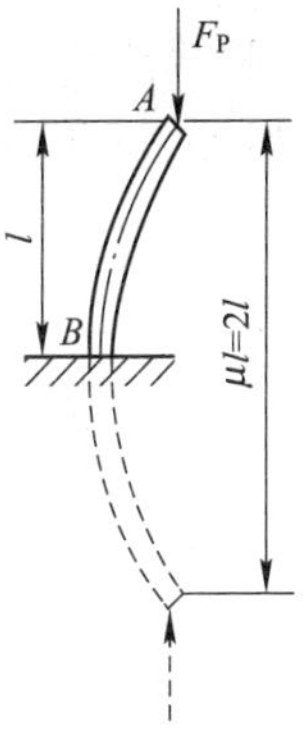 $\mu l = 2l$
欧拉公式	$P_{cr} = \dfrac{\pi^2 EI}{l^2}$	$P_{cr} \approx \dfrac{\pi^2 EI}{(0.7l)^2}$	$P_{cr} \approx \dfrac{\pi^2 EI}{(0.5l)^2}$	$P_{cr} \approx \dfrac{\pi^2 EI}{(2l)^2}$
长度因数 μ	$\mu = 1$	$\mu \approx 0.7$	$\mu = 0.5$	$\mu = 2$

临界状态下，压杆横截面上的平均应力称为压杆的临界应力，用 σ_{cr} 表示，即

$$\sigma_{cr} = \frac{F_{Pcr}}{A} \qquad (7-4)$$

则

$$\sigma_{cr} = \frac{\pi^2 EI}{(\mu l)^2 A} \qquad (a)$$

令

$$i = \sqrt{\frac{I}{A}}$$

i 称为压杆横截面的惯性半径，是一仅与截面形状和尺寸相关的几何量，量纲为长度的一次方。

再令

$$\lambda = \frac{\mu l}{i}$$

λ 称为柔度或长细比，是无量纲量，它综合反映了压杆长度、约束条件、截面尺寸和截面形状对压杆临界应力的影响。

由式（a）简化得

$$\sigma_{cr} = \frac{\pi^2 E}{\lambda^2} \qquad (7-5)$$

上式称为欧拉临界应力公式。该式表明，细长压杆的临界应力与材料弹性常数和柔度有关，材料的弹性模量值越大，临界应力也越大；柔度越大，临界应力越小，且柔度的影响要强于材料弹性常数的影响，可见，柔度是压杆稳定计算中非常重要的参数。

7.2 临界应力公式的适用范围

临界应力公式的前提条件之一是材料为线弹性状态，因此要求压杆的临界应力小于或等于材料的比例极限，即

$$\sigma_{cr} = \frac{\pi^2 E}{\lambda^2} \leqslant \sigma_p$$

σ_p 为材料的比例极限。因此，压杆对应的柔度值应为

$$\lambda \geqslant \pi \sqrt{\frac{E}{\sigma_p}}$$

令

$$\lambda_p = \pi \sqrt{\frac{E}{\sigma_p}} \tag{7-6}$$

λ_p 是仅与材料的弹性模量和比例极限有关的分界柔度，当压杆的工作柔度值 $\lambda \geqslant \lambda_p$ 时，才可以用欧拉公式计算临界应力，否则不可用。

通常，将柔度 $\lambda \geqslant \lambda_p$ 的压杆称为大柔度杆或细长杆。

对于塑性材料，如果压杆的工作应力 σ 超过了材料的比例极限 σ_p，而未超过材料的屈服极限 σ_s，即

$$\sigma_p < \sigma \leqslant \sigma_s$$

由于压杆发生了塑性变形，理论计算比较复杂，工程中大多采用经验公式计算其临界应力，最常用的是直线公式：

$$\sigma_{cr} = a - b\lambda \tag{7-7}$$

其中 a 和 b 为与材料性质有关的常数，单位为 MPa。表 7-2 中列出了几种常用材料的 a 和 b 值。

表 7-2　几种常用材料的 a、b 值

材料	a/MPa	b/MPa	材料	a/MPa	b/MPa
Q235 钢	304	1.12	铸铁	332	1.45
铝合金	373	2.15	木材	28.7	0.19

因此，由条件 $\sigma_{cr} \leqslant \sigma_s$ 可得压杆对应的柔度值为

$$\lambda \geqslant \frac{a - \sigma_s}{b}$$

令

$$\lambda_s = \frac{a - \sigma_s}{b} \tag{7-8}$$

通常将柔度满足条件 $\lambda_s \leqslant \lambda < \lambda_p$ 的压杆称为中柔度杆或中长杆。中柔度杆应使用经验公式计算临界应力，而非欧拉公式。

对于脆性材料，式 (7-8) 中 σ_s 改为 τ_b 即可。

如果 $\lambda < \lambda_s$，则压杆发生屈服失效，而非稳定性失效，应按照强度计算临界应力。即

$$\sigma_{cr} = \sigma_s \quad \text{或} \quad \sigma_{cr} = \sigma_b \text{（脆性材料）}$$

一般地，将柔度 $\lambda < \lambda_s$ 的压杆称为小柔度杆或短粗杆。

压杆的临界应力与柔度有关，不同柔度的压杆不能用相同的公式计算临界应力。如图 7-5 所示为临界应力总图，图中反映了临界应力随柔度而变化的关系。对于中柔度杆和大柔度杆，柔度越大，临界应力越小，表明承载能力越低。

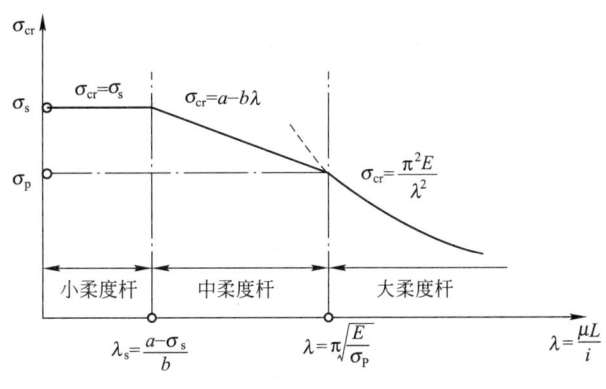

图 7-5

例 7-1 材料为 Q235 钢的圆截面细长压杆，两端铰支，长 $l=1.5$ m，直径 $d=50$ mm，$E=200$ GPa。试确定其临界压力和临界应力。

解：（1）计算压杆横截面的惯性矩。

$$I = \frac{\pi d^4}{64} = \frac{\pi \times 50^4}{64} = 3.07 \times 10^5 \text{ mm}^4 = 3.07 \times 10^{-7} \text{ m}^4$$

（2）计算压杆的临界压力。

因为压杆是细长杆，所以

$$F_{Pcr} = \frac{\pi^2 EI}{l^2} = \frac{\pi^2 \times 200 \times 10^9 \times 3.07 \times 10^{-7}}{1.5^2} = 2.69 \times 10^5 \text{ N} = 269 \text{ kN}$$

（3）计算压杆的临界应力。

$$\sigma_{cr} = \frac{F_{Pcr}}{A} = \frac{4F_{Pcr}}{\pi d^2} = \frac{4 \times 2.69 \times 10^5}{\pi \times (50 \times 10^{-3})^2} = 137 \times 10^6 \text{ Pa} = 137 \text{ MPa} < \sigma_s = 235 \text{ MPa}$$

例 7-2 求临界压力。已知：压杆材料为 Q235 钢，$E=200$ GPa，AB 杆为矩形截面，BC 杆为环形截面，尺寸如图 7-6 所示。

解：（1）计算压杆的柔度。

AB 杆：矩形截面，$\mu = 0.7$

惯性矩 $I_{\min} = \dfrac{10 \times 5^3}{12} = 104.17 \text{ mm}^4$

惯性半径 $i_{\min} = \sqrt{\dfrac{I_{\min}}{A}} = \sqrt{\dfrac{104.17}{10 \times 5}} = 1.443 \text{ mm}$

柔度 $\lambda = \dfrac{\mu l}{i_{\min}} = \dfrac{0.7 \times 300}{1.443} = 145.5 > \lambda_p$，为大柔度杆

BC 杆：环形截面，$\mu = 2$

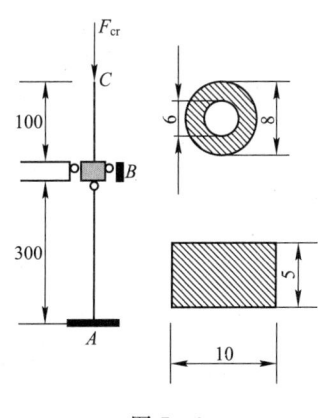

图 7-6

惯性半径 $i=\sqrt{\dfrac{I}{A}}=\sqrt{\dfrac{\pi(D^4-d^4)}{64}\Big/\dfrac{\pi(D^2-d^2)}{4}}=\dfrac{\sqrt{D^2+d^2}}{4}=\dfrac{\sqrt{8^2+6^2}}{4}=2.5$ mm

柔度 $\lambda=\dfrac{\mu l}{i}=\dfrac{2\times100}{2.5}=80$，$\lambda_s<\lambda<\lambda_p$，为中柔度杆

(2) 计算压杆的临界压力。

AB 杆：因为 AB 杆是大柔度杆，所以

$$F_{Pcr}=\dfrac{\pi^2EI_{min}}{(\mu l)^2}=\dfrac{\pi^2\times200\times10^9\times104.17\times10^{-12}}{(0.7\times0.3)^2}=4.66\times10^3\text{ N}=4.66\text{ kN}$$

BC 杆：因为 BC 杆是中柔度杆，所以由直线公式（7-7）计算

$$F_{Pcr}=\sigma_{cr}A=(a-b\lambda)\times\dfrac{\pi(D^2-d^2)}{4}=(304-1.12\times80)\times\dfrac{\pi(8^2-6^2)}{4}=4.71\times10^3\text{ N}=4.71\text{ kN}$$

因为 AB 杆的临界压力小于 BC 杆，为使结构能够安全工作（即两根杆都不失稳），结构的临界压力应取小的值，即 $F_{Pcr}=4.66$ kN。

例 7-3 如图 7-7（a）所示，已知各杆的 EI 相同，且均为细长压杆，结构承受的载荷 F_P 与杆 AC 轴线的夹角为 α。试求：α 为多大时，可使 F_P 达到最大值。

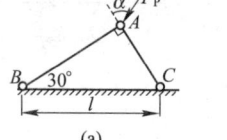
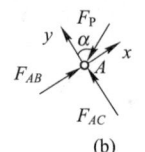

图 7-7

解：（1）计算压杆内力。

以节点 A 为研究对象，分析受力（图 7-7（b）），由平衡条件

$$\sum F_x=0,\quad F_{AB}-F_P\sin\alpha=0$$

$$\sum F_y=0,\quad F_{AC}-F_P\cos\alpha=0$$

求得 $F_{AB}=F_P\sin\alpha,\quad F_{AC}=F_P\cos\alpha$ (1)

(2) 计算压杆的临界压力和 α 角。

因为压杆均为细长杆，故由欧拉公式可求得

$$F_{ABcr}=\dfrac{\pi^2EI}{(\mu l)^2}=\dfrac{\pi^2EI}{(l\cos30°)^2}=\dfrac{4\pi^2EI}{3l^2},\quad F_{ACcr}=\dfrac{\pi^2EI}{(\mu l)^2}=\dfrac{\pi^2EI}{(l\sin30°)^2}=\dfrac{4\pi^2EI}{l^2}\quad(2)$$

设压杆内力同时达到临界值，则可将（1）式代入（2）式，求得

$$F_{P1}=\dfrac{4\pi^2EI}{3l^2\sin\alpha},\quad F_{P2}=\dfrac{4\pi^2EI}{l^2\cos\alpha}\quad(3)$$

其中，F_{P1} 和 F_{P2} 分别是杆 AB 和杆 AC 的内力达到临界值时结构能够承受的载荷。结构在不失稳的条件下 F_P 达到最大值，只能是二者相等，即

$$F_{P1}=F_{P2}\quad(4)$$

将（3）式代入（4）式，得

$$\tan\alpha=\dfrac{1}{3},\quad \alpha=18.43°$$

7.3 压杆的稳定性计算

实际的压杆可能存在材质不均、有缺陷、轴线不直、压力有微小偏心距等非理想情况，

这些情况的存在可使实际临界值低于理想压杆的临界值。为了保证压杆工作状态下的稳定性，类似于构件的强度和刚度计算，在稳定性方面会有一定的安全准则。

将压杆的临界压力或临界应力与工作压力或工作应力的比值称为工作安全因数，用 n_w 表示，它应大于或等于规定的稳定安全因数 $[n]_{st}$，即

$$n_w = \frac{F_{Pcr}}{F} \geq [n]_{st} \quad \text{或} \quad n_w = \frac{\sigma_{cr}}{\sigma} \geq [n]_{st} \tag{7-9}$$

上式称为稳定性安全条件。规定的稳定安全因数 $[n]_{st}$ 通常略高于强度安全因数。对于钢材，取 $[n]_{st}=1.8\sim3.0$；对于铸铁，取 $[n]_{st}=5.0\sim5.5$；对于木材，取 $[n]_{st}=2.8\sim3.2$。

压杆稳定性计算的步骤如下：

① 根据压杆的实际尺寸及支撑情况，分别计算各个失稳平面内平面弯曲的柔度，得出最大柔度 λ_{max}；

② 根据 λ_{max} 值，选择相应的临界应力公式，计算临界应力或临界压力；

③ 进行稳定性计算或利用稳定性安全条件进行稳定校核。

例 7-4 如图 7-8（a）所示的托架，承受载荷 $F=10$ kN，斜撑杆的外径 $D=50$ mm，内径 $d=40$ mm，材料为 Q235 钢，若 $[n]_{st}=3$。问：BD 杆是否稳定？

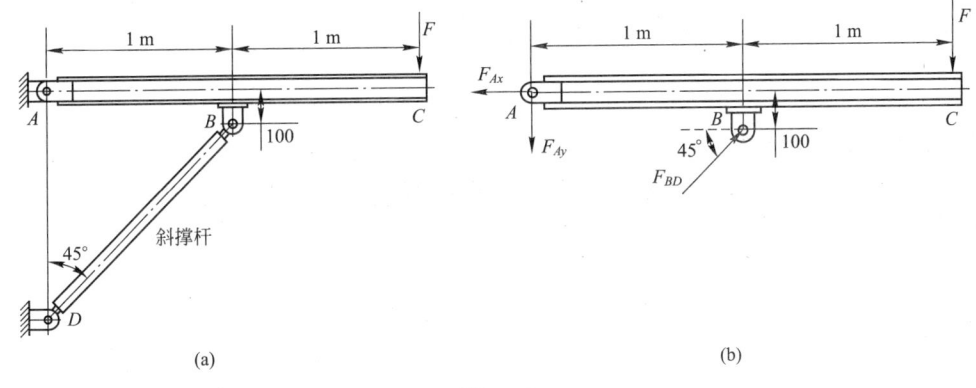

图 7-8

解：（1）计算撑杆内力（即工作压力）。

以托架 ABC 为研究对象，分析受力（图 7-8（b）），由平衡条件，可得

$$\sum M_A = 0, \quad F_{BD}\cos 45°\times 100 + F_{BD}\sin 45°\times 1\,000 - F\times 2\,000 = 0$$

$$F_{BD} = 25.71 \text{ kN}$$

（2）计算撑杆的临界压力。

计算惯性半径

$$i = \sqrt{\frac{I}{A}} = \sqrt{\frac{\pi(D^4-d^4)}{64} \Big/ \frac{\pi(D^2-d^2)}{4}} = \frac{\sqrt{D^2+d^2}}{4} = \frac{\sqrt{50^2+40^2}}{4} = 16.01 \text{ mm}$$

计算柔度

$$\lambda = \frac{\mu l}{i} = \frac{1\times 1\,000}{16.01\times \cos 45°} = 88.33$$

$\lambda_s < \lambda < \lambda_p$，中柔度杆

利用直线经验公式计算临界应力

$$\sigma_{cr} = a - b\lambda = 304 - 1.12\times 88.33 = 205.07 \text{ MPa}$$

计算临界压力

$$F_{BDcr}=\sigma_{cr}A=\sigma_{cr}\times\frac{\pi(D^2-d^2)}{4}=205.07\times\frac{\pi(50^2-40^2)}{4}=1.45\times10^5 \text{ N}=145 \text{ kN}$$

(3) 校核撑杆的稳定性。

计算工作安全因数

$$n_w=\frac{F_{BDcr}}{F_{BD}}=\frac{145}{25.71}=5.64$$

因为 $n_w > [n]_{st} = 3$，所以撑杆是稳定的。

7.4 提高压杆稳定性的基本措施

提高压杆的稳定性主要在于提高压杆的临界载荷或临界应力，影响临界载荷和临界应力的因素有柔度、截面形状、几何尺寸、杆件的长度、压杆的约束条件、材料的力学性质等。因此，提高压杆的承载能力可以采取一些有效措施。

1. 尽量减小压杆杆长

当杆长 l 缩短时，柔度减小，临界压力成倍增加。因此，减小杆长可以显著地提高压杆承载能力。

2. 合理选择截面形状

当压杆两端在各个方向弯曲平面内具有相同的约束条件时，压杆将在刚度最小的主轴平面内屈曲，这时，如果只增加截面某个方向的惯性矩，并不能提高压杆的整体承载能力。因此，有效的办法是将截面设计成中空的（图 7-9）。

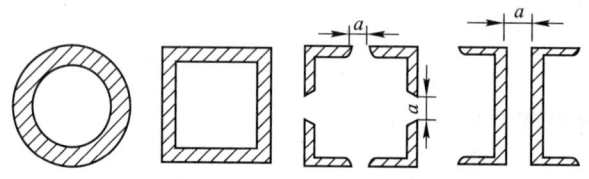

图 7-9

如果压杆端部在不同的平面内具有不同的约束条件，则应采用与约束条件相对应的最大与最小主惯性矩不等的截面（如矩形截面），使主惯性矩较小的平面内具有刚度较大的约束，且尽量使两主惯性矩平面内，压杆的长细比相互接近，即 $\lambda_{max}=\lambda_{min}$。

3. 改变压杆的约束条件，增加支撑的刚度

压杆的约束条件由长度因数 μ 值反映。μ 值越低，压杆的柔度值越小，临界载荷越大。例如，将两端铰支的细长杆改为两端固定约束，则增加了支撑的刚度，使临界载荷呈数倍增加。

4. 合理选用材料

在其他条件均相同的条件下，选用弹性模量 E 值大的材料，可以提高细长压杆的临界应力和临界压力。例如，钢的 E 值要比铸铁、铜及其合金、铝及其合金、混凝土、木材

（顺纹）等材料大，因此，钢杆的承载能力要高于其他材质的压杆。

但是普通碳钢、优质碳钢或合金钢等钢基材料，弹性模量数值大致相等，因此，对于细长杆，若选用高强度钢，并不能较大程度地提高压杆的临界载荷，这样做意义不大，而且会造成经济成本的增加。但对于中长杆或粗短杆，其临界载荷与材料的比例极限或屈服强度有关，这时选用高强度钢可提高 σ_p 和 σ_s 的值，使临界载荷有所提高。

思 考 题

7-1 压杆因失稳产生的弯曲变形与梁在横向力作用下产生的弯曲变形有何不同？

7-2 如何判断压杆的失稳平面？

7-3 图示为两端球铰约束细长杆的各种可能截面形状，试分析压杆屈曲时横截面将绕哪一根轴转动。

7-4 图示 4 根圆截面压杆，若材料和截面尺寸都相同，试判断哪一根杆最容易失稳，哪一根杆最不容易失稳。

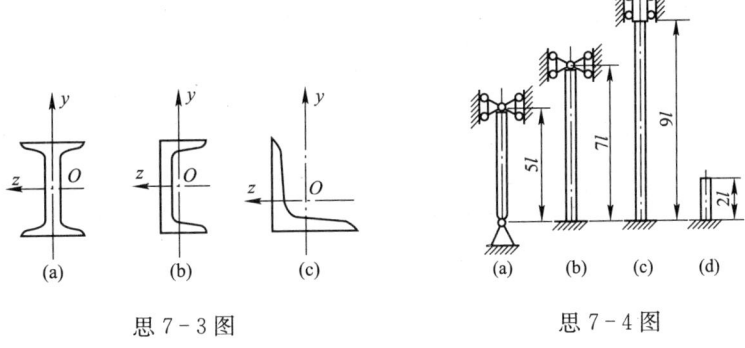

思 7-3 图　　　　思 7-4 图

习 题

7-1 提高钢制大柔度压杆的承载能力有如下方法，试判断哪一种是最正确的。

(A) 减小杆长，减小长度因数，使压杆沿横截面两形心主轴方向的长细比相等

(B) 增加横截面面积，减小杆长

(C) 增加惯性矩，减小杆长

(D) 采用高强度钢

7-2 根据压杆稳定设计准则，压杆的许可载荷 $[F_P] = \dfrac{\sigma_{cr} A}{[n]_{st}}$。当横截面面积 A 增加一倍时，试分析压杆的许可载荷将按下列四种规律中的哪一种变化。

(A) 增加 1 倍

(B) 增加 2 倍

(C) 增加 1/2 倍

(D) 压杆的许可载荷随着 A 的增加呈非线性变化

7-3 图示桁架是由抗弯刚度 EI 相同的细长杆组成,若载荷 F_P 与 AB 杆轴线的夹角为 θ,且 $0°\leqslant\theta\leqslant90°$。试求:载荷 F_P 要小于何值结构才不致失稳。

7-4 图示结构,杆①、杆②的材料和长度相同,已知:$F=90\text{ kN}$,$E=200\text{ GPa}$,杆长 $l=0.8\text{ m}$,$\lambda_P=99.3$,$\lambda_s=57$,经验公式 $\sigma_{cr}=304-1.12l$ (MPa),$[n_{st}]=3$。试校核结构的稳定性。

7-5 图示托架结构中,撑杆为钢管,外径 $D=50\text{ mm}$,内径 $d=40\text{ mm}$,两端球形铰支,材料为 Q235 钢,$E=206\text{ GPa}$,$\lambda_p=100$,稳定安全系数 $[n_{st}]=3$。试根据该杆的稳定性要求,确定横梁上均布载荷集度 q 的许可值。

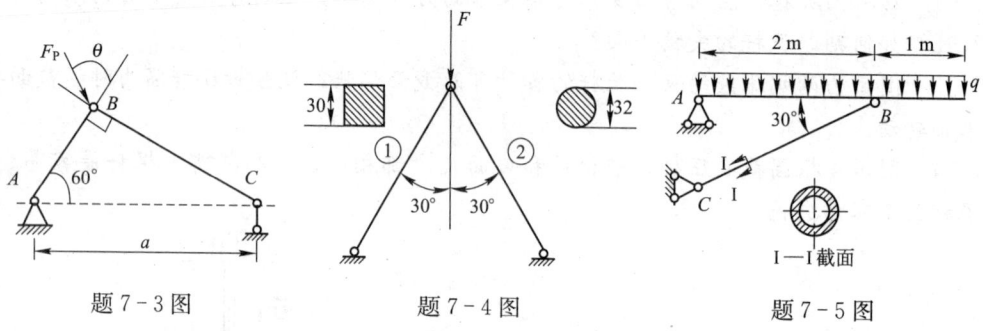

题 7-3 图 题 7-4 图 题 7-5 图

7-6 在如图所示的结构中,梁 AB 为 14 号普通热轧工字钢,CD 为圆截面直杆,其直径为 $d=20\text{ mm}$,二者材料均为 Q235 钢。结构受力如图所示,A、C、D 三处均为球铰约束。若已知 $F_P=25\text{ kN}$,$l_1=1.25\text{ m}$,$l_2=0.55\text{ m}$,$\sigma_s=235\text{ MPa}$,强度安全因数 $n_s=1.45$,稳定安全因数 $[n]_{st}=1.8$,校核此结构是否安全。

7-7 图示结构用 Q275 钢制成,求 $[F_P]$。已知:$E=205\text{ GPa}$,$\sigma_s=275\text{ MPa}$,$\sigma_{cr}=338-1.12\lambda$,$\lambda_p=90$,$\lambda_s=50$,$n_s=2$,$[n]_{st}=3$;$AB$ 梁为 16 号工字钢,BC 为圆形截面杆,$d=60\text{ mm}$。

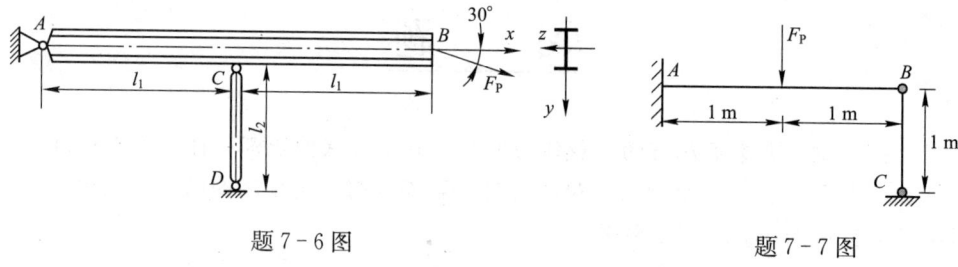

题 7-6 图 题 7-7 图

第 8 章

动 载 荷

【本章内容概要】

前面各章所讨论的是构件在静载荷作用下的强度、刚度和稳定性问题，而实际工程中有很多构件受到动载荷的作用。构件上的动应力有时会远远高于静应力，从而引起构件失效。本章主要讨论构件作匀加速直线运动、等角速度转动、受冲击时的动载荷下的动应力计算。动应力和动变形的计算，通常仍可采用静载荷作用下的计算公式，但需作相应的修正，以考虑动载荷的效应。

【本章学习重点与难点】

1. 熟练掌握匀加速直线运动和等角速度转动构件的动应力计算方法，能够应用动静法求解加速度已知的动应力问题。

2. 理解冲击应力力学分析模型和分析的假设条件，能够计算自由落体冲击的动应力和动变形。

3. 了解工程构件提高抗冲击能力的主要措施。

静载荷是指载荷缓慢地由零增加到某一数值，然后保持不变或变动很小，并认为构件内各质点的加速度等于零。例如，静水压力，房屋对地面的压力，以及匀速上升和下降时重物对起重机钢绳的拉力都是静载荷。前面几章讨论的都是静载荷作用下所产生的变形和应力，这种应力称为静应力。静应力的特点，一是与加速度无关，二是不随时间的改变而变化。

工程中还有一些构件或零部件中的应力虽然与加速度无关，但是，这些应力的大小或方向却随着时间而变化，这种应力称为交变应力。在交变应力作用下发生的失效，称为疲劳。对于矿山、冶金、运输机械，疲劳是构件的主要失效形式。本章不涉及交变应力。

在实际工程中还有另一类问题。工程中一些高速旋转或者以较高的加速度运动的构件，以及承受冲击作用的构件，其上作用的载荷，称为动载荷。构件上由于动载荷引起的应力，称为动应力。这种应力有时会达到很高的数值，从而导致构件或零件失效。例如：加速提升重物时吊绳受到的荷载；高速旋转的飞轮，由于向心加速度使其内部各质点产生很大的离心惯性力，从而可能导致飞轮破裂；涡轮机的长叶片，由于旋转时的惯性力所引起的拉应力可以达到相当大的数值，可能使叶片被拉断而引发严重事故；气锤在锻造坯件时，由于锤头和锻坯两个物体在碰撞瞬间所产生的冲击载荷，能使锤杆内的应力较之静载荷应力有几倍甚至几十倍的增长。试验表明，在动载荷作用下，如杆件的动应力不超过比例极限，胡克定律仍然适用；动载荷作用下构件的应力和变形计算，仍采用静载荷下的计算公式，而且材料的弹性常数也与静载荷下的数值相同，但需要考虑动载荷效应。

本章主要研究下面两类动载荷问题：一类是等加速直线运动或等角速度转动问题中的动

载荷问题，另一类是冲击问题。

8.1 等加速度运动时杆件上的动应力

对于一个质量为 m，加速度为 a 的运动质点，将 $-ma$ 定义为作用于该质点的惯性力，惯性力的方向与加速度 a 的方向相反。根据牛顿第二定律 $\sum F = ma$，可得

$$\sum F - ma = 0$$

式中 $\sum F$ 为质点受到的所有主动力与约束力的合力，$-ma$ 即为惯性力。质点在主动力、约束力和惯性力共同作用下保持"平衡"，这就是达朗贝尔原理。根据该原理可以将变速运动质点视为平衡质点，用静力学的方法求解问题，这种方法称为动静法。

动静法是将动力学问题在形式上转化为静力学问题来处理的方法。构件作等加速度直线运动、等角速度转动或等角加速度转动时，通常采用动静法计算。

8.1.1 等加速直线运动

以等加速度作直线运动的构件，只要确定其上各点的加速度 a，就可以应用达朗贝尔原理施加惯性力（$-ma$），例如，起重机起吊重物，在开始吊起重物的瞬时，重物具有向上的加速度 a，重物上便有方向向下的惯性力。这时吊起重物的钢丝绳，除了承受重物的重量外，还承受由此而产生的惯性力，这一惯性力就是钢丝绳所受的动载荷；作用在钢丝绳的总载荷是动载荷与静载荷之和：

$$F = F_\mathrm{I} + F_\mathrm{st} = ma + W$$

式中 F_st 与 F_I 分别为静载荷与惯性力引起的动载荷，W 为物体的重力。

钢丝绳横截面上的正应力表达式可以写成

$$\sigma_\mathrm{T} = \sigma_\mathrm{st} + \sigma_\mathrm{I} = \left(1 + \frac{a}{g}\right)\sigma_\mathrm{st} = K_\mathrm{I}\sigma_\mathrm{st}$$

其中：$\sigma_\mathrm{st} = \dfrac{W}{A}$，$\sigma_\mathrm{I} = \dfrac{W}{Ag}a$，系数 K_I 称为动荷系数。

等加速度直线运动构件的动荷系数

$$K_\mathrm{I} = 1 + \frac{a}{g} \tag{8-1}$$

例 8-1 一长度为 $l = 12$ m 的梁，单位长度质量为 $m = 52.7$ kg/m，用两根横截面面积为 $A = 1.12$ cm² 的钢绳起吊，如图 8-1 所示。设起吊过程中的加速度为 $a = 10$ m/s²，求钢绳的动应力。

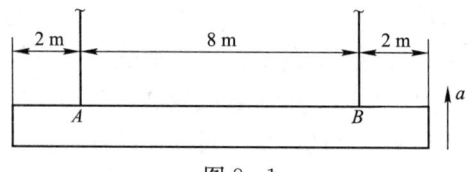

图 8-1

解： 已知梁单位长度自重 $q = mg$，梁以加速度 a 上升，即梁内各点都有相同的加速度 a，故梁内等质量质点均有相等的惯性力，由于介质的连续性，所以，梁上的惯性力为均布力，其载荷集度为

$$q_\mathrm{I} = ma$$

根据达朗贝尔原理，作用于梁上的拉力 F_d、钢梁自重 q 与惯性力 q_I 构成一组平衡力系。钢梁自重与惯性力均为均布力，将其合成后，可得总均布力的载荷集度为

$$q_d = q + q_I = mg + ma = m(g+a)$$

列出平衡方程

$$\sum F_y = 0, \quad 2F_d - q_d l = 0$$

解得

$$F_d = \frac{1}{2} q_d l = \frac{1}{2} m(g+a) l$$

动反力 F_d 由两部分组成，一部分是由重力引起的，即静反力

$$F_s = 0.5 mgl$$

另一部分是由加速度引起的，称为附加动反力。

由于

$$\frac{F_d}{F_s} = \frac{\frac{1}{2} m(g+a) l}{\frac{1}{2} mgl} = 1 + \frac{a}{g} = 常数$$

可令

$$K_d = 1 + \frac{a}{g}$$

$$F_d = K_d F_s$$

即钢绳动荷拉力 F_d 等于静荷拉力 F_s 乘以动荷系数 K_d。

求钢绳动荷应力 σ_d

由于

$$\sigma_d = \frac{F_d}{A} = \frac{K_d F_s}{A} = K_d \sigma_s$$

式中 σ_s 为钢绳截面静荷应力。可见，钢绳动荷应力 σ_d 等于静应力 σ_s 乘以动荷系数 K_d。

$$\sigma_s = \frac{F_s}{A} = \frac{0.5 mgl}{1.12 \times 10^{-4}} = \frac{0.5 \times 52.7 \times 9.8 \times 12}{1.12 \times 10^{-4}} \times 10^{-6} = 27.67 \text{ MPa}$$

$$K_d = 1 + \frac{a}{g} = 1 + \frac{10}{9.8} = 2.02$$

可求得钢绳动荷应力为

$$\sigma_d = K_d \sigma_s = 55.89 \text{ MPa}$$

对于等加速度直线运动的构件，动荷系数均按式（8-1）计算，动荷系数反映了加速度对构件内力、应力、变形的影响。

8.1.2 等角速度转动

应用达朗贝尔原理，在构件上施加惯性力，最后按照静载荷的分析方法，确定构件的内力和应力。

考察图 8-2（a）所示的以等角速度 ω 旋转的飞轮。飞轮材料密度为 ρ，轮缘平均半径为 R，轮缘部分的横截面积为 A。

为简单起见，可以不考虑轮辐的影响，从而将飞轮简化为平均半径等于 R 的圆环，如图 8-2（b）所示。由于飞轮作等角速度转动，其上各点均只有向心加速度，故惯性力均沿着半径方向、背向旋转中心，且为沿圆周方向连续均匀分布力。图 8-2（c）所示为半圆环上惯性力的分布情形。

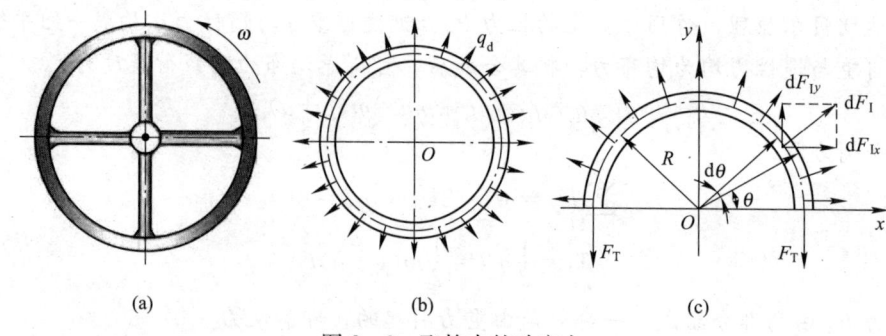

图 8-2　飞轮中的动应力

为求惯性力,沿圆周方向截取 ds 微段,其弧长为

$$ds = Rd\theta \tag{a}$$

圆环微段的质量为

$$dm = \rho A ds = \rho A R d\theta \tag{b}$$

于是,圆环上微段的惯性力大小为

$$dF_I = R\omega^2 dm = R\omega^2 \rho A R d\theta \tag{c}$$

以圆心为原点,建立 Oxy 坐标系,由平衡方程

$$\sum F_y = 0 \tag{d}$$

有

$$\int_0^\pi dF_{Iy} - 2F_{IT} = 0 \tag{e}$$

式中 dF_{Iy} 为半圆环质量微元惯性力 dF_I 在 y 轴上的投影,根据式(c)其值为

$$dF_{Iy} = \rho A R^2 \omega^2 \sin\theta d\theta \tag{f}$$

将式(f)代入式(e),飞轮轮缘横截面上的轴力为

$$F_{IT} = \frac{1}{2}\int_0^\pi \rho A R^2 \omega^2 \sin\theta d\theta = \rho A R^2 \omega^2 = \rho A v^2 \tag{g}$$

其中,v 为飞轮轮缘上任意点的速度。

当轮缘厚度远小于半径 R 时,圆环横截面上的正应力可视为均匀分布,并用 σ_t 表示。于是,由式(g)可得飞轮轮缘横截面上的总应力为

$$\sigma_{IT} = \frac{F_{INy}}{A} = \frac{F_{IT}}{A} = \rho v^2 \tag{h}$$

这说明,飞轮以等角速度转动时,其轮缘中的正应力与轮缘上点的速度的平方成正比。飞轮中的总应力与轮缘的横截面面积无关。因此,增加轮缘部分的横截面面积,无助于降低飞轮轮缘横截面上的总应力,对于提高飞轮的强度没有任何意义。

8.2　冲击应力

具有一定速度的运动物体向着静止的构件冲击时,冲击物的速度在很短的时间内发生了很大变化,即冲击物得到了很大的负值加速度。这表明,冲击物受到了与其运动方向相反的

很大的力的作用。同时，冲击物也将很大的力施加于被冲击的构件上，这种力工程上称为"冲击力"或"冲击载荷"。

由于冲击过程中，构件上的应力和变形分布比较复杂，因此，精确地计算冲击载荷，以及被冲击构件中由冲击载荷引起的应力和变形是很困难的。工程中大都采用简化计算方法，这种简化计算基于以下假设：

① 不计冲击物的变形，而将被冲击物视为弹性体；
② 冲击物与构件接触后无回弹；
③ 构件的质量（惯性）与冲击物相比很小，可忽略不计，冲击应力瞬时传遍整个构件；
④ 材料服从胡克定律；
⑤ 冲击过程中，声、热等能量损耗很小，可略去不计，只计算机械能和应变能的变化。

根据能量守恒定律：冲击开始时刻，系统的动能 T_0、势能 V_0 和应变能 $V_{\varepsilon 0}$ 之和等于冲击完成时刻的动能 T_1、势能 V_1 和应变能 $V_{\varepsilon 1}$ 之和。即

$$T_0 + V_0 + V_{\varepsilon 0} = T_1 + V_1 + V_{\varepsilon 1}$$

将上式各项重新组合后，得

$$(T_0 - T_1) + (V_0 - V_1) = V_{\varepsilon 1} - V_{\varepsilon 0}$$

上式左侧表示系统冲击过程中机械能的改变量，右侧为系统冲击过程中被冲击物所增加的应变能，为动应变能。记 $\Delta T = T_0 - T_1$，$\Delta V = V_0 - V_1$，$V_{\varepsilon d} = V_{\varepsilon 1} - V_{\varepsilon 0}$，于是有

$$\Delta T + \Delta V = V_{\varepsilon d}$$

在冲击过程中，冲击系统减少的动能和势能应等于被冲击物体内所增加的应变能。

8.2.1 用能量法分析自由落体冲击问题

应用机械能守恒定律计算自由落体冲击载荷。

图 8-3 所示简支梁，在其上方高度 h 处，有重量为 W 的物体，物体自由下落后，冲击在梁的中点。静载荷作用下力与位移的关系为

$$F_s = k\Delta_s$$

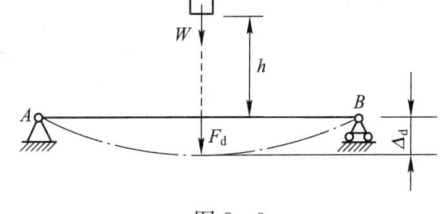

图 8-3

式中 k 为类似线性弹簧刚度系数。

冲击终了时，冲击载荷及梁中点的位移都达到最大值，二者分别用 F_d 和 Δ_d 表示，其中下标 d 表示冲击力引起的动载荷，以区别惯性力引起的动载荷。假设在冲击过程中，被冲击构件仍在弹性范围内，则冲击力 F_d 和冲击位移 Δ_d 之间存在线性关系，即

$$F_d = k\Delta_d$$

因为系统上只作用有惯性力和重力，二者均为保守力。故重物下落前到冲击终了后，系统的机械能守恒，即

$$\frac{1}{2}k\Delta_d^2 - W(h + \Delta_d) = 0$$

考虑到静载荷时 $F_s = W$，从而得到关于 Δ_d 的二次方程

$$\Delta_d^2 - 2\Delta_s\Delta_d - 2\Delta_s h = 0$$

由此解出

$$\Delta_d = \Delta_s \left(1 + \sqrt{1 + \frac{2h}{\Delta_s}}\right)$$

$$F_d = F_s \times \frac{\Delta_d}{\Delta_s} = W\left(1 + \sqrt{1 + \frac{2h}{\Delta_s}}\right)$$

这一结果表明，静位移减小，冲击载荷将相应地减小。设计承受冲击载荷的构件时，应当充分利用这一特性，以减小构件所承受的冲击力。

令 $h = 0$，得到

$$F_d = 2W$$

这等于将重物突然放置在梁上，这时梁上的实际载荷是重物重量的两倍，这时的载荷称为突加载荷。**对于实际情况，以上计算是偏于安全的。**

构件中由冲击载荷引起的应力和位移也可以写成动荷系数的形式

$$\sigma_d = K_d \sigma_s$$

$$\Delta_d = K_d \Delta_s$$

式中，动荷系数

$$K_d = 1 + \sqrt{1 + \frac{2h}{\Delta_s}} \tag{8-2}$$

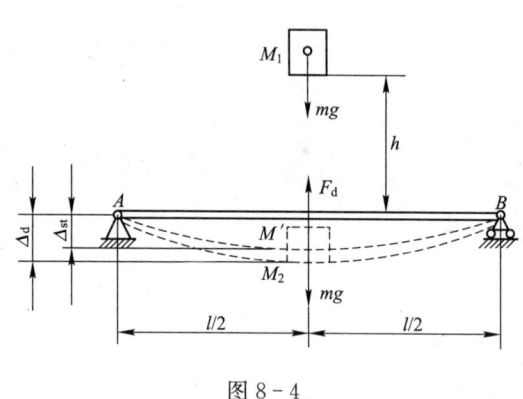

图 8-4

例 8-2 如图 8-4 所示，物体自高度为 h 处自由落下，冲击在梁跨中点，使梁受到冲击。设物体的质量为 m，梁的质量和物体质量相比很小，可以忽略不计，梁的抗弯刚度为 EI，抗弯截面模量为 W。求物体对梁的冲击载荷 F_d，梁在冲击过程中的最大挠度 Δ_d 与最大应力 σ_d。

解： 动荷系数为

$$K_d = 1 + \sqrt{1 + \frac{2h}{\Delta_{st}}}$$

求得梁所受冲击载荷为

$$F_d = K_d F_{st} = \left(1 + \sqrt{1 + \frac{2h}{\Delta_{st}}}\right) mg$$

冲击过程中梁的最大挠度为

$$\Delta_d = K_d \Delta_{st} = \left(1 + \sqrt{1 + \frac{2h}{\Delta_{st}}}\right) \frac{mgl^3}{48EI}$$

梁横截面上最大动应力为

$$\sigma_d = K_d \sigma_{st} = \left(1 + \sqrt{1 + \frac{2h}{\Delta_{st}}}\right) \frac{mgl}{4W}$$

例 8-3 如图 8-5 所示悬臂梁的 A 端固定，自由端 B 的上方有一重物自由落下，撞击到梁上。已知：梁材料为木材，弹性模量 $E = 10\ \text{GPa}$；梁长 $l = 2\ \text{m}$；截面为 $120\ \text{mm} \times 200\ \text{mm}$ 的矩形，重物高度为 $40\ \text{mm}$，重量 $W = 1\ \text{kN}$。求：

（1）梁所受的冲击载荷；

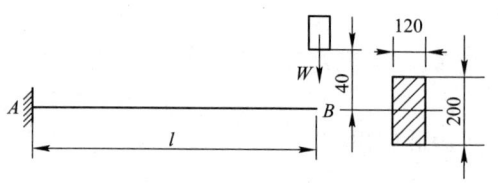

图 8-5

(2) 梁横截面上的最大冲击正应力与最大冲击挠度。

解：(1) 求梁横截面上的最大正应力和冲击处最大挠度。

悬臂梁在静载荷 W 的作用下，横截面上的最大正应力

$$\sigma_{smax} = \frac{M_{max}}{W} = \frac{Wl}{\frac{bh^2}{6}} = \frac{1 \times 10^3 \times 2 \times 6}{120 \times 200^2 \times 10^{-9}} = 2.5 \text{ MPa}$$

由梁的挠度表，可以查得自由端承受集中力的悬臂梁的最大挠度：

$$w_{smax} = \frac{Wl^3}{3EI} = \frac{Wl^3}{3 \times E \times \frac{bh^3}{12}} = \frac{4Wl^3}{E \times b \times h^3} = \frac{4 \times 1 \times 10^3 \times 2^3}{10 \times 10^9 \times 120 \times 200^3 \times 10^{-12}} = \frac{10}{3} \text{ mm}$$

(2) 确定动荷系数。

$$K_d = 1 + \sqrt{1 + \frac{2h}{\Delta_s}} = 1 + \sqrt{1 + \frac{2 \times 40}{\frac{10}{3}}} = 6$$

(3) 计算冲击载荷、最大冲击应力和最大冲击挠度。

冲击载荷：
$$F_d = K_d F_s = K_d W = 6 \times 1 \times 10^3 = 6 \times 10^3 \text{ N} = 6 \text{ kN}$$

最大冲击应力：
$$\sigma_{dmax} = K_d \sigma_{smax} = 6 \times 2.5 \text{ MPa} = 15 \text{ MPa}$$

最大冲击挠度：
$$w_{dmax} = K_d w_{smax} = 6 \times \frac{10}{3} \text{ mm} = 20 \text{ mm}$$

例 8-4 如图 8-6 所示，已知 $d_1 = 0.3$ m，$l = 6$ m，$P = 5$ kN，$E_1 = 10$ GPa，求下列两种情况下的动应力：(1) $H = 1$ m 自由下落；(2) $H = 1$ m，橡皮垫 $d_2 = 0.15$ m，$h = 20$ mm，$E_2 = 8$ MPa。

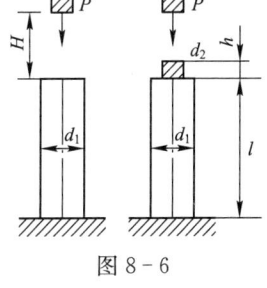

图 8-6

解：(1)

$$\Delta_{st} = \frac{Pl}{E_1 A_1} = 0.042\ 5 \text{ mm}$$

$$K_d = 1 + \sqrt{1 + \frac{2H}{\Delta_{st}}} = 218$$

$$\sigma_d = K_d \sigma_{st} = 15.42 \text{ MPa}$$

(2)

$$\Delta_{st} = \frac{Pl}{E_1 A_1} + \frac{Ph}{E_2 A_2} = 0.75 \text{ mm}$$

$$\sigma_d = K_d \sigma_{st} = 3.7 \text{ MPa}$$

8.2.2 等速水平运动对线弹性体的冲击

如图 8-7 所示，物体等速水平运动对线弹性体冲击，冲击前，物体的动能、势能、变形能分别为

$$E_{k1} = mv^2/2$$
$$V_1 = 0$$
$$V_{\varepsilon1} = 0$$

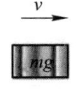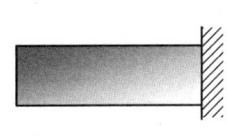

图 8-7

冲击后，物体的动能、势能、变形能分别为
$$E_{k2}=0$$
$$V_2=0$$
$$V_{\varepsilon2}=P_d\Delta_d/2$$

冲击前后能量守恒，且
$$F_d=K_dP_{st} \quad (P_{st}=mg)$$
$$\Delta_d=K_d\Delta_{st}$$

所以
$$\frac{1}{2}mv^2=\frac{mg}{2}K_d^2\Delta_{st}$$

式中：
$$K_d=\sqrt{\frac{v^2}{g\Delta_{st}}}$$

例 8-5 如图 8-8 所示，下端固定、长度为 l 的铅直圆截面杆 AB，在 C 点处被一物体 G 沿水平方向冲击。已知 C 点到杆下端的距离为 a，物体 G 的重量为 P，物体 G 在与杆接触时的速度为 v。试求杆在危险点的冲击应力。

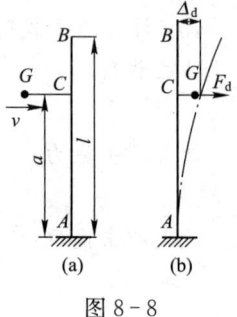

图 8-8

解：物体的动能、势能
$$E_k=\frac{Pv^2}{2g}$$
$$E_p=0$$

杆内的应变能为
$$V_{\varepsilon d}=\frac{1}{2}\cdot F_d\Delta_d$$

式中
$$\Delta_d=\frac{F_da^3}{3EI}$$
$$F_d=\frac{3EI}{a^3}\Delta_d$$

于是，可得杆内的应变能为
$$V_{\varepsilon d}=\frac{1}{2}F_d\Delta_d=\frac{1}{2}\left(\frac{3EI}{a^3}\right)\Delta_d^2$$

由机械能守恒定律可得
$$\frac{Pv^2}{2g}=\frac{1}{2}\left(\frac{3EI}{a^3}\right)\Delta_d^2$$

由此解得 Δ_d 为
$$\Delta_d=\sqrt{\frac{v^2}{g}\left(\frac{Pa^3}{3EI}\right)}=\sqrt{\frac{v^2}{g}\Delta_{st}}=\Delta_{st}\sqrt{\frac{v^2}{g\Delta_{st}}}$$

式中
$$\Delta_{st}=\frac{Pa^3}{3EI}$$
$$K_d=\frac{\Delta_d}{\Delta_{st}}=\sqrt{\frac{v^2}{g\Delta_{st}}}$$

当杆在 C 点受水平力 F 作用时,杆的固定端横截面最外缘(即危险点)处的静应力为

$$\sigma_{st} = \frac{M_{max}}{W} = \frac{Fa}{W}$$

于是,杆在危险点处的冲击应力 σ_d 为

$$\sigma_d = K_d \sigma_{st} = \sqrt{\frac{v^2}{g\Delta_{st}}} \cdot \frac{Fa}{W}$$

例 8-6 如图 8-9 所示,已知:$P = 2.88$ kN,$H = 6$ cm;梁,$E = 100$ GPa,$I = 100$ cm^4,$l = 1$ m;柱,$E_1 = 72$ GPa,$I_1 = 6.25$ cm^4,$A_1 = 1$ cm^2,$a = 1$ m,$\lambda_P = 62.8$,$\sigma_{cr} = 373 - 2.15\lambda$,$n_{st} = 3$。试校核柱的稳定性。

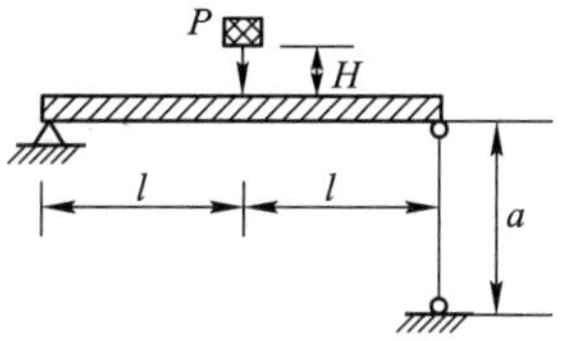

解:(1) 求柱的动载荷。

$$\Delta_{st} = \frac{P(2l)^3}{48EI} + \frac{Pa}{4E_1 A_1} = 4.9 \text{ mm}$$

$$K_d = 1 + \sqrt{1 + \frac{2H}{\Delta_{st}}} = 6.05$$

$$F_d = K_d F_{st} = 6.05 \times \frac{2.88}{2} = 8.71 \text{ kN}$$

图 8-9

(2) 柱的稳定性校核。

$$i_1 = \sqrt{\frac{I_1}{A_1}} = 25 \text{ mm}$$

$$\lambda = \frac{\mu a}{i_1} = 40 < \lambda_P$$

$$F_{cr} = \sigma_{cr} A_1 = 28.7$$

$$n = \frac{F_{cr}}{F_d} = 3.3 > n_{st}$$

结论:柱是稳定的。

思 考 题

8-1 动载荷与静载荷有何区别?

8-2 计算动荷应力一般采用什么方法?

8-3 动荷系数有何意义?

习 题

8-1 图示重物质量 $m = 5\,000$ kg,以加速度 $a = 9.8$ m/s^2 向上提升,已知 $A_I = 8$ cm^2,$A_{II} = 20$ cm^2,试求 σ_I 及 σ_{II}。

8-2 图示卷扬机，起吊重物质量 $F_{P1}=40$ kN，以等加速度 $a=5$ m/s² 向上运动。鼓轮重力为 $F_{P2}=4\,000$ N，鼓轮直径 $D=1.2$ m，鼓轮安装在轴的中点。若轴长 $l=1$ m，轴材料的许用应力 $[\sigma]=100$ MPa。试按第三强度理论设计轴径。

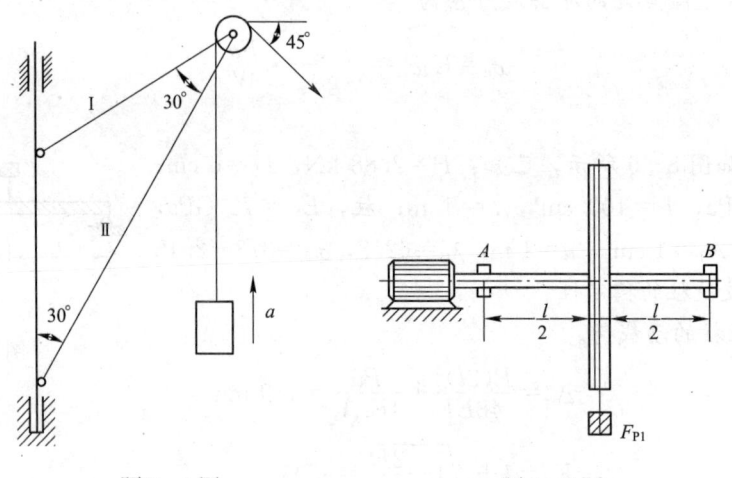

题 8-1 图   题 8-2 图

8-3 图示结构中，已知弹簧刚度系数为 k，拉杆抗拉压刚度为 EA，长为 l，重为 F_P 的重物自 h 处自由下落到拉杆底部的水平托盘上。求拉杆的冲击应力。

8-4 图示等截面刚架的抗弯刚度为 EI，抗弯截面系数为 W，重物 F_P 自由下落时，求刚架内的 $\sigma_{d,max}$（不计轴力）。

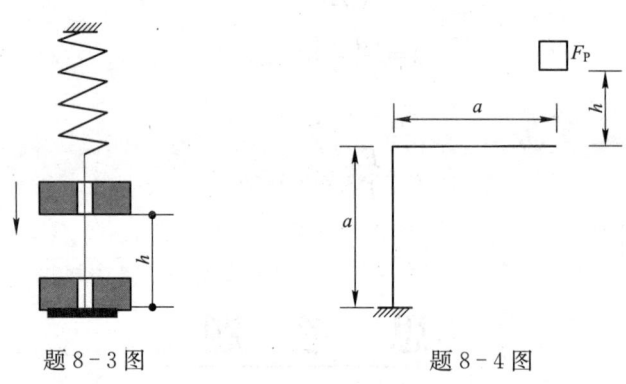

题 8-3 图   题 8-4 图

附录 A 截面的几何性质

A1 截面的静矩和形心位置

设任意形状截面如图 A.1 所示。

1. 静矩（或一次矩）

$$S_y = \int_A x\,\mathrm{d}A \quad S_x = \int_A y\,\mathrm{d}A$$

（常用单位：m^3 或 mm^3。值可为正、负或 0。）

2. 形心坐标公式（可由均质等厚薄板的重心坐标而得）

$$\bar{x} = \frac{\int_A x\,\mathrm{d}A}{A} \quad \bar{y} = \frac{\int_A y\,\mathrm{d}A}{A}$$

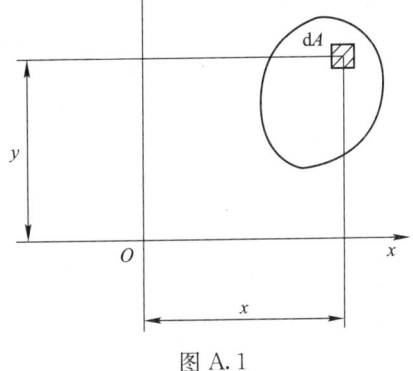

图 A.1

3. 静矩与形心坐标的关系

$$S_y = A\bar{x} \quad S_x = A\bar{y}$$

结论：截面对形心轴的静矩恒为 0。

4. 组合截面的静矩

整个截面对某轴的静矩应等于它的各组成部分对同一轴的静矩的代数和：

$$S_y = \sum_{i=1}^{n} A_i\,\bar{x}_i \quad S_x = \sum_{i=1}^{n} A_i\,\bar{y}_i$$

A_i 和 $\bar{x}_i$、$\bar{y}_i$ 分别为第 i 个简单图形的面积及其形心坐标。

5. 组合截面的形心坐标公式

将 $S_y = \sum_{i=1}^{n} A_i\,\bar{x}_i$、$S_x = \sum_{i=1}^{n} A_i\,\bar{y}_i$ 代入 $S_y = A\bar{x}$、$S_x = A\bar{y}$，解得组合截面的形心坐标公式为

$$\bar{x} = \frac{\sum_{i=1}^{n} A_i\,\bar{x}_i}{\sum_{i=1}^{n} A_i} \quad \bar{y} = \frac{\sum_{i=1}^{n} A_i\,\bar{y}_i}{\sum_{i=1}^{n} A_i}$$

（注：被"减去"部分图形的面积应代入负值）

例 A-1 试计算图 A.2 所示三角形截面对与其底边重合的 x 轴的静矩。

解：取平行于 x 轴的狭长条

$$b(y) = \frac{b}{h}(h-y)$$

$$dA = \frac{b}{h}(h-y)dy$$

所以对 x 轴的静矩为

$$S_x = \int_A y\,dA = \int_0^h \frac{b}{h}(h-y)y\,dy = \frac{bh^2}{6}$$

例 A-2 试计算图 A.3 所示截面形心 C 的位置。

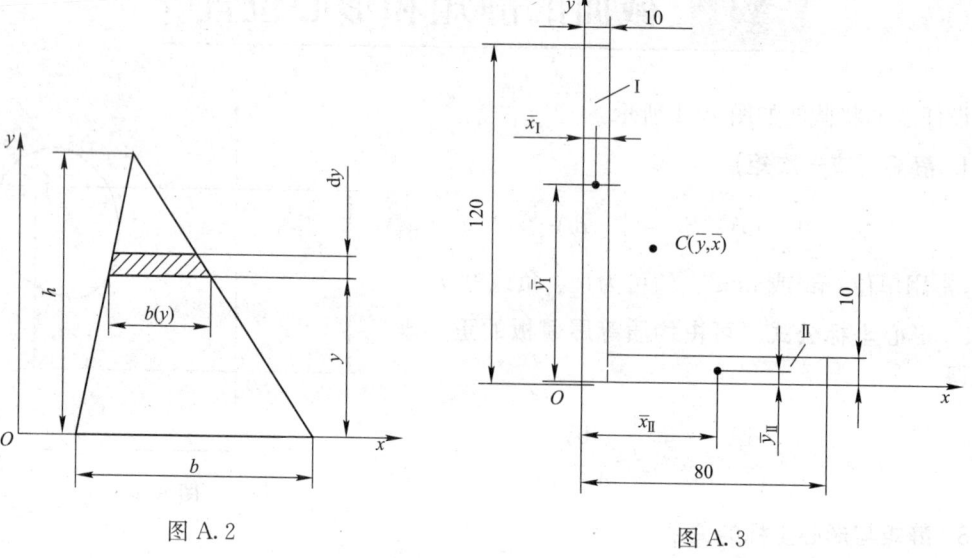

图 A.2　　　　　图 A.3

解：将截面分为 I、II 两个矩形，建立坐标系如图所示。各矩形的面积和形心坐标如下：

矩形 I

$$A_I = 10 \times 120 = 1\,200 \text{ mm}^2$$

$$\bar{x}_I = \frac{10}{2} = 5 \text{ mm} \quad \bar{y}_I = \frac{120}{2} = 60 \text{ mm}$$

矩形 II

$$A_{II} = 10 \times 70 = 700 \text{ mm}^2$$

$$\bar{x}_{II} = 10 + \frac{70}{2} = 45 \text{ mm} \quad \bar{y}_{II} = \frac{10}{2} = 5 \text{ mm}$$

代入组合截面的形心坐标公式

$$\bar{x} = \frac{\sum_{i=1}^{2} A_i \bar{x}_i}{\sum_{i=1}^{2} A_i} \quad \bar{y} = \frac{\sum_{i=1}^{2} A_i \bar{y}_i}{\sum_{i=1}^{2} A_i}$$

得

$$\bar{x} \approx 20 \text{ mm} \quad \bar{y} \approx 40 \text{ mm}$$

A2 极惯性矩·惯性矩·惯性积

设任意形状截面如图 A.4 所示。

1. **极惯性矩**（或截面二次极矩）

$$I_p = \int_A \rho^2 \mathrm{d}A$$

2. **惯性矩**（或截面二次轴矩）

$$I_y = \int_A x^2 \mathrm{d}A \quad I_x = \int_A y^2 \mathrm{d}A$$

（为正值，单位 m⁴ 或 mm⁴）

因为

$$\rho^2 = y^2 + x^2$$

所以

$$I_p = \int_A \rho^2 \mathrm{d}A = \int_A (y^2 + x^2)\mathrm{d}A = I_x + I_y$$

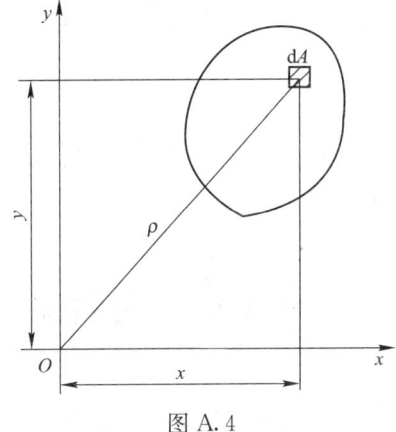

图 A.4

即截面对一点的极惯性矩等于截面对以该点为原点的任意两正交坐标轴的惯性矩之和。

3. **惯性积**

$$I_{xy} = \int_A xy\,\mathrm{d}A$$

其值可为正、负或 0，单位为 m⁴ 或 mm⁴。

截面对于包含对称轴在内的一对正交轴的惯性积为 0。

4. **惯性半径**

$$i_y = \sqrt{\frac{I_y}{A}} \quad i_x = \sqrt{\frac{I_x}{A}}$$

单位为 m 或 mm。

例 A-3 试计算图 A.5 所示矩形截面对于其对称轴（即形心轴）x 和 y 的惯性矩。

解：取平行于 x 轴的狭长条，则

$$I_x = \int_A y^2 \mathrm{d}A = \int_{-\frac{h}{2}}^{\frac{h}{2}} by^2 \mathrm{d}y = \frac{bh^3}{12}$$

$$I_y = \frac{hb^3}{12}$$

例 A-4 试计算图 A.6 所示圆截面对于其形心轴（即直径轴）的惯性矩。

解：由于圆截面有极对称性，因而

$$I_z = I_y$$

$$I_x + I_y = I_p$$

$$I_z = I_y = \frac{I_p}{2} = \frac{\pi d^4}{64}$$

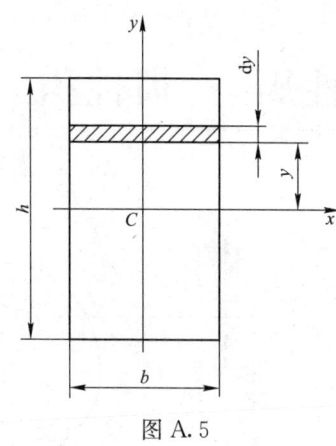
图 A.5

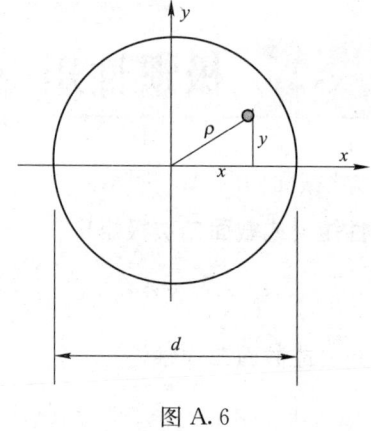
图 A.6

A3 惯性矩和惯性积的平行移轴公式

1. 惯性矩和惯性积的平行移轴公式

设有面积为 A 的任意形状的截面如图 A.7 所示。

C 为其形心，Cx_Cy_C 为形心坐标系。与该形心坐标轴分别平行的任意坐标系为 Oxy，形心 C 在 Oxy 坐标系中的坐标为 (b, a)。任意微面元 dA 在两坐标系中的坐标关系为

$$x = x_C + b$$
$$y = y_C + a$$

$$\begin{aligned} I_x &= \int_A y^2 dA = \int_A (y_C + a)^2 dA \\ &= \int_A y_C^2 dA + 2a\int_A y_C dA + a^2\int_A dA \\ &= I_{x_C} + 2a \cdot (A \cdot \overline{y_C}) + a^2 A \\ &= I_{x_C} + a^2 A \end{aligned}$$

同理，有平行移轴公式

$$I_y = I_{y_C} + b^2 A$$
$$I_{xy} = I_{x_Cy_C} + abA$$

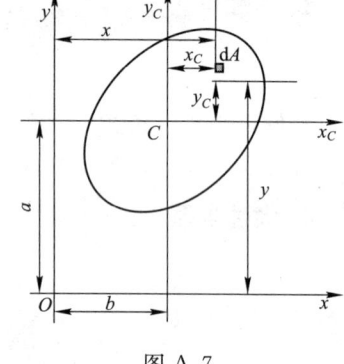
图 A.7

注意：式中的 a、b 代表坐标值，有时可能取负值；等号右边各首项为相对于形心轴的量。

2. 组合截面的惯性矩和惯性积

根据惯性矩和惯性积的定义易得组合截面对于某轴的惯性矩（或惯性积）等于其各组成部分对于同一轴的惯性矩（或惯性积）之和：

$$I_x = \sum_{i=1}^n I_{x_i}$$
$$I_y = \sum_{i=1}^n I_{y_i}$$
$$I_{xy} = \sum_{i=1}^n I_{xy_i}$$

例 A-5 求图 A.8 所示直径为 d 的半圆对其自身形心轴 x_C 的惯性矩。

解：(1) 求形心坐标。

$$b(y) = 2\sqrt{R^2 - y^2}$$

$$S_x = \int_A y\,dA = \int_0^{\frac{d}{2}} y b(y)\,dy$$

$$= \int_0^{\frac{d}{2}} y \cdot 2\sqrt{R^2 - y^2}\,dy = \frac{d^3}{12}$$

$$y_C = \frac{S_x}{A} = \frac{d^3/12}{\pi d^2/8} = \frac{2d}{3\pi}$$

(2) 求对形心轴 x_C 的惯性矩。

$$I_x = \frac{\pi d^4/64}{2} = \frac{\pi d^4}{128}$$

$$I_{x_C} = I_x - (y_C)^2 \cdot \frac{\pi d^2}{8} = \frac{\pi d^4}{128} - \frac{d^4}{18\pi}$$

例 A-6 试求图 A.9 所示截面对于对称轴 x 的惯性矩。

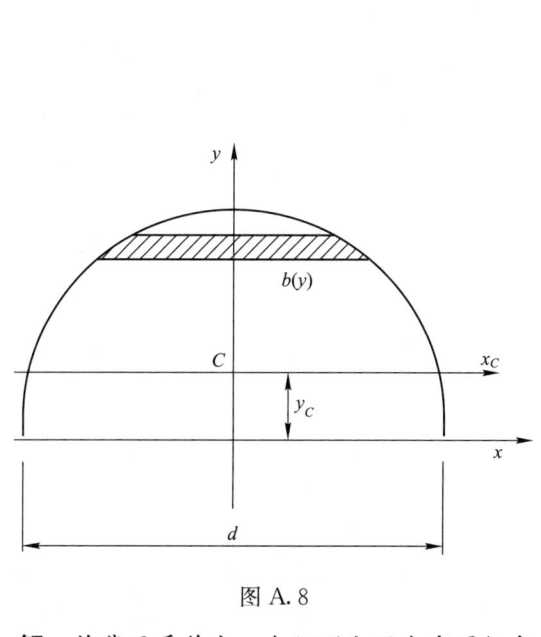

图 A.8

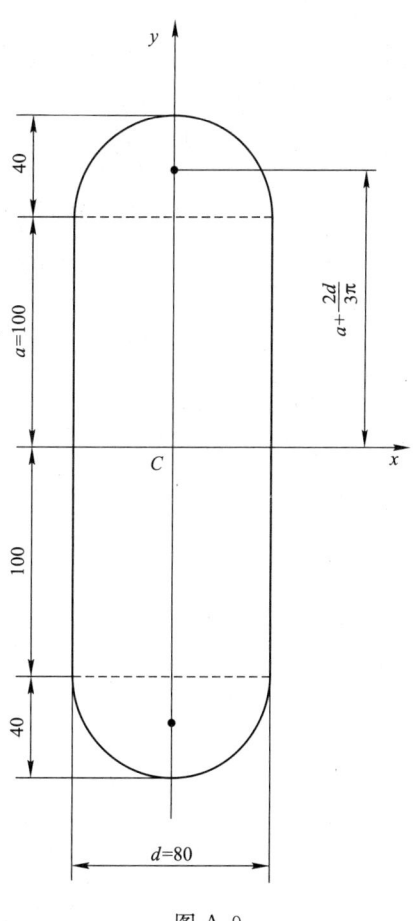

图 A.9

解：将截面看作由一个矩形和两个半圆组成。

(1) 矩形对 x 轴的惯性矩。

$$I_{x1}=\frac{d(2a)^3}{12}=\frac{80\times200^3}{12}$$
$$=5\ 333\times10^4\ \text{mm}^4$$

(2) 一个半圆对其自身形心轴 x_C 的惯性矩（见上例）。
$$I_{x_C}=I_x-(y_C)^2\cdot\frac{\pi d^2}{8}=\frac{\pi d^4}{128}-\frac{d^4}{18\pi}$$

(3) 一个半圆对 x 轴的惯性矩。
由平行移轴公式得
$$I_{x2}=I_{x_C}+\left(a+\frac{2d}{3\pi}\right)^2\cdot\frac{\pi d^2}{8}$$
$$=\frac{\pi d^2}{4}\left(\frac{d^2}{32}+\frac{a^2}{2}+\frac{2ad}{3\pi}\right)=3\ 467\times10^4\ \text{mm}^4$$

(4) 整个截面对于对称轴 x 的惯性矩。
$$I_x=I_{x1}+2I_{x2}$$
$$=5\ 333\times10^4+2\times3\ 467\times10^4$$
$$=12\ 267\times10^4\ \text{mm}^4$$

例 A-7 试计算图 A.10 所示组合截面的 I_{x_C}。

解：(1) 求截面形心位置。
$$\bar{y}=\frac{140\times20\times80+100\times20\times0}{140\times20+100\times20}=46.67\ \text{mm}$$

(2) 求各个简单截面对形心轴的惯性矩。
$$I_{x_{C1}}=\frac{1}{12}\times20\times140^3+(80-46.67)^2\times20\times140=7.68\times10^6\ \text{mm}^4$$
$$I_{x_{C2}}=\frac{1}{12}\times100\times20^3+46.67^2\times20\times100=4.43\times10^6\ \text{mm}^4$$

(3) 求整个截面的惯性矩。
$$I_{x_C}=I_{x_{C1}}+I_{x_{C2}}=7.68\times10^6+4.43\times10^6=12.11\times10^6\ \text{mm}^4$$

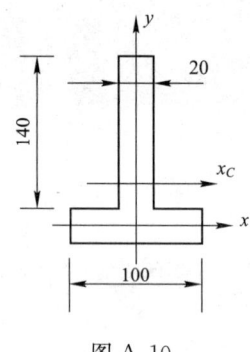

图 A.10

附录 B 简单截面图形的几何性质

截面图形	面积	形心位置	惯性矩	抗弯截面系数	惯性半径
矩形	bh	$y_C=\dfrac{h}{2}$	$I_z=\dfrac{bh^3}{12}$ $I_y=\dfrac{hb^3}{12}$	$W_z=\dfrac{bh^2}{6}$ $W_y=\dfrac{hb^2}{6}$	$i_z=\dfrac{h}{\sqrt{12}}$ $i_y=\dfrac{b}{\sqrt{12}}$
菱形	h^2	$y_C=\dfrac{h}{\sqrt{2}}$	$I_z=I_y=\dfrac{h^4}{12}$	$W_z=W_y=\dfrac{h^3}{\sqrt{72}}$	$i_z=i_y=\dfrac{h}{\sqrt{12}}$
三角形	$\dfrac{bh}{2}$	$y_C=\dfrac{h}{3}$	$I_z=\dfrac{bh^3}{36}$ $I_y=\dfrac{hb^3}{48}$	$W_{z1}=\dfrac{bh^2}{24}$ $W_{z2}=\dfrac{bh^2}{12}$ $W_y=\dfrac{hb^2}{24}$	$i_z=\dfrac{h}{\sqrt{18}}$ $i_y=\dfrac{h}{\sqrt{24}}$
梯形	$\dfrac{(B+b)h}{2}$	$y_C=\dfrac{(B+2b)h}{3(B+b)}$	$I_z=\dfrac{B^2+4Bb+b^2}{36(B+b)}h^3$	$W_{z1}=\dfrac{B^2+4Bb+b^2}{12(2B+b)}h^2$ $W_{z2}=\dfrac{B^2+4Bb+b^2}{12(2B+2b)}h^2$	$i_z=\dfrac{\sqrt{B^2+4Bb+b^2}}{\sqrt{18}(B+b)}h$
圆形	$\pi r^2=\dfrac{\pi d^2}{4}$	$y_C=r=\dfrac{d}{2}$	$I_z=I_y=\dfrac{\pi r^4}{4}=\dfrac{\pi d^4}{64}$	$W_z=W_y=\dfrac{\pi r^3}{4}=\dfrac{\pi d^3}{32}$	$i_z=i_y=\dfrac{r}{2}=\dfrac{d}{4}$
圆环	$\pi(R^2-r^2)=\dfrac{\pi}{4}(D^2-d^2)$	$y_C=R=\dfrac{D}{2}$	$I_z=I_y$ $=\dfrac{\pi}{4}(R^4-r^4)$ $=\dfrac{\pi}{64}(D^4-d^4)$	$W_z=W_y$ $=\dfrac{\pi}{4R}(R^4-r^4)$ $=\dfrac{\pi}{32D}(D^4-d^4)$	$i_z=i_y$ $=\dfrac{1}{2}\sqrt{R^2+r^2}$ $=\dfrac{1}{4}\sqrt{D^2+d^2}$
半圆形	$\dfrac{\pi r^2}{2}$	$y_C=\dfrac{4r}{3\pi}$ $\approx 0.424r$	$I_z=\left(\dfrac{1}{8}-\dfrac{8}{9\pi^2}\right)\pi r^4$ $\approx 0.110r^4$ $I_y=\dfrac{\pi r^4}{8}$	$W_{z1}\approx 0.191r^3$ $W_{z2}\approx 0.259r^3$ $W_y=\dfrac{\pi r^3}{3}$	$i_z=0.264r$ $i_y=\dfrac{r}{2}$

附录 C

型 钢 表

表 C.1 工字钢截面尺寸、截面面积、理论重量及截面特性（GB/T 706—2008）

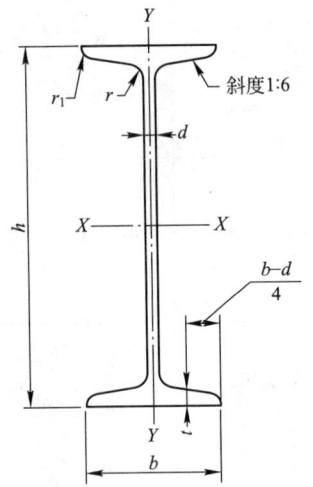

h——高度；
b——腿宽度；
d——腰厚度；
t——平均腿厚度；
r——内圆弧半径；
r_1——腿端圆弧半径。

型号	截面尺寸/mm						截面面积 /cm²	理论重量 /(kg/m)	惯性矩/cm⁴		惯性半径/cm		截面模数/cm³	
	h	b	d	t	r	r_1			I_x	I_y	i_x	i_y	W_x	W_y
10	100	68	4.5	7.6	6.5	3.3	14.345	11.261	245	33.0	4.14	1.52	49.0	9.72
12	120	74	5.0	8.4	7.0	3.5	17.818	13.987	436	46.9	4.95	1.62	72.7	12.7
12.6	126	74	5.0	8.4	7.0	3.5	18.118	14.223	488	46.9	5.20	1.61	77.5	12.7
14	140	80	5.5	9.1	7.5	3.8	21.516	16.890	712	64.4	5.76	1.73	102	16.1
16	160	88	6.0	9.9	8.0	4.0	26.131	20.513	1 130	93.1	6.58	1.89	141	21.2
18	180	94	6.5	10.7	8.5	4.3	30.756	24.143	1 660	122	7.36	2.00	185	26.0
20a	200	100	7.0	11.4	9.0	4.5	35.578	27.929	2 370	158	8.15	2.12	237	31.5
20b		102	9.0				39.578	31.069	2 500	169	7.96	2.06	250	33.1
22a	220	110	7.5	12.3	9.5	4.8	42.128	33.070	3 400	225	8.99	2.31	309	40.9
22b		112	9.5				46.528	36.524	3 570	239	8.78	2.27	325	42.7
24a	240	116	8.0	13.0	10.0	5.0	47.741	37.477	4 570	280	9.77	2.42	381	48.4
24b		118	10.0				52.541	41.245	4 800	297	9.57	2.38	400	50.4
25a	250	116	8.0				48.541	38.105	5 020	280	10.2	2.40	402	48.3
25b		118	10.0				53.541	42.030	5 280	309	9.94	2.40	423	52.4

附录 C 型 钢 表

续表

型号	截面尺寸/mm						截面面积 /cm²	理论重量 /(kg/m)	惯性矩/cm⁴		惯性半径/cm		截面模数/cm³	
	h	b	d	t	r	r_1			I_x	I_y	i_x	i_y	W_x	W_y
27a	270	122	8.5	13.7	10.5	5.3	54.554	42.825	6 550	345	10.9	2.51	485	56.6
27b		124	10.5				59.954	47.064	6 870	366	10.7	2.47	509	58.9
28a	280	122	8.5				55.404	43.492	7 110	345	11.3	2.50	508	56.6
28b		124	10.5				61.004	47.888	7 480	379	11.1	2.49	534	61.2
30a	300	126	9.0	14.4	11.0	5.5	61.254	48.084	8 950	400	12.1	2.55	597	63.5
30b		128	11.0				67.254	52.794	9 400	422	11.8	2.50	627	65.9
30c		130	13.0				73.254	57.504	9 850	445	11.6	2.46	657	68.5
32a	320	130	9.5	15.0	11.5	5.8	67.156	52.717	11 100	460	12.8	2.62	692	70.8
32b		132	11.5				73.556	57.741	11 600	502	12.6	2.61	726	76.0
32c		134	13.5				79.956	62.765	12 200	544	12.3	2.61	760	81.2
36a	360	136	10.0	15.8	12.0	6.0	76.480	60.037	15 800	552	14.4	2.69	875	81.2
36b		138	12.0				83.680	65.689	16 500	582	14.1	2.64	919	84.3
36c		140	14.0				90.880	71.341	17 300	612	13.8	2.60	962	87.4
40a	400	142	10.5	16.5	12.5	6.3	86.112	67.598	21 700	660	15.9	2.77	1 090	93.2
40b		144	12.5				94.112	73.878	22 800	692	15.6	2.71	1 140	96.2
40c		146	14.5				102.112	80.158	23 900	727	15.2	2.65	1 190	99.6
45a	450	150	11.5	18.0	13.5	6.8	102.446	80.420	32 200	855	17.7	2.89	1 430	114
45b		152	13.5				111.446	87.485	33 800	894	17.4	2.84	1 500	118
45c		154	15.5				120.446	94.550	35 300	938	17.1	2.79	1 570	122
50a	500	158	12.0	20.0	14.0	7.0	119.304	93.654	46 500	1 120	19.7	3.07	1 860	142
50b		160	14.0				129.304	101.504	48 600	1 170	19.4	3.01	1 940	146
50c		162	16.0				139.304	109.354	50 600	1 220	19.0	2.96	2 080	151
55a	550	166	12.5	21.0	14.5	7.3	134.185	105.335	62 900	1 370	21.6	3.19	2 290	164
55b		168	14.5				145.185	113.970	65 600	1 420	21.2	3.14	2 390	170
55c		170	16.5				156.185	122.605	68 400	1 480	20.9	3.08	2 490	175
56a	560	166	12.5				135.435	106.316	65 600	1 370	22.0	3.18	2 340	165
56b		168	14.5				146.635	115.108	68 500	1 490	21.6	3.16	2 450	174
56c		170	16.5				157.835	123.900	71 400	1 560	21.3	3.16	2 550	183
63a	630	176	13.0	22.0	15.0	7.5	154.658	121.407	93 900	1 700	24.5	3.31	2 980	193
63b		178	15.0				167.258	131.298	98 100	1 810	24.2	3.29	3 160	204
63c		180	17.0				179.858	141.189	102 000	1 920	23.8	3.27	3 300	214

注：表中 r、r_1 的数据用于孔型设计，不做交货条件。

表 C.2　槽钢截面尺寸、截面面积、理论重量及截面特性（GB/T 706—2008）

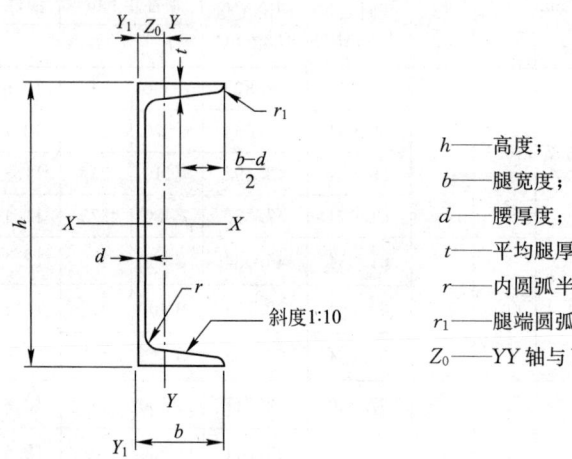

- h——高度；
- b——腿宽度；
- d——腰厚度；
- t——平均腿厚度；
- r——内圆弧半径；
- r_1——腿端圆弧半径；
- Z_0——YY 轴与 Y_1Y_1 轴间距。

型号	截面尺寸/mm						截面面积/cm²	理论重量/(kg/m)	惯性矩/cm⁴			惯性半径/cm		截面模数/cm³		重心距离/cm
	h	b	d	t	r	r_1			I_x	I_y	I_{y1}	i_x	i_y	W_x	W_y	Z_0
5	50	37	4.5	7.0	7.0	3.5	6.928	5.438	26.0	8.30	20.9	1.94	1.10	10.4	3.55	1.35
6.3	63	40	4.8	7.5	7.5	3.8	8.451	6.634	50.8	11.9	28.4	2.45	1.19	16.1	4.50	1.36
6.5	65	40	4.3	7.5	7.5	3.8	8.547	6.709	55.2	12.0	28.3	2.54	1.19	17.0	4.59	1.38
8	80	43	5.0	8.0	8.0	4.0	10.248	8.045	101	16.6	37.4	3.15	1.27	25.3	5.79	1.43
10	100	48	5.3	8.5	8.5	4.2	12.748	10.007	198	25.6	54.9	3.95	1.41	39.7	7.80	1.52
12	120	53	5.5	9.0	9.0	4.5	15.362	12.059	346	37.4	77.7	4.75	1.56	57.7	10.2	1.62
12.6	126	53	5.5	9.0	9.0	4.5	15.692	12.318	391	38.0	77.1	4.95	1.57	62.1	10.2	1.59
14a	140	58	6.0	9.5	9.5	4.8	18.516	14.535	564	53.2	107	5.52	1.70	80.5	13.0	1.71
14b	140	60	8.0	9.5	9.5	4.8	21.316	16.733	609	61.1	121	5.35	1.69	87.1	14.1	1.67
16a	160	63	6.5	10.0	10.0	5.0	21.962	17.24	866	73.3	144	6.28	1.83	108	16.3	1.80
16b	160	65	8.5	10.0	10.0	5.0	25.162	19.752	935	83.4	161	6.10	1.82	117	17.6	1.75
18a	180	68	7.0	10.5	10.5	5.2	25.699	20.174	1 270	98.6	190	7.04	1.96	141	20.0	1.88
18b	180	70	9.0	10.5	10.5	5.2	29.299	23.000	1 370	111	210	6.84	1.95	152	21.5	1.84
20a	200	73	7.0	11.0	11.0	5.5	28.837	22.637	1 780	128	244	7.86	2.11	178	24.2	2.01
20b	200	75	9.0	11.0	11.0	5.5	32.837	25.777	1 910	144	268	7.64	2.09	191	25.9	1.95
22a	220	77	7.0	11.5	11.5	5.8	31.846	24.999	2 390	158	298	8.67	2.23	218	28.2	2.10
22b	220	79	9.0	11.5	11.5	5.8	36.246	28.453	2 570	176	326	8.42	2.21	234	30.1	2.03

续表

型号	截面尺寸/mm						截面面积/cm²	理论重量/(kg/m)	惯性矩/cm⁴			惯性半径/cm		截面模数/cm³		重心距离/cm
	h	b	d	t	r	r_1			I_x	I_y	I_{y1}	i_x	i_y	W_x	W_y	Z_0
24a	240	78	7.0	12.0	12.0	6.0	34.217	26.860	3 050	174	325	9.45	2.25	254	30.5	2.10
24b	240	80	9.0	12.0	12.0	6.0	39.017	30.628	3 280	194	355	9.17	2.23	274	32.5	2.03
24c	240	82	11.0	12.0	12.0	6.0	43.817	34.396	3 510	213	388	8.96	2.21	293	34.4	2.00
25a	250	78	7.0	12.0	12.0	6.0	34.417	27.410	3 370	176	322	9.82	2.24	270	30.6	2.07
25b	250	80	9.0	12.0	12.0	6.0	39.917	31.335	3 530	196	353	9.41	2.22	282	32.7	1.98
25c	250	82	11.0	12.0	12.0	6.0	44.917	35.260	3 690	218	384	9.07	2.21	295	35.9	1.92
27a	270	82	7.5	12.5	12.5	6.2	39.284	30.838	4 360	216	393	10.5	2.34	323	35.5	2.13
27b	270	84	9.5	12.5	12.5	6.2	44.684	35.077	4 690	239	428	10.3	2.31	347	37.7	2.06
27c	270	86	11.5	12.5	12.5	6.2	50.084	39.316	5 020	261	467	10.1	2.28	372	39.8	2.03
28a	280	82	7.5	12.5	12.5	6.2	40.034	31.427	4 760	218	388	10.9	2.33	340	35.7	2.10
28b	280	84	9.5	12.5	12.5	6.2	45.634	35.823	5 130	242	428	10.6	2.30	366	37.9	2.02
28c	280	86	11.5	12.5	12.5	6.2	51.234	40.219	5 500	268	463	10.4	2.29	393	40.3	1.95
30a	300	85	7.5	13.5	13.5	6.8	43.902	34.463	6 050	260	467	11.7	2.43	403	41.1	2.17
30b	300	87	9.5	13.5	13.5	6.8	49.902	39.173	6 500	289	515	11.4	2.41	433	44.0	2.13
30c	300	89	11.5	13.5	13.5	6.8	55.902	43.883	6 950	316	560	11.2	2.38	463	46.4	2.09
32a	320	88	8.0	14.0	14.0	7.0	48.513	38.083	7 600	305	552	12.5	2.50	475	46.5	2.24
32b	320	90	10.0	14.0	14.0	7.0	54.913	43.107	8 140	336	593	12.2	2.47	509	49.2	2.16
32c	320	92	12.0	14.0	14.0	7.0	61.313	48.131	8 690	374	643	11.9	2.47	543	52.6	2.09
36a	360	96	9.0	16.0	16.0	8.0	60.910	47.814	11 900	455	818	14.0	2.73	660	63.5	2.44
36b	360	98	11.0	16.0	16.0	8.0	68.110	53.466	12 700	497	880	13.6	2.70	703	66.9	2.37
36c	360	100	13.0	16.0	16.0	8.0	75.310	59.118	13 400	536	948	13.4	2.67	746	70.0	2.34
40a	400	100	10.5	18.0	18.0	9.0	75.068	58.928	17 600	592	1 070	15.3	2.81	879	78.8	2.49
40b	400	102	12.5	18.0	18.0	9.0	83.068	65.208	18 600	640	114	15.0	2.78	932	82.5	2.44
40c	400	104	14.5	18.0	18.0	9.0	91.068	71.488	19 700	688	1 220	14.7	2.75	986	86.2	2.42

注：表中 r、r_1 的数据用于孔型设计，不做交货条件。

表 C.3 等边角钢截面尺寸、截面积、理论重量及截面特性 (GB/T 706—2008)

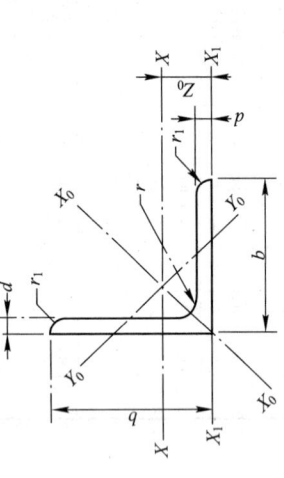

b——边宽度;
d——边厚度;
r——内圆弧半径;
r_1——边端圆弧半径;
Z_0——重心距离。

型号	截面尺寸/mm			截面面积 /cm²	理论重量 /(kg/m)	外表面积 /(m²/m)	惯性矩/cm⁴				惯性半径/cm			截面模数/cm³			重心距离/cm
	b	d	r				I_x	I_{x1}	I_{x0}	I_{y0}	i_x	i_{x0}	i_{y0}	W_x	W_{x0}	W_{y0}	Z_0
2	20	3	3.5	1.132	0.889	0.078	0.40	0.81	0.63	0.17	0.59	0.75	0.39	0.29	0.45	0.20	0.60
		4		1.459	1.145	0.077	0.50	1.09	0.78	0.22	0.58	0.73	0.38	0.36	0.55	0.24	0.64
2.5	25	3		1.432	1.124	0.098	0.82	1.57	1.29	0.34	0.76	0.95	0.49	0.46	0.73	0.33	0.73
		4		1.859	1.459	0.097	1.03	2.11	1.62	0.43	0.74	0.93	0.48	0.59	0.92	0.40	0.76
3.0	30	3		1.749	1.373	0.117	1.46	2.71	2.31	0.61	0.91	1.15	0.59	0.68	1.09	0.51	0.85
		4		2.276	1.786	0.117	1.84	3.63	2.92	0.77	0.90	1.13	0.58	0.87	1.37	0.62	0.89
3.6	36	3	4.5	2.109	1.656	0.141	2.58	4.68	4.09	1.07	1.11	1.39	0.71	0.99	1.61	0.76	1.00
		4		2.756	2.163	0.141	3.29	6.25	5.22	1.37	1.09	1.38	0.07	1.28	2.05	0.93	1.04
		5		3.382	2.654	0.141	3.95	7.84	6.24	1.65	1.08	1.36	0.70	1.56	2.45	1.00	1.07
4	40	3		2.359	1.852	0.157	3.59	6.41	5.69	1.49	1.23	1.55	0.79	1.23	2.01	0.96	1.09
		4		3.086	2.422	0.157	4.60	8.56	7.29	1.91	1.22	1.54	0.79	1.60	2.58	1.19	1.13
		5		3.791	2.976	0.156	5.53	10.74	8.76	2.30	1.21	1.52	0.78	1.96	3.10	1.39	1.17
4.5	45	3	5	2.659	2.088	0.177	5.17	9.12	8.20	2.14	1.40	1.76	0.89	1.58	2.58	1.24	1.22
		4		3.486	2.736	0.177	6.65	12.18	10.56	2.75	1.38	1.74	0.89	2.05	3.32	1.54	1.26
		5		4.292	3.369	0.176	8.04	15.2	12.74	3.33	1.37	1.72	0.88	2.51	4.00	1.81	1.30
		6		5.076	3.985	0.176	9.33	18.36	14.76	3.89	1.36	1.70	0.8	2.95	4.64	2.06	1.33

附录 C 型钢表

续表

型号	截面尺寸/mm				截面面积/cm²	理论重量/(kg/m)	外表面积/(m²/m)	惯性矩/cm⁴				惯性半径/cm				截面模数/cm³			重心距离/cm
	b	d		r				I_x	I_{x1}	I_{x0}	I_{y0}	i_x	i_{x0}		i_{y0}	W_x	W_{x0}	W_{y0}	Z_0
5	50	3		5.5	2.971	2.332	0.197	7.18	12.5	11.37	2.98	1.55	1.96		1.00	1.96	3.22	1.57	1.34
		4			3.897	3.059	0.197	9.26	16.69	14.70	3.82	1.54	1.94		0.99	2.56	4.16	1.96	1.38
		5			4.803	3.770	0.196	11.21	20.90	17.79	4.64	1.53	1.92		0.98	3.13	5.03	2.31	1.42
		6			5.688	4.465	0.196	13.05	24.14	20.68	5.42	1.52	1.91		0.98	3.68	5.85	2.63	1.46
5.6	56	3		6	3.343	2.624	0.221	10.19	17.56	16.14	4.24	1.75	2.20		1.13	2.48	4.08	2.02	1.48
		4			4.390	3.446	0.220	13.18	23.43	20.92	5.46	1.73	2.18		1.11	3.24	5.28	2.52	1.53
		5			5.415	4.251	0.220	16.02	29.33	25.42	6.61	1.72	2.17		1.10	3.97	6.42	2.98	1.57
		6			6.420	5.040	0.220	18.69	35.26	29.66	7.73	1.71	2.15		1.10	4.68	7.49	3.40	1.61
		7			7.404	5.812	0.219	21.23	41.23	33.63	8.82	1.69	2.13		1.09	5.36	8.49	3.80	1.64
		8			8.367	6.568	0.219	23.63	47.24	37.37	9.89	1.68	2.11		1.09	6.03	9.44	4.16	1.68
6	60	5		6.5	5.829	4.576	0.236	19.89	36.05	31.57	8.21	1.85	2.33		1.19	4.59	7.44	3.48	1.67
		6			6.914	5.427	0.235	23.25	43.33	36.89	9.60	1.83	2.31		1.18	5.41	8.70	3.98	1.70
		7			7.977	6.262	0.235	26.44	50.65	41.92	10.96	1.82	2.29		1.17	6.21	9.88	4.45	1.74
		8			9.020	7.081	0.235	29.47	58.02	46.66	12.28	1.81	2.27		1.17	6.89	11.0	4.88	1.78
6.3	63	4		7	4.978	3.907	0.248	19.03	33.35	30.17	7.89	1.96	2.46		1.26	4.13	6.78	3.29	1.70
		5			6.143	4.822	0.248	23.17	41.73	36.77	9.57	1.94	2.45		1.25	5.08	8.25	3.90	1.74
		6			7.288	5.721	0.247	27.12	50.14	43.03	11.20	1.93	2.43		1.24	6.00	9.66	4.46	1.78
		7			8.412	6.603	0.247	30.87	58.60	48.96	12.79	1.92	2.41		1.23	6.88	10.99	4.98	1.82
		8			9.515	7.469	0.247	34.46	67.11	54.56	14.33	1.90	2.40		1.23	7.75	12.25	5.47	1.85
		10			11.657	9.151	0.246	41.09	84.31	64.85	17.33	1.88	2.36		1.22	9.39	14.56	6.36	1.93
7	70	4		8	5.570	4.372	0.275	26.39	45.74	41.80	10.99	2.18	2.74		1.40	5.14	8.44	4.17	1.86
		5			6.875	5.397	0.275	32.21	57.21	51.08	13.31	2.16	2.73		1.39	6.32	10.32	4.95	1.91
		6			8.160	6.406	0.275	37.77	68.73	59.93	15.61	2.15	2.71		1.38	7.48	12.11	5.67	1.95
		7			9.424	7.398	0.275	43.09	80.29	68.35	17.82	2.14	2.69		1.38	8.59	13.81	6.34	1.99
		8			10.667	8.373	0.274	48.17	91.92	76.37	19.98	2.12	2.68		1.37	9.68	15.43	6.98	2.03

续表

型号	截面尺寸/mm			截面面积/cm²	理论重量/(kg/m)	外表面积/(m²/m)	惯性矩/cm⁴				惯性半径/cm			截面模数/cm³			重心距离/cm
	b	d	r				I_x	I_{x1}	I_{x0}	I_{y0}	i_x	i_{x0}	i_{y0}	W_x	W_{x0}	W_{y0}	Z_0
7.5	75	5	9	7.412	5.818	0.295	39.97	70.56	63.30	16.63	2.33	2.92	1.50	7.32	11.94	5.77	2.04
		6		8.797	6.905	0.294	46.95	84.55	74.38	19.51	2.31	2.90	1.49	8.64	14.02	6.67	2.07
		7		10.160	7.976	0.294	53.57	98.71	84.96	22.18	2.30	2.89	1.48	9.93	16.02	7.44	2.11
		8		11.503	9.030	0.294	59.96	112.97	95.07	24.86	2.28	2.88	1.47	11.20	17.93	8.19	2.15
		9		12.825	10.068	0.294	66.10	127.30	104.71	27.48	2.27	2.86	1.46	12.43	19.75	8.89	2.18
		10		14.126	11.089	0.293	71.98	141.71	113.92	30.05	2.26	2.84	1.46	13.64	21.48	9.56	2.22
8	80	5	9	7.912	6.211	0.315	48.79	85.36	77.33	20.25	2.48	3.13	1.60	8.34	13.67	6.66	2.15
		6		9.397	7.376	0.314	57.35	102.50	90.98	23.72	2.47	3.11	1.59	9.87	16.08	7.65	2.19
		7		10.860	8.525	0.314	65.58	119.70	104.07	27.09	2.46	3.10	1.58	11.37	18.40	8.58	2.23
		8		12.303	9.658	0.314	73.49	136.97	116.60	30.39	2.44	3.08	1.57	12.83	20.61	9.46	2.27
		9		13.725	10.774	0.314	81.11	154.31	128.60	33.61	2.43	3.06	1.56	14.25	22.73	10.29	2.31
		10		15.126	11.874	0.313	88.43	171.74	140.09	36.77	2.42	3.04	1.56	15.64	24.76	11.08	2.35
9	90	6	10	10.637	8.350	0.354	82.77	145.87	131.26	34.28	2.79	3.51	1.80	12.61	20.63	9.95	2.44
		7		12.301	9.656	0.354	94.83	170.30	150.47	39.18	2.78	3.50	1.78	14.54	23.64	11.19	2.48
		8		13.944	10.946	0.353	106.47	194.80	168.97	43.97	2.76	6.48	1.78	16.42	26.55	10.35	2.52
		9		15.566	12.219	0.353	117.72	219.39	186.77	48.66	2.75	3.46	1.77	18.27	29.35	13.46	2.56
		10		17.167	13.476	0.353	128.58	244.07	203.90	53.26	2.74	3.45	1.76	20.07	32.04	14.52	2.59
		12		20.306	15.940	0.352	149.22	293.76	236.21	62.22	2.71	3.41	1.75	23.57	37.12	16.49	2.67
10	100	6	12	11.932	9.366	0.393	114.95	200.07	181.98	47.92	3.10	3.90	2.00	15.68	25.74	12.69	2.67
		7		13.796	10.830	0.393	131.86	233.54	208.97	54.74	3.09	3.89	1.99	18.10	29.55	14.26	2.71
		8		15.638	12.276	0.393	148.24	267.09	235.07	61.41	3.08	3.88	1.98	20.47	33.24	15.75	2.76
		9		17.462	13.708	0.392	164.12	300.73	260.30	67.95	3.07	3.86	1.97	22.79	36.81	17.18	2.80
		10		19.261	15.120	0.392	179.51	334.48	284.68	74.35	3.05	3.84	1.96	25.06	40.26	18.54	2.84
		12		22.800	17.898	0.391	208.90	402.34	330.95	86.84	3.03	3.81	1.95	29.48	46.80	21.08	2.91
		14		26.256	20.611	0.391	236.53	470.75	374.06	99.00	3.00	3.77	1.94	33.73	52.90	23.44	2.99
		16		29.627	23.257	0.390	262.53	539.80	414.16	110.89	2.98	3.74	1.94	37.82	58.57	25.63	3.06

附录 C 型 钢 表

续表

型号	截面尺寸/mm				截面面积/cm²	理论重量/(kg/m)	外表面积/(m²/m)	惯性矩/cm⁴				惯性半径/cm			截面模数/cm³			重心距离/cm
	b	d		r				I_x	I_{x1}	I_{x0}	I_{y0}	i_x	i_{x0}	i_{y0}	W_x	W_{x0}	W_{y0}	Z_0
11	110	7		12	15.196	11.928	0.433	177.16	310.64	280.94	73.38	3.41	4.30	2.20	22.50	36.12	17.51	2.96
		8			17.238	13.535	0.433	199.46	355.20	316.49	82.42	3.40	4.28	2.19	24.95	40.95	19.39	3.01
		10			21.261	16.690	0.432	242.19	444.65	384.39	99.98	3.38	4.25	2.17	30.60	49.42	22.91	3.09
		12			25.200	19.782	0.431	282.55	534.60	448.17	116.93	3.35	4.22	2.15	36.05	57.62	26.15	3.16
		14			29.056	22.809	0.431	320.71	625.16	508.01	133.40	3.32	4.18	2.14	41.31	65.31	29.14	3.24
12.5	125	8			19.750	15.504	0.492	297.03	521.01	470.89	123.16	3.88	4.88	2.50	32.52	53.28	25.86	3.37
		10			24.373	19.133	0.491	361.67	651.93	573.89	149.46	3.85	4.85	2.48	39.97	64.93	30.62	3.45
		12			28.912	22.696	0.491	423.16	783.42	671.44	174.88	3.83	4.82	2.46	41.17	75.96	35.03	3.53
		14			33.367	26.193	0.490	481.65	915.61	763.73	199.57	3.80	4.78	2.45	54.16	86.41	39.13	3.61
		16			37.739	29.625	0.489	537.21	1 048.62	850.98	223.65	3.77	4.75	2.43	60.93	96.28	42.96	3.68
14	140	10		14	27.373	21.488	0.551	514.65	915.11	817.27	212.04	4.34	5.46	2.78	50.58	82.56	39.20	3.82
		12			32.512	25.522	0.551	603.68	1 099.28	958.79	248.57	4.31	5.43	2.76	59.80	96.85	45.02	3.09
		14			37.567	29.490	0.550	688.81	1 284.22	1 093.56	284.06	4.28	5.40	2.75	68.75	110.47	50.45	3.98
		16			42.539	33.393	0.549	770.24	1 470.07	1 221.81	318.67	4.26	5.36	2.74	77.46	123.42	55.55	4.06
15	150	8			23.750	18.644	0.592	521.37	899.55	827.49	215.25	4.69	5.90	3.01	47.36	78.02	38.14	3.99
		10			29.373	23.058	0.591	637.50	1 125.09	1 012.79	262.21	4.66	5.87	2.99	58.35	95.49	45.51	4.08
		12			34.912	27.406	0.591	748.85	1 351.26	1 189.97	307.73	4.63	5.84	2.97	69.04	112.19	52.38	4.15
		14			40.367	31.688	0.590	855.64	1 578.25	1 359.30	351.98	4.60	5.80	2.95	79.45	128.16	58.83	4.23
		15			43.063	33.804	0.590	907.39	1 692.10	1 441.09	373.69	4.59	5.78	2.95	84.56	135.87	61.90	4.27
		16			45.739	35.905	0.589	958.08	1 806.21	1 521.02	395.14	4.58	5.77	2.94	89.59	143.40	64.89	4.31
16	160	10		16	31.502	24.729	0.630	779.53	1 365.33	1 237.30	321.76	4.98	6.27	3.20	66.70	109.36	52.76	4.31
		12			37.441	29.391	0.630	916.58	1 639.57	1 455.68	377.49	4.95	6.24	3.18	78.98	128.67	60.74	4.39
		14			43.296	33.987	0.629	1 048.36	1 914.68	1 665.02	431.70	4.92	6.20	3.16	90.95	147.17	68.24	4.47
		16			49.067	38.518	0.629	1 175.08	2 190.82	1 865.57	484.59	4.89	6.17	3.14	102.63	164.89	75.31	4.55

续表

型号	截面尺寸/mm				截面面积/cm²	理论重量/(kg/m)	外表面积/(m²/m)	惯性矩/cm⁴				惯性半径/cm			截面模数/cm³			重心距离/cm
	b	d		r				I_x	I_{x1}	I_{x0}	I_{y0}	i_x	i_{x0}	i_{y0}	W_x	W_{x0}	W_{y0}	Z_0
18	180	12		16	42.241	33.159	0.710	1321.35	2332.80	2100.10	542.61	5.59	7.05	3.58	100.82	165.00	78.41	4.89
		14			48.896	38.383	0.709	1514.48	2723.48	2407.42	621.53	5.56	7.02	3.56	116.25	189.14	88.38	4.97
		16			55.467	43.542	0.709	1700.99	3115.29	2703.37	698.60	5.54	6.89	3.55	131.13	212.40	97.83	5.50
		18			61.055	48.634	0.708	1875.12	3502.43	2988.24	762.01	5.50	6.94	3.51	145.64	234.78	105.14	5.13
20	200	14		18	54.642	42.894	0.788	2103.55	3734.10	3343.26	863.83	6.20	7.82	3.98	144.70	236.40	111.82	5.46
		16			62.013	48.680	0.788	2366.15	4270.39	3760.89	971.41	6.18	7.79	3.96	163.65	265.93	123.96	54.54
		18			69.301	54.401	0.787	2620.64	4808.13	4164.54	1076.74	6.15	7.75	3.94	182.22	294.48	135.52	5.62
		20			76.505	60.056	0.787	2867.30	5347.51	4554.55	1180.04	6.12	7.72	3.93	200.42	322.06	146.55	5.69
		24			90.661	71.168	0.785	3338.25	6457.16	5294.97	1381.53	6.07	7.64	3.90	236.17	374.41	166.65	5.87
22	220	16		21	68.664	53.901	0.866	3187.36	5681.62	5063.73	1310.99	6.81	8.59	4.37	199.55	325.51	153.81	6.03
		18			76.752	60.250	0.866	3534.30	6395.93	5615.32	1453.27	6.79	8.55	4.35	222.37	360.97	168.29	6.11
		20			84.756	66.533	0.865	3871.49	7112.04	6150.08	1592.90	6.76	8.52	4.34	244.77	395.34	182.16	6.18
		22			92.676	72.751	0.865	4199.23	7830.19	6668.37	1730.10	6.73	8.48	4.32	266.78	428.66	195.45	6.26
		24			100.512	78.902	0.864	4517.83	8550.57	7170.55	1865.11	6.70	8.45	4.31	288.39	460.94	208.21	6.33
		26			108.264	84.987	0.864	4827.58	9273.39	7656.98	1998.17	6.68	8.41	4.30	309.62	492.21	220.49	6.41
25	250	18		24	87.842	68.956	0.985	5268.22	9379.11	8369.04	2167.41	7.74	9.76	4.97	290.12	473.42	224.03	6.84
		20			97.045	76.180	0.984	5779.34	10426.97	9181.94	2376.74	7.72	9.73	4.95	319.41	519.41	242.85	6.92
		22			106.201	83.366	0.983	—	—	—	—	—	—	—	—	—	—	—
		24			115.201	90.433	0.983	6763.93	12529.74	10742.67	2785.19	7.66	9.66	4.92	377.34	607.70	278.38	7.07
		26			124.154	97.461	0.982	7238.08	13585.18	11491.33	2984.84	7.63	9.62	4.90	405.50	650.05	295.19	7.15
		28			133.022	104.422	0.982	7700.60	14643.62	12219.39	3181.81	7.61	9.58	4.89	433.22	691.23	311.42	7.22
		30			141.807	111.318	0.981	8151.80	15705.30	12927.26	3376.34	7.58	9.55	4.88	460.51	731.28	327.12	7.30
		32			150.508	118.149	0.981	8592.01	16770.41	13615.32	3568.71	7.56	9.51	4.87	487.39	770.20	342.33	7.37
		35			163.402	128.271	0.980	9232.44	18374.95	14611.16	3853.72	7.52	9.46	4.86	526.97	826.53	364.30	7.48

注：截面图中的 $r_1 = 1/3\, d$ 及表中 r 的数据用于孔型设计，不做交货条件。

表 C.4 不等边角钢截面尺寸、截面面积、理论重量及截面特性（GB/T 706—2008）

B — 长边宽度；
b — 短边宽度；
d — 边厚度；
r — 内圆弧半径；
r_1 — 边端圆弧半径；
X_0 — 重心距离；
Y_0 — 重心距离。

型号	截面尺寸/mm				截面面积/cm²	理论重量/(kg/m)	外表面积/(m²/m)	惯性矩/cm⁴					惯性半径/cm			截面模数/cm³			$\tan\alpha$	重心距离/cm	
	B	b	d	r				I_x	I_{x1}	I_y	I_{y1}	I_u	i_x	i_y	i_u	W_x	W_y	W_u		X_0	Y_0
2.5/1.6	25	16	3	3.5	1.162	0.912	0.080	0.70	1.56	0.22	0.43	0.14	0.78	0.44	0.34	0.43	0.19	0.16	0.392	0.42	0.86
			4		1.499	1.176	0.079	0.88	2.09	0.27	0.59	0.17	0.77	0.43	0.34	0.55	0.24	0.20	0.381	0.46	1.86
3.2/2	32	20	3		1.492	1.171	0.102	1.53	3.27	0.46	0.82	0.28	1.01	0.55	0.43	0.72	0.30	0.25	0.382	0.49	0.90
			4		1.939	1.522	0.101	1.93	4.37	0.57	1.12	0.35	1.00	0.54	0.42	0.93	0.39	0.32	0.374	0.35	1.08
4/2.5	40	25	3	4	1.890	1.484	0.127	3.08	5.39	0.93	1.59	0.56	1.28	0.70	0.54	1.15	0.49	0.40	0.385	0.59	1.12
			4		2.467	1.936	0.127	3.93	8.53	1.18	2.14	0.71	1.36	0.69	0.54	1.49	0.63	0.52	0.381	0.63	1.32
4.5/2.8	45	28	3	5	2.149	1.687	0.143	445	9.10	1.34	2.23	0.80	1.44	0.79	0.61	1.47	0.62	0.51	0.383	0.64	1.37
			4		2.806	2.203	0.143	5.69	12.13	1.70	3.00	1.02	1.42	0.78	0.60	1.91	0.80	0.66	0.380	0.68	1.47
5/3.2	50	32	3	5.5	2.431	1.908	0.161	6.24	12.49	2.02	3.31	1.20	1.60	0.91	0.70	1.84	0.82	0.68	0.404	0.73	1.51
			4		3.177	2.494	0.160	8.02	16.65	2.58	4.45	1.53	1.59	0.90	0.69	2.39	1.06	0.87	0.402	0.77	1.60
5.6/3.6	56	36	3	6	2.743	2.153	0.181	8.88	17.54	2.92	4.70	1.73	1.80	1.03	0.79	2.32	1.05	0.87	0.408	0.80	1.65
			4		3.590	2.818	0.180	11.45	23.39	3.76	6.33	2.23	1.79	1.02	0.79	3.03	1.37	1.13	0.408	0.85	1.78
			5		4.415	3.466	0.180	13.86	29.25	4.49	7.94	2.67	1.77	1.01	0.78	3.71	1.65	1.36	0.404	0.88	1.82
6.3/4	63	40	4	7	4.058	3.185	0.202	16.49	33.30	5.23	8.63	3.12	2.02	1.14	0.88	3.87	1.70	1.40	0.398	0.92	1.87
			5		4.993	3.920	0.202	20.02	41.63	6.31	10.86	3.76	2.00	1.12	0.87	4.47	2.07	1.71	0.396	0.95	2.04
			6		5.908	4.638	0.201	23.36	49.98	7.29	13.12	4.34	1.96	1.11	0.86	5.59	2.43	1.99	0.393	0.99	2.08
			7		6.802	5.339	0.201	26.53	58.07	8.24	15.47	4.97	1.98	1.10	0.86	6.40	2.78	2.29	0.389	1.03	2.12

续表

型号	截面尺寸/mm				截面面积/cm²	理论重量/(kg/m)	外表面积/(m²/m)	惯性矩/cm⁴					惯性半径/cm			截面模数/cm³			tan α	重心距离/m	
	B	b	d	r				I_x	I_{x1}	I_y	I_{y1}	I_u	i_x	i_y	i_u	W_x	W_y	W_u		X_0	Y_0
7/4.5	70	45	4	7.5	4.547	3.570	0.226	23.17	45.92	7.55	12.26	4.40	2.26	1.29	0.98	4.86	2.17	1.77	0.410	1.02	2.15
			5		5.609	4.403	0.225	27.95	57.10	9.13	15.39	5.40	2.23	1.28	0.98	5.92	2.65	2.19	0.407	1.06	2.24
			6		6.647	5.218	0.225	32.54	68.35	10.62	18.58	6.35	2.21	1.26	0.98	6.95	3.12	2.59	0.404	1.09	2.28
			7		7.657	6.011	0.225	37.22	79.99	12.01	21.84	7.16	2.20	1.25	0.97	8.03	3.57	2.94	0.402	1.13	2.32
7.5/5	75	50	5	8	6.125	4.808	0.245	34.86	70.00	12.61	21.04	7.41	2.39	1.44	1.10	6.83	3.30	2.74	0.435	1.17	2.36
			6		7.260	5.699	0.245	41.12	84.30	14.70	25.37	8.54	2.38	1.42	1.08	8.12	3.88	3.19	0.435	1.21	2.40
			8		9.467	7.431	0.244	52.39	112.50	18.53	34.23	10.87	2.35	1.40	1.07	10.52	4.99	4.10	0.429	1.29	2.44
			10		11.590	9.098	0.244	62.71	140.80	21.96	43.43	13.10	2.33	1.38	1.06	12.79	6.04	4.99	0.423	1.36	2.52
8/5	80	50	5	8	6.375	5.005	0.255	41.96	85.21	12.82	21.06	7.66	2.56	1.42	1.10	7.78	3.32	2.74	0.388	1.14	2.60
			6		7.560	5.935	0.255	49.49	102.53	14.95	25.41	8.85	2.56	1.41	1.08	9.25	3.91	3.20	0.387	1.18	2.65
			7		8.724	6.848	0.255	56.16	119.33	16.96	29.82	10.18	2.54	1.39	1.08	10.58	4.48	3.70	0.384	1.21	2.69
			8		9.867	7.745	0.254	62.83	136.41	18.85	34.32	11.38	2.52	1.38	1.07	11.92	5.03	4.16	0.381	1.25	2.73
9/5.6	90	56	5	9	7.212	5.661	0.287	60.45	121.32	18.32	29.53	10.98	2.90	1.59	1.23	9.92	4.21	3.49	0.385	1.25	2.91
			6		8.557	6.717	0.286	71.03	145.59	21.42	35.58	12.90	2.88	1.58	1.23	11.74	4.96	4.13	0.384	1.29	2.95
			7		9.880	7.756	0.286	81.01	169.60	24.36	41.71	14.67	2.86	1.57	1.22	13.49	5.70	4.72	0.382	1.33	3.00
			8		11.183	8.779	0.286	91.03	194.17	27.15	47.93	16.34	2.85	1.56	1.21	15.27	6.41	5.29	0.380	1.36	3.04
10/6.3	100	63	6	10	9.617	7.550	0.320	99.06	199.71	30.94	50.50	18.42	3.21	1.79	1.38	14.64	6.35	5.25	0.394	1.43	3.24
			7		11.111	8.722	0.320	113.45	233.00	35.26	59.14	21.00	3.20	1.78	1.38	16.88	7.29	6.02	0.394	1.47	3.28
			8		12.534	9.878	0.319	127.37	266.32	39.39	67.88	23.50	3.18	1.77	1.37	19.08	8.21	6.78	0.391	1.50	3.32
			10		15.467	12.142	0.319	153.81	333.06	47.12	85.73	28.33	3.15	1.74	1.35	23.32	9.98	8.24	0.387	1.58	3.40
10/8	100	80	6	10	10.637	8.350	0.354	107.04	199.83	61.24	102.68	31.65	3.17	2.40	1.72	15.19	10.16	8.37	0.627	1.97	2.95
			7		12.301	9.656	0.354	122.73	233.20	70.08	119.98	36.17	3.16	2.39	1.72	17.52	11.71	9.60	0.626	2.01	3.0
			8		13.944	10.946	0.353	137.92	266.61	78.58	137.37	40.58	3.14	2.37	1.71	19.81	13.21	10.80	0.625	2.05	3.04
			10		17.167	13.476	0.353	166.87	333.63	94.65	172.48	49.10	3.12	2.35	1.69	24.24	16.12	13.12	0.622	2.13	3.12
11/7	110	70	6	10	10.637	8.350	0.354	133.37	265.78	42.92	69.08	25.36	3.54	2.01	1.54	17.85	7.90	6.53	0.403	1.57	3.53
			7		12.301	9.656	0.354	153.00	310.07	49.01	80.82	28.95	3.53	2.00	1.53	20.60	9.09	7.50	0.402	1.61	3.57
			8		13.944	10.946	0.353	172.04	354.39	54.87	92.70	32.45	3.51	1.98	1.53	23.30	10.25	8.45	0.401	1.65	3.62
			10		17.167	13.476	0.353	208.39	443.13	65.88	116.86	39.20	3.48	1.96	1.51	28.54	12.48	10.29	0.397	1.72	3.70

附录 C 型钢表

续表

型号	截面尺寸/mm				截面面积/cm²	理论重量/(kg/m)	外表面积/(m²/m)	惯性矩/cm⁴				惯性半径/cm			截面模数/cm³			$\tan \alpha$	重心距离/cm	
	B	b	d	r				I_x	I_{x1}	I_y	I_{y1}	I_u	i_x	i_y	i_u	W_x	W_y	W_u		X_0	Y_0
12.5/8	125	80	7	11	14.096	11.066	0.403	227.98	454.99	74.42	120.32	43.81	4.02	2.30	1.76	26.86	12.01	9.92	0.408	1.80	4.01
			8		15.989	12.551	0.403	256.77	519.99	83.49	137.85	49.15	4.01	2.28	1.75	30.41	13.56	11.18	0.407	1.84	4.06
			10		19.712	15.474	0.402	312.04	650.09	100.67	173.40	59.45	3.98	2.26	1.74	37.33	16.56	13.64	0.404	1.92	4.14
			12		23.351	18.330	0.402	364.41	780.39	116.67	209.67	69.35	3.95	2.24	1.72	44.01	19.43	16.01	0.400	2.00	4.22
14/9	140	90	8	12	18.038	14.160	0.453	365.64	730.53	120.69	195.79	70.83	4.50	2.59	1.98	38.48	17.34	14.31	0.411	2.04	4.50
			10		22.261	17.475	0.452	445.50	913.20	140.03	245.92	85.82	4.47	2.56	1.96	47.31	21.22	17.48	0.409	2.12	4.58
			12		26.400	20.724	0.451	521.59	1 096.09	169.79	296.89	100.21	4.44	2.54	1.95	55.87	24.95	20.54	0.406	2.19	4.66
			14		30.456	23.908	0.451	594.10	1 279.26	192.10	348.82	114.13	4.42	2.51	1.94	64.18	28.54	23.52	0.403	2.27	4.74
15/9	150	90	8	12	18.839	14.788	0.473	442.05	898.35	122.80	195.95	74.14	4.84	2.55	1.98	43.86	17.47	14.48	0.364	1.97	4.92
			10		23.261	18.260	0.472	539.24	1 122.85	148.62	246.26	89.86	4.81	2.53	1.97	53.97	21.38	17.69	0.362	2.05	5.01
			12		27.600	21.666	0.471	632.08	1 347.50	172.85	297.46	104.95	4.79	2.50	1.95	63.79	25.14	20.80	0.359	2.12	5.09
			14		31.856	25.007	0.471	720.77	1 572.38	195.62	349.74	119.53	4.76	2.48	1.94	73.33	28.77	23.84	0.356	2.20	5.17
			15		33.952	26.652	0.471	763.62	1 684.93	206.50	376.33	126.67	4.74	2.47	1.93	77.99	30.53	25.33	0.354	2.24	5.21
			16		36.027	28.281	0.470	805.51	1 797.55	217.07	403.24	133.72	4.73	2.45	1.93	82.60	32.27	26.82	0.352	2.27	5.25
16/10	160	100	10	13	25.315	19.872	0.512	668.69	1 362.89	205.03	336.59	121.74	5.14	2.85	2.19	62.13	26.56	21.92	0.390	2.28	5.24
			12		30.054	23.592	0.511	784.91	1 635.56	239.06	405.94	142.33	5.11	2.82	2.17	73.49	31.28	25.79	0.388	2.36	5.32
			14		34.709	27.247	0.510	896.30	1 908.50	271.20	476.42	162.23	5.08	2.80	2.16	84.56	35.83	29.56	0.385	0.43	5.40
			16		29.281	30.835	0.510	1 003.04	2 181.79	301.60	548.22	182.57	5.05	2.77	2.16	95.33	40.24	33.44	0.382	2.51	5.48
18/11	180	110	10	14	28.373	22.273	0.571	956.25	1 940.40	278.11	447.22	166.50	5.80	3.13	2.42	78.96	32.49	26.88	0.376	2.44	5.89
			12		33.712	26.440	0.571	1 124.72	2 328.38	325.03	538.94	194.87	5.78	3.10	2.40	93.53	38.32	31.66	0.374	2.52	5.98
			14		38.967	30.589	0.570	1 286.91	2 716.60	369.55	631.95	222.30	5.75	3.08	2.39	107.76	43.97	36.32	0.372	2.59	6.06
			16		44.139	34.649	0.569	1 443.06	3 105.15	411.85	726.46	248.94	5.72	3.06	2.38	121.64	49.44	40.87	0.369	2.67	6.14
20/12.5	200	125	12	14	37.912	29.761	0.641	1 570.90	3 193.85	483.16	787.74	285.79	6.44	3.57	2.74	116.73	49.99	41.23	0.392	2.83	6.54
			14		43.687	34.436	0.640	1 800.97	3 726.17	550.83	922.47	326.58	6.41	3.54	2.73	134.65	57.44	47.34	0.390	2.91	6.62
			16		49.739	39.045	0.639	2 023.35	4 258.88	615.44	1 058.86	366.21	6.38	3.52	2.71	152.18	64.89	53.32	0.388	2.99	6.70
			18		55.526	43.588	0.639	2 238.30	4 792.00	677.19	1 197.13	404.83	6.35	3.49	2.70	169.33	71.74	59.18	0.385	3.06	6.78

注：截面图中的 $r_1=1/3d$ 及表中 r 的数据用于孔型设计，不做交货条件。

表 C.5 L 型钢截面尺寸、截面面积、理论重量及截面特性（GB/T 706—2008）

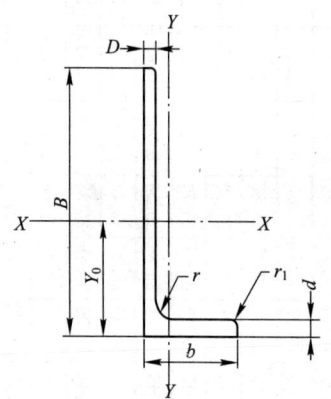

B——长边宽度；
b——短边宽度；
D——长边厚度；
d——短边厚度；
r——内圆弧半径；
r_1——边端圆弧半径；
Y_0——重心距离。

型号	截面尺寸/mm						截面面积/cm²	理论重量/(kg/m)	惯性矩 I_x/cm⁴	重心距离 Y_0/cm
	B	b	D	d	r	r_1				
L250×90×9×13	250	90	9	13	15	7.5	33.4	26.2	2 190	8.64
L250×90×10.5×15			10.5	15			38.5	30.3	2 510	8.76
L250×90×11.5×16			11.5	16			41.7	32.7	2 710	8.90
L300×100×10.5×15	300	100	10.5	15			45.3	35.6	4 290	10.6
L300×100×11.5×16			11.5	16			49.0	38.5	4 630	10.7
L350×120×10.5×16	350	120	10.5	16			54.9	43.1	7 110	12.0
L350×120×11.5×18			11.5	18			60.4	47.1	7 780	12.0
L400×120×11.5×23	400	120	11.5	23	20	10	71.6	56.2	11 900	13.3
L450×120×11.5×25	450	120	11.5	25			79.5	62.4	16 800	15.1
L500×120×12.5×33	500	120	12.5	33			98.6	77.4	25 500	16.5
L500×120×13.5×35			13.5	35			105.0	82.8	27 100	16.6

附录 D 符号对照说明

GB/T 228—2010	名称	力学专业常用符号	名称
R	应力	σ	（正）应力
e	延伸率	ε	线应变
e_p	塑性延伸率	ε_p	塑性应变
L_0	原始标距	L_0	原始标距
L_u	断后标距	L_b	断后标距
Z	断面收缩率	ψ	截面收缩率
A	断后伸长率	δ	延伸率
R_{eL}	下屈服强度	σ_{sL}	下屈服强度
R_m	抗拉强度	σ_b	抗拉强度
S_u	断后最小横截面积	A_b	试样被拉断后的横截面最小面积
S_0	平行长度中分的横截面积	A_0	试验前试样的横截面积

附录 E 模拟试题

E1 模拟试题一

（满分 100 分，考试时间 120 分钟）

一、选择题（20 分）

1. 材料的失效模式_____。
   A. 只与材料本身有关，而与应力状态无关
   B. 与材料本身、应力状态均有关
   C. 只与应力状态有关，而与材料本身无关
   D. 与材料本身、应力状态均无关

2. 关于压杆临界力的大小，下列说法正确的是_____。
   A. 与压杆所承受的轴向压力大小有关
   B. 与压杆的柔度大小有关
   C. 与压杆所承受的轴向压力大小有关
   D. 与压杆的柔度大小无关

3. 如图所示重量为 Q 的重物自由下落冲击梁，冲击时动荷系数为_____。

   A. $k_d = 1 + \sqrt{1 + \dfrac{2h}{V_C}}$ B. $k_d = 1 + \sqrt{1 + \dfrac{h}{V_B}}$

   C. $k_d = 1 + \sqrt{1 + \dfrac{2h}{V_B}}$ D. $k_d = 1 + \sqrt{1 + \dfrac{2h}{V_C + V_B}}$

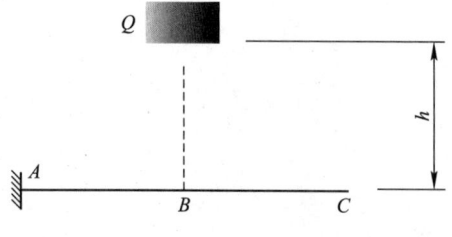 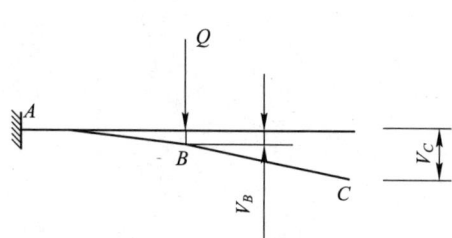

4. 轴向拉伸杆，正应力最大的截面和剪应力最大的截面_____。

A. 分别是横截面、45°斜截面 B. 都是横截面
C. 分别是45°斜截面、横截面 D. 都是45°斜截面

5. 在连接件上,剪切面和挤压面分别_____于外力方向。
   A. 垂直、平行 B. 平行、垂直
   C. 平行 D. 垂直

二、计算题（共 80 分）

1. 简支梁受载荷如图所示,请画出梁的剪力图、弯矩图。

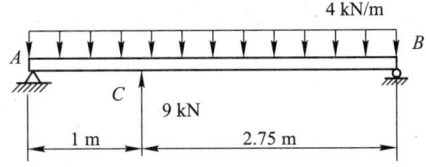

2. 精密磨床砂轮轴如图所示（单位：mm）,已知电动机功率 $P=3$ kW,转速 $n=1\,400$ r/min,转子重量 $Q_1=101$ N,砂轮直径 $D=25$ mm,砂轮重量 $Q_2=275$ N,磨削力 $P_y/P_z=3$,轮轴直径 $d=50$ mm,材料为轴承钢,$[\sigma]=60$ MPa,试用第三强度理论校核轴的强度。

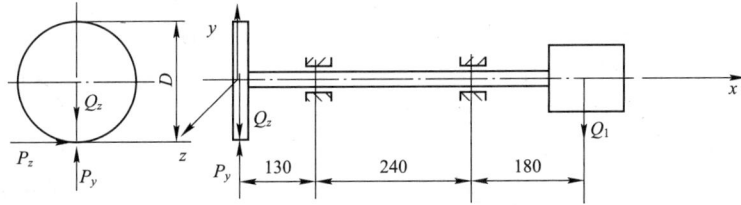

3. T形截面外伸梁,受力与截面尺寸如图所示,其中 C 为截面形心,$I_z=2.136\times 10^7$ mm^4。梁的材料为铸铁,抗拉许用应力 $[\sigma]^+=30$ MPa,抗压许用应力 $[\sigma]^-=60$ MPa。试校核该梁是否安全（尺寸单位为 mm）。

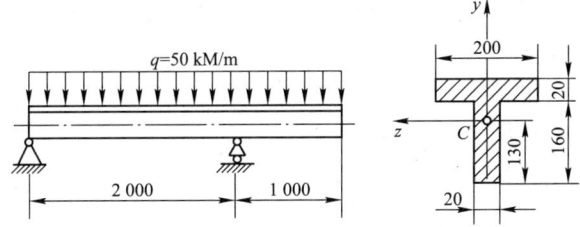

4. 图示托架中杆 AB 的直径 $d=40$ mm,长度 $l=800$ mm,两端可视为球铰链约束,材料为 Q235 钢,$\lambda_1=100$,$\lambda_2=62$,其经验公式为 $\sigma_{cr}=235-0.0068\lambda^2$。试求托架的临界载荷 F_{Pcr}（尺寸单位为 mm）。

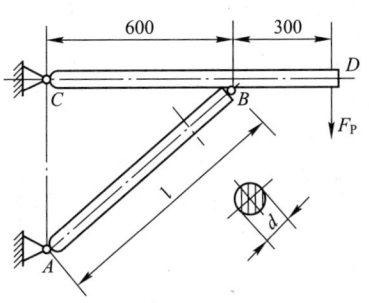

E2 模拟试题二

（满分 100 分，考试时间 120 分钟）

一、选择题（共 20 分）

1. 轴向拉伸细长杆件如图所示，则下列说法中正确的是_____。

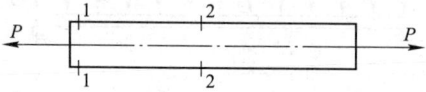

   A. 1—1、2—2 截面上应力皆均匀分布
   B. 1—1 截面上应力非均匀分布，2—2 截面上应力均匀分布
   C. 1—1 截面上应力均匀分布，2—2 截面上应力非均匀分布
   D. 1—1、2—2 截面上应力皆非均匀分布

2. 一点的应力状态如图所示，则其主应力 σ_1、σ_2、σ_3 分别为_____。

   A. 30 MPa、10 MPa、50 MPa
   B. 50 MPa、30 MPa、50 MPa
   C. 50 MPa、0、−50 MPa
   D. −50 MPa、30 MPa、50 MPa

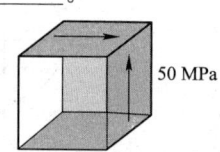

3. 设轴向拉伸杆横截面上的正应力为 σ，则 45°斜截面上的正应力和剪应力_____。

   A. 分别为 $\sigma/2$ 和 σ B. 均为 σ
   C. 分别为 σ 和 $\sigma/2$ D. 均为 $\sigma/2$

4. 两根材料和柔度都相同的压杆，下列说法中正确的是_____。

   A. 临界应力一定相等，临界压力不一定相等
   B. 临界应力不一定相等，临界压力一定相等
   C. 临界应力和临界压力一定相等
   D. 临界应力和临界压力不一定相等

二、计算题（共 80 分）

1. 带轮传动轴如图所示，带轮 1 的重量 $W_1 = 800$ N，直径 $d_1 = 0.8$ m，带轮 2 的重量 $W_2 = 1\,200$ N，直径 $d_2 = 1$ m，带的紧边拉力为松边拉力的两倍，轴传递功率为 100 kW，转速为 200 r/min。轴材料为 45 钢，$[\sigma] = 80$ MPa，试求轴的直径。

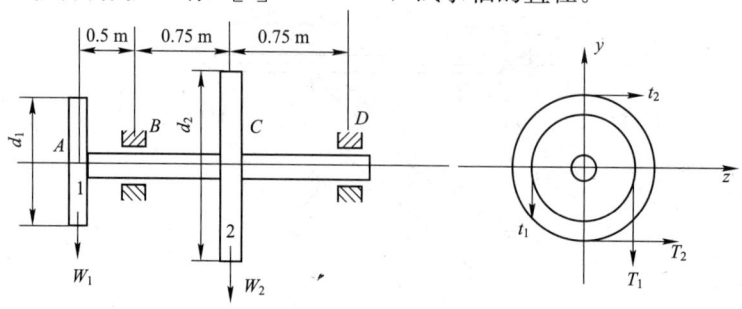

2. 图示托架中杆 AB 的直径 $d=40$ mm，长度 $l=800$ mm，两端可视为球铰链约束，材料为 Q235 钢。

(1) 求托架的临界载荷。

(2) 若已知工作载荷 $F_P=70$ kN，并要求杆 AB 的稳定安全因数 $[n]_{st}=2.0$，校核托架是否安全。

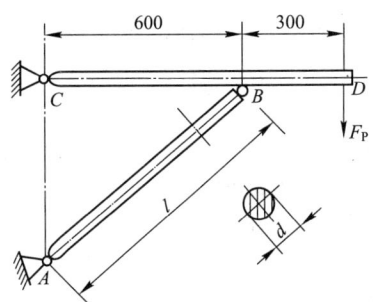

3. 图示结构，梁 AB 的 EI、a、h 和重物的重量 P 已知。试求重物自由下落冲击 C 点所造成的梁中的动态最大弯矩。

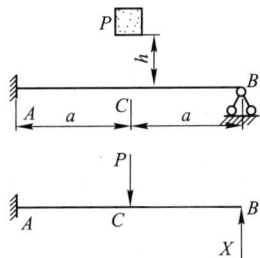

4. 图示结构，各杆材料许用应力 $[\sigma]=120$ MPa；边杆长度 $l=1$ m，直径 $d_1=0.04$ m，对角线杆的直径 $d=0.06$ m，稳定因数 $\varphi=0.527$。试求该结构合理的允许载荷 $[F]$。

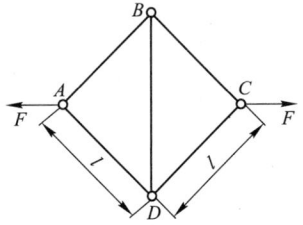

参 考 文 献

[1] 单辉祖. 材料力学（Ⅰ）. 北京：高等教育出版社，2002.
[2] 单辉祖. 材料力学（Ⅱ）. 北京：高等教育出版社，2002.
[3] 孙训方，方孝淑，关来泰. 材料力学（Ⅰ）. 北京：高等教育出版社，2002.
[4] 孙训方，方孝淑，关来泰. 材料力学（Ⅱ）. 北京：高等教育出版社，2002.
[5] 刘鸿文. 材料力学（Ⅰ）. 北京：高等教育出版社，2004.
[6] 刘鸿文. 材料力学（Ⅱ）. 北京：高等教育出版社，2004.
[7] 范钦珊，蔡新. 材料力学（土木、水利类）. 北京：清华大学出版社，2006.
[8] 郭应征. 材料力学. 北京：人民交通出版社，2009.
[9] 王吉民. 材料力学. 北京：中国电力出版社，2010.
[10] 祝瑛，蒋永莉. 材料力学. 北京：北京交通大学出版社，2010.